Industrialisierende Machine-Vision-Integration im Faserverbundleichtbau

Von der Fakultät für Maschinenwesen
der Rheinisch-Westfälischen Technischen Hochschule Aachen
zur Erlangung des akademischen Grades eines
Doktors der Ingenieurwissenschaften
genehmigte Dissertation

vorgelegt von

Christoph Mersmann

Berichter:

Univ.-Prof. Dr.-Ing. Robert Heinrich Schmitt
Univ.-Prof. Dr.-Ing. Dipl.-Wirt.Ing. Thomas Gries

Tag der mündlichen Prüfung: 22. Februar 2012

ERGEBNISSE AUS DER PRODUKTIONSTECHNIK

Christoph Mersmann

Industrialisierende Machine-Vision-Integration im Faserverbundleichtbau

Herausgeber:
Prof. Dr.-Ing. Dr.-Ing. E.h. Dr. h.c. Dr. h.c. F. Klocke
Prof. Dr.-Ing. Dipl.-Wirt.Ing. G. Schuh
Prof. Dr.-Ing. C. Brecher
Prof. Dr.-Ing. R. H. Schmitt

Band 8/2012

WZL RWTHAACHEN

Fraunhofer IPT

Bibliografische Information der Deutschen Nationalbibliothek
Die Deutsche Nationalbibliothek verzeichnet diese Publikation in der Deutschen Nationalbibliografie; detaillierte bibliografische Daten sind im Internet über http://dnb.ddb.de abrufbar.

Christoph Mersmann:

Industrialisierende Machine-Vision-Integration im Faserverbundleichtbau

1. Auflage, 2012

Gedruckt auf holz- und säurefreiem Papier, 100% chlorfrei gebleicht.

Apprimus Verlag, Aachen, 2012
Wissenschaftsverlag des Instituts für Industriekommunikation und Fachmedien an der RWTH Aachen
Steinbachstr. 25, 52074 Aachen
Internet: www.apprimus-verlag.de, E-Mail: info@apprimus-verlag.de

Druck:
CPI Druckdienstleistungen GmbH, Ferdinand-Jühlke-Straße 7 | 99095 Erfurt

ISBN 978-3-86359-062-8

D 82 (Diss. RWTH Aachen University, 2012)

Vorwort

„Wissen und Erkennen sind die Freude und die Berechtigung der Menschheit.“
ALEXANDER VON HUMBOLDT

Die vorliegende Dissertation entstand während meiner Tätigkeit als wissenschaftlicher Mitarbeiter am Werkzeugmaschinenlabor WZL der Rheinisch-Westfälischen Technischen Hochschule Aachen.

Herrn Univ.-Prof. Dr.-Ing. Robert Heinrich Schmitt, Inhaber des Lehrstuhls für Fertigungsmesstechnik und Qualitätsmanagement, gilt mein besonderer Dank für das Vertrauen, die Unterstützung meiner Tätigkeit an seinem Lehrstuhl und die Betreuung dieser Arbeit. Besonders für die Handlungsfreiräume, die Professor Schmitt mir eingeräumt hat, um anspruchsvolle Themen und Geschäftsideen an seinem Lehrstuhl vorantreiben zu dürfen, möchte ich mich bedanken.

Herrn Univ.-Prof. Dr.-Ing. Dipl.-Wirt. Ing. Thomas Gries, Leiter des Instituts für Textiltechnik und Inhaber des Lehrstuhls für Textilmaschinenbau an der RWTH Aachen, danke ich für die Übernahme des Korreferates und die eingehende Durchsicht meiner Dissertationsschrift, sowie für die aktive Unterstützung und konstruktive Diskussion meiner Arbeiten in gemeinsamen Forschungsprojekten. Herrn Univ.-Prof. Dr.-Ing. Christian Hopmann, Leiter des Instituts für Kunststoffverarbeitung und Inhaber des Lehrstuhls für Kunststoffverarbeitung an der RWTH Aachen, danke ich für die Übernahme des Beisitzes.

Herrn Prof. Dr.-Ing. Axel Herrmann und Herrn Joachim Piepenbrock, CTC-Airbus GmbH, sowie Herrn Dr.-Ing. Christian Boge, MAG Europe GmbH, danke ich für die Bereitstellung von Produktionsmaschinen für die umfassenden Versuchsreihen in gemeinsamen Forschungsprojekten und die damit einhergehende aktive Förderung meiner Forschungsarbeiten.

Besonders bedanken möchte mich bei meinen Kolleginnen und Kollegen, die maßgeblich zum Gelingen dieser Arbeit beigetragen haben. Besonders hervorheben möchte ich Herrn Alexander Schönberg, Herrn Christoph Lamers und Herrn André Duffe für die hilfreichen Konversationen über die prozessseitigen Zusammenhänge bei der Faserverbundproduktion.

Herrn Dr.-Ing. Alexandre Orth danke ich für die thematische Wegbereitung und die fachliche und freundschaftliche Unterstützung während unserer gemeinsamen Zeit am Lehrstuhl.

Herrn Dr.-Ing. Reinhard Freudenberg, Herrn Dr.-Ing. Björn Dietrich und Herrn Dr.-Ing. Philipp Jatzkowski danke ich für ihre umsichtigen Ratschläge, ihre stetige Unterstützung und ihren außerordentlichen Einsatz für ihre Mitarbeiter am Lehrstuhl.

Weiterhin danke ich meinen studentischen Hilfskräften Herrn André Brosig, Herrn Andreas Bußmann, Herrn Vaishak Belle, Herrn Erkan Yalvac, Herrn Ricardo Perez, Herrn Diego Dias, Herrn Christian Dornieden und Herrn Alexander Leutner für ihr Unterstützung bei der Entwicklung und Erprobung des Machine-Vision-Messsystems sowie den zahlreichen Untersuchungen zum Erfolg der jeweiligen Fertigungsintegrationen. Ferner möchte ich meinen Studien- und Diplomarbeitern Herrn Martin Peterek, Herrn Robert Wagner, Herrn Maximilian Kaltenecker, Herrn Balaji Ravi, Herrn Robert Deppe, Herrn Henning Deitmer, Herrn Paul Heinen, Herrn Marc Schmidt und Herrn Alexander Lauscher für ihre engagierte Mitwirkung an meiner Arbeit danken.

Meinem Freund und Studienkollegen Herrn Dr. Tobias Melchior und seiner Frau Verena möchte ich für die Unterstützung und die unzähligen gemeinsamen Stunden danken, die meinen bisherigen Bildungsweg maßgeblich geprägt haben.

Ganz herzlich danke ich meiner Familie, inbesondere meinen Eltern, die meinen Bildungsweg ermöglicht und sehr großzügig gefördert haben. Vor allem aber danke ich meiner lieben Frau Sara und meinem lieben Sohn Paul, die mir den nötigen Rückhalt gaben und mit sehr viel Geduld und großem Verständnis zum Gelingen dieser Arbeit beigetragen haben. Meinen Eltern und Sara widme ich diese Arbeit.

Aachen, im Februar 2012

Christoph Mersmann

Kurzfassung

Die hohen Produktionskosten für Strukturbauteile aus Faserverbundkunststoffen, insbesondere für kohlenstofffaserverstärkte Kunststoffe (CFK), verhindern aktuell, dass diese Werkstoffe in der Serienfertigung eingesetzt werden. Vor allem die Luftfahrt- und Automobilindustrie betrachten CFK als zukunftsweisenden Leichtbauwerkstoff, der mit seinen herausragenden Eigenschaften einen signifikanten Beitrag zu einer energieeffizienten Mobilität leistet.

Die vorliegende Arbeit sieht die mangelnde Industrialisierung der Faserverbundproduktion als Ursache der hohen Produktionskosten. Mit dem Begriff Industrialisierung wird das Streben nach robusten Produktionsprozessen eingeführt – als notwendige Voraussetzung für die erfolgreiche Transformation von einer manuell geprägten hin zu einer automatisierten Produktion. Als besonders kritisch werden die manuellen Prozessschritte und erste abgeleitete Automatisierungsansätze in den frühen Phasen der Produktion erkannt, die ohne eine objektive Qualitätssicherung durchlaufen werden und weder die geforderte Prozessfähigkeit erreichen noch aufgrund ihrer hohen Komplexität erfolgreich automatisiert werden konnten.

Als Lösungswerkzeug wird ein Machine-Vision-Messsystem konzipiert, welches geeignet ist, fertigungsintegriert die Qualitätsmerkmale wie z. B. die Faserorientierung zu messen, um somit die fehlenden Informationen über den Prozess bei jedem Schritt des generativen Aufbaus der Verstärkungsstruktur bereitzustellen.

Es werden umfangreiche Fallstudien zur Integration des neuen Machine-Vision-Systems entlang der Wertschöpfungskette in der Faserverbundproduktion durchgeführt. Der Fokus liegt dabei auf den frühen Phasen der Fertigung endlosfaserverstärkter Bauteile: Für das Preforming trockener Faserhalbzeuge sowie für das Tapelegen von vorimprägnierten Faserbändern wird für das grundlegende Qualitätsmerkmal „Faserorientierung“ die Prozessfähigkeit bestimmt und deren Verbesserung durch die Rückkoppelung der Messergebnisse an den Prozess als Stellgröße in Qualitätsregelkreisen untersucht.

Die fallübergreifende Analyse der Machine-Vision-Integrationen führt zu einer Industrialisierungstheorie, die darlegt, wie die Fertigungsintegration von Maschine-Vision-Systemen im generativen Faserverbundleichtbau zur notwendigen Verbesserung der Prozessfähigkeit als Kennzahl des Industrialisierungsfortschrittes beiträgt. Auf Basis der begründeten Industrialisierungstheorie werden drei aufeinander aufbauende Handlungsempfehlungen zur erfolgreichen Machine-Vision-Integration formuliert, die die notwendige Kompetenzentwicklung der Faserverbundhersteller auf dem Weg von einer immer noch handwerklich geprägten Fertigung hin zu einer industrialisierten Produktion unterstützen.

Abstract

The high cost of production for structural components made of fiber-reinforced plastics, in particular for carbon fiber-reinforced plastics (CFRP), currently prevent that these materials are used in series production. In particular the aerospace and automotive industry considers CFRP as a forward-looking lightweight construction material, which significantly contributes with its outstanding features to an energy-efficient mobility.

The lack of industrialization in composites production is regarded as the cause of the high production costs. The term 'industrialization' is introduced expressing the search for robust production processes – as a necessary precondition for the successful transformation of a manually conducted to an automated production. The manual process steps and first derivative automation approaches in the early stages of production are identified as the most critical ones, which are passed through without an objective quality assurance and without having reached the required process capability.

As a solution a production integrated machine vision system is designed, which is capable to measure quality features, such as fiber orientation. Thus, information about every process step of the generative reinforcement structure build-up is provided.

Extensive case studies on the integration of the new machine vision system are carried out along the value-added chain. The focus is on the early stages of manufacturing fiber-reinforced components. For the preforming of dry fiber textile fabrics and for the tapelaying of pre-impregnated fiber tapes the basic quality characteristic 'fiber orientation' is measured to determine the process capability. Aditionally, the improvement in capability through the feedback of measurement results to the process as a control variable in closed quality control loops is examined.

The cross-case analysis of the machine vision integration leads to an industrialization theory, which sets out how the integration of manufacturing integrated machine vision systems in a generative composites production improves the process capability. Based on this industrialization theory three progressive recommendations for the successful integration of machine vision are formulated to support the necessary competence development for composite manufacturers away from a still manually conducted to an industrialized production.

Inhaltsübersicht

Inhaltsverzeichnis

Abbildungsverzeichnis

Tabellenverzeichnis

Symbol- und Abkürzungsverzeichnis

α	Flechtwinkel	°, rad
$\bar{\bar{x}}$	Mittelwert der Mittelwerte, Schätzer für die Prozesszentrierung μ	
$\bar{s}$	mittlere Standardabweichung, Schätzer für die Prozessstreuung σ	
$\delta\mu$	minimal erkennbarer Effekt	°, rad
ΔU	Erwartungswert der Nutzendifferenz	
λ	Eigenwert des Strukturtensors S	
μ	Prozesszentrierung, Prozessmitte	
∇g	Gradient, Richtung der Grauwertänderung	
ω	Winkelgeschwindigkeit	U/min
σ_{B}	Standardabweichung des Integrationsfilterkernels	Px
σ_{D}	Standardabweichung des Gradientenfilterkernels	Px
σ	Prozessstreuung, Standardabweichung	
σ_{F}^*	beobachtete Streuung des Fertigungsprozesses	
σ_{F}	Streuung des Fertigungsprozesses	
σ_{M}	Streuung der Messung, Standardmessunsicherheit	
θ	Faserorientierung, Orientierungswinkel	°, rad
a	Steigung im Wendepunkt; Streuungsparameter der Rechteckverteilung	
a_{k}	Handlungsalternativen im Entscheidungsmodell	
B	Glättungsfilter	
b	Position des Wendepunktes	
c_{pk}	tatsächliche Prozessfähigkeit	
c_{p}	potenzielle Prozessfähigkeit	
D	Gradientenbilder, Ableitungsfilter	

d	Arbeitsabstand zwischen Kamera und Objekt	mm
D_F	Innendurchmesser Flechtmaschine	mm
D_K	Kerndurchmesser	mm
e	Eigenvektor des Strukturtensors S	
e_{ki}	Ergebnisse im Entscheidungsmodell	
f	Brennweite	mm
G	Dichtefunktion der Gaußverteilung	
g	Grauwertfunktion bei linearer Symmetrie	
h	Höhenprofil	
I	Information, Prüfergebnis; Grauwertbild, Bildmatrix	
k	Erweiterungsfaktor	
k_{Fehl}	Fehlerkosten pro Leistungseinheit	
k_H	Herstellkosten pro Leistungseinheit, Prozesskosten	
k_{ME}	Prozesskosten für Messen und Eingreifen pro Leistungseinheit	
m	Anzahl der Versuche	
N	Anzahl der Einzelversuche	
n	Normalenvektor, Hauptorientierung einer Textur; Anzahl der Wiederholmessungen	
o	vektorieller Orientierungsoperator	
OT	obere Toleranzgrenze	
p	Wahrscheinlichkeit	
PL	Präventionsleistung	
R	Auflösung	mm/Px
S	Strukturtensor	
s	Strukturoperator	
s_i	Umweltzustände im Entscheidungsmodell	
T	Toleranz, Toleranzfeldbreite	
U	erweiterte Messunsicherheit nach GUM [35]	

u	Standardmessunsicherheit; Bildkoordinate	
u_{ki}	Nutzenbewertung von Ergebnissen im Entscheidungsmodell	
UT	untere Toleranzgrenze	
v	Bildkoordinate	
v_{A}	Abzugsgeschwindigkeit des Flechtkerns	m/s
W	lokale Umgebung eines Bildpixels	
w	Fensterfunktion (engl.: *windowing function)*	
x	Bildpunktkoordinate	
y	Bauteilzustand, Merkmalsausprägung	
B	Bildkoordinatensystem	
BMWi	Bundesministerium für Wirtschaft und Technologie	
BV	Bildverarbeitung	
CFK	Kohlenstofffaserverbundkunststoff, auch: kohlenstofffaserverstärkter Kunststoff, carbonfaserverstärkter Kunststoff	
DFG	Deutsche Forschungsgemeinschaft	
DIN	Deutsches Institut für Normung e. V.	
DLR	Deutsches Zentrum für Luft- und Raumfahrt e. V.	
DoE	*design of experiments* (deutsch: statistische Versuchsplanung)	
FOV	*field of view* (deutsch: Sichtfeld)	mm^2
FVK	Faserverbundkunststoff, auch: faserverstärkter Kunststoff	
GFK	Glasfaserverbundkunststoff, glasfaserverstärkter Kunststoff	
I.O.	in Ordnung (Gutteil)	
ISO	*International Organization for Standardization*	
LuFo	Luftfahrtforschungsprogramm des Bundes	
MVS	Machine-Vision-System (engl.: *machine vision system*)	
N.I.O.	nicht in Ordnung (Ausschussteil)	
Preform	endkonturnahe textile Verstärkungsstruktur für faserverstärkte Kunststoffe	
Prepreg	vorimprägnierte Faserhalbzeuge (engl.: *pre-impregnated*)	

Px, Pixel	*Picture Element*
RCT	Röntgen-Computertomografie
REM	Raster-Elektronen-Mikroskop
RIM	*Reaction Injection Moulding*
RKM	Rasterkraft-Mikroskop
RTM	*Resin Transfer Moulding*
RWTH	Rheinisch-Westfälische Technische Hochschule
S	Referenzkoordinatensystem
SLI	*Single Line Injection*
SPC	statistische Prozesslenkung (engl. *statistical process control*)
TEM	Transmissions-Elektronen-Mikroskop
UD	uni-direktional
VAP	*Vacuum Assisted Process*
VARI	*Vacuum Assisted Resin Infusion*
W	Weltkoordinatensystem
WZL	Werkzeugmaschinenlabor der RWTH Aachen

1 Einleitung

Steigende Energiepreise und umweltpolitische Auflagen konfrontieren den Wachstumsbereich Mobilität mit Fragen zur Energieeffizienz. Allein in Deutschland soll sich die Anzahl der Flüge bis zum Jahr 2030 im Vergleich zum Jahr 2008 verdoppeln, entsprechend den Wünschen der Menschen nach mehr Mobilität.[1]

Ein Viertel des Primärenergiebedarfs in Deutschland ist den Bereichen Transport und Verkehr zuzuordnen. Maßgebliche Einflussgrößen auf den Energieverbrauch der Vehikel sind Masse, Roll- und Luftwiderstand. Zu den steigenden Energiepreisen kommen umweltpolitische Beschränkungen des CO_2-Ausstoßes für den Pkw-Flottenverbrauch in der EU von unter 120 g pro Kilometer, welcher stufenweise bis zum Jahr 2015 zu erreichen ist [47].[2]

Die notwendige Reduzierung des Energieverbrauchs lässt sich nicht allein mit verbesserten Konzepten des Antriebs und der Aerodynamik erreichen. Die Lösung kann nur im Leichtbau gefunden werden (vgl. [65], S. 337, [93], S. 10). Insbesondere die automobile Elektromobilität mit ihrem Vorteil der lokalen Emissionsfreiheit sieht den konsequenten Leichtbau als Ausgleich für das hohe Gewicht des notwendigen Energiespeichers.

Der Einsatz von Faserverbundkunststoffen (FVK) eröffnet hier ein einzigartiges Leichtbaupotenzial und gibt damit Antworten auf die aktuellen Fragestellungen zu einer energieeffizienteren Mobilität. Insbesondere kohlenstofffaserverstärkte Kunststoffe (CFK) verfügen über hervorragende Steifigkeits- und Festigkeitswerte bei gleichzeitig geringem Gewicht, sodass Gewichtseinsparungen von bis zu 20 % durchaus realistisch sind (vgl. [43], S. 10). Aufgrund dieser Eigenschaften steht ihr Einsatz mehr und mehr auch für tragende Primärstrukturen im Fokus der Luftfahrt- und Automobilindustrie.

Über die Durchsetzung dieser innovativen Werkstoffe entscheiden letztendlich die Kosten in Herstellung und Betrieb.[3] Diese Problematik wird aktuell besonders im Flugzeugbau deutlich, wo die Entscheidung für den verstärkten Einsatz der Faserverbundwerkstoffe für Primärstrukturen getroffen wurde und nun technisch umzusetzen ist.[4] Auch die Automobilindustrie plant den CFK-Einsatz in der Großserie. Bisher verhindert das Fehlen technisch fähiger und gleichzeitig wirtschaftlicher Produktionstechniken ihren Serieneinsatz.[5]

[1] vgl. „Luftverkehr 2030 – Herausforderungen und Trends“ [79]

[2] Dieser Zielwert gilt für den Flottenverbrauch aller verkauften Pkw eines Herstellers ab dem Jahr 2012. Für das Jahr 2020 strebt die EU einen Zielwert für den zulässigen CO_2-Ausstoß von 95 g pro Kilometer für die Neuwagenflotte an. Aktuell liegt der Wert bei ca. 160 g pro Kilometer [145].

[3] vgl. [43], S. 6: Die Fertigung vergleichbarer metallischer Bauteile ist nach wie vor kostengünstiger.

[4] vgl. [59] zur Aufnahme der Flügelschalenproduktion für den Airbus A350XWB aus CFK; vgl. [43], S. 14f, zur historischen Entwicklung der Serienproduktion im Faserverbundleichtbau (wie z. B. für Seitenleitwerk und Mittelkasten des Airbus A310-300 aus CFK seit dem Jahr 1985)

[5] Eine Vorreiterrolle nimmt hier die BMW Group ein, die mit dem „Megacity-Vehicle“ eine erste wirtschaftliche und qualitativ hochwertige Großserienfertigung von CFK-Karosseriekomponenten für das Jahr 2013 verspricht ([144], S. 47).

Die vorliegende Arbeit unterstützt die notwendige Kompetenzentwicklung der Faserverbundhersteller auf dem Weg von einer immer noch handwerklich geprägten Fertigung hin zu einer industrialisierten[6] Produktion.

In diesem Einleitungskapitel werden ausgehend von der Problemstellung das Ziel der Arbeit benannt und die Forschungsfrage abgeleitet. Anschließend wird der zugrunde liegende wissenschaftliche Forschungsansatz transparent dargelegt und der Aufbau der Arbeit erläutert.

1.1 Problemstellung

Die hohen Bauteilkosten verhindern bisher den Durchbruch der Faserverbundwerkstoffe in der Serienproduktion. Während die Kosten für ein Stahlblech in seiner endgültigen Form bei etwa 4 € pro Kilogramm liegen, sind es bei CFK mindestens 200 € pro Kilogramm – also 50-mal so hoch [81, 161]. „Kein Leichtbau um jeden Preis" ist die Forderung der Industrie, die im Falle der kostensensitiven Automobilindustrie Kostensenkungen gegenüber metallischen Leichtbaustrukturen um 40-50 % verlangt.[7] Neben den hohen Materialkosten für die Kohlenstofffasern[8] sind es die heutigen Fertigungstechnologien, die den Großteil der Bauteilkosten ausmachen. Eine automatisierte Bauteilfertigung ist die Grundvoraussetzung für den Durchbruch von CFK in der Serie. Die Automatisierung soll die heutigen manuellen Arbeitsschritte durch fähige Prozessketten ersetzen, sodass neben der Verkürzung der Taktzeiten vor allem reproduzierbare Bauteilqualitäten entstehen und somit die Ausschuss- und Nacharbeitsraten minimiert werden. Gemäß den Zielen eines konsequenten Leichtbaus kann mit Erreichen stabiler Prozesse die bisher notwendige Überdimensionierung der Bauteile reduziert werden. Insbesondere die Luftfahrt- und Automobilindustrie verfolgen hier unterschiedliche Wege, um die Automatisierung voranzutreiben.

In der Luftfahrttechnik wird vor allem auf vorimprägnierte Faserhalbzeuge (Prepreg, engl.: *preimpregnated*) gesetzt, die z. B. in Form von noch nicht ausgehärteten CFK-Bändern vorliegen, die entweder manuell oder durch einen Ablagekopf mittels eines Portals auf einer Form abgelegt und so zu einem Laminat aufgebaut werden (Abb. 1.1). Die Aushärtung der Kunststoffmatrix des Laminates erfolgt anschließend unter Druck und Temperatur in einem Autoklav[9]. „Aufgrund der hohen Anschaffungskosten und langen Aushärtungszeiten sind mit Autoklaven keine höheren Stückzahlen wirtschaftlich herzustellen" (vgl. [81], S. 77). Wird zudem die für zukünftige „Single Aisle"-Flugzeugtypen geschätzte Produktionsrate von 40 Flugzeugen im Monat zugrunde gelegt, ist eine bisher kaum vorstellbare Steigerung der Produktivität notwendig. Die Forderung nach einer signifikanten Senkung der Fertigungskosten von Faserverbundbauteilen bei gleichzeitiger Erhöhung der Produktivität kann die aktuell dominierende Prepreg-/Autoklavtechnik daher nicht erreichen. Aufgrund der hohen Laminatqualität hinsichtlich des Faservolumengehaltes setzt die Luftfahrttechnik in ihren aktuellen Fertigungslinien für große schalenförmige Bauteile auf

[6] vgl. Abschn. 2.1 zur Definition des verwendeten Industrialisierungsbegriffes

[7] vgl. [43], S. 10 zur Frage, was 1 kg eines fertigen CFK-Bauteils kosten dürfe: Raumfahrt: 800 €; Luftfahrt: 500 €; Automobil: 100 €. Die Angaben schwanken dabei natürlich, je nach Quelle [5].

[8] Die weltweit nachgefragten Kapazitäten lassen bis auf Weiteres keine drastischen Senkungen der Materialkosten erwarten [5].

[9] Ein Autoklav ist ein mit einem Innendruck beaufschlagter Ofen.

diese Fertigungstechnik (z. B. Flügel- und Rumpfschalen). Komplexe, integrale Bauteile wie zum Beispiel Spante werden weiterhin manuell gefertigt. Gleichzeitig wird mit der dargestellten Fertigungsmethode eine nach wie vor metallische Bauweise umgesetzt, die keineswegs die Vorteile der anisotropen und faserspezifischen Eigenschaften der Faserverbundwerkstoffe ausnutzt. Hier besteht grundlegender aktueller Forschungsbedarf.

(a) *Fiber Placement Machine Mongoose V1* [70] **(b)** CFK-Verarbeitung für den A400M-Flügel [3]

Abbildung 1.1: Herstellung von CFK-Bauteilen für die Luftfahrt

Eine vielversprechende Alternative ist die Kombination von modernen Textil- und Harzinjektionstechnologien [65,81]. Hierbei werden trockene Faserhalbzeuge zu endkonturnahen Verstärkungsstrukturen (Preform) konfektioniert. Der Preform wird in einer geschlossenen Form mit Harz durchtränkt und ausgehärtet. Der Preform-Aufbau kann hierbei in einem separaten Werkzeug stattfinden, das weniger kostenintensiv als ein Injektionswerkzeug ist. Die modernen textilen Fertigungstechnologien zeichnen sich durch eine hohe Produktivität und ein hohes Automatisierungspotenzial aus, wodurch eine endkonturnahe Herstellung textiler Verstärkungsstrukturen mit vordefinierter Faserorientierung prinzipiell möglich ist (Abb. 1.2). Diese Preform-Herstellung ist mit einem Anteil von ca. 50 % an der Wertschöpfung komplexer textilbasierter CFK-Hochleistungsbauteile beteiligt. Bisherige Beispiele für tragende Primärstrukturen kommen aus der Luftfahrt. Ein konkretes Beispiel ist die CFK-Druckkalotte des Airbus A380.

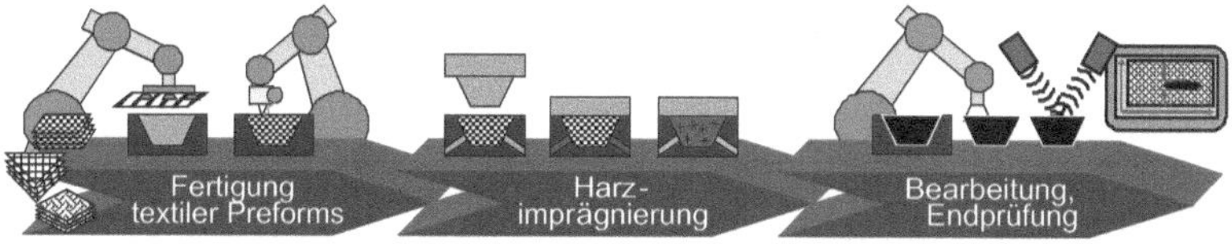

Abbildung 1.2: Ausschnitt aus der Wertschöpfungskette: textile Faserverbundproduktion

Auch die Injektionstechnologien konnten sich bisher nicht in der Serienproduktion etablieren (vgl. [8]). Bisher fehlen fähige Automatisierungslösungen. Um die angestrebten

Bauteilstückzahlen zu erreichen und dabei nicht nur leichte, sondern auch wirtschaftliche Bauteile zu fertigen, sind die weitgehend manuellen Schritte in einen automatisierten Prozess zu überführen (vgl. [66]). Ein aktueller Versuch, die wirtschaftliche Serientauglichkeit von CFK-Primärstrukturen für den Automobilbau zu erreichen, wird mit dem „Life-Modul" des „Megacity-Vehicle" durch die BMW Group unternommen [144]. Der Einführungspreis des Fahrzeuges wird mit Spannung erwartet und den Industrialisierungserfolg in gewisser Weise widerspiegeln [161].

Eine Gemeinsamkeit der beschriebenen Fertigungsverfahren ist die Tatsache, dass das Bauteil nicht „aus dem Vollen gefräst wird". Es handelt sich vielmehr um einen generativen bzw. additiven Prozess[10], bei dem am Anfang der Prozesskette ein meist schichtweiser Laminat- bzw. Preform-Aufbau aus textilen Halbzeugen erfolgt. Fehler, die hier entstehen, werden typischerweise nicht oder erst am Ende der Prozesskette entdeckt. Häufig geschieht dies durch eine abschließende Ultraschallprüfung im Sinne einer Endkontrolle, insbesondere natürlich für sicherheitskritische Bauteile. Von der Entstehung des Fehlers bis zum fertigen Bauteil durchlaufen die fehlerhaften Strukturen somit eine Vielzahl der extrem kostenintensiven Fertigungsschritte, sei es der Aufbau der übrigen Faserlagen oder die folgenden Schritte der Imprägnierung, Konsolidierung, Nachbearbeitung und Prüfung. Eine fertigungsintegrierte Messung zur Bewertung des aktuellen Zustandes beim Aufbau der Faserstruktur wird bisher industriell nicht eingesetzt.

Dies führt dazu, dass eine fertigungsintegrierte Qualitätssicherung nicht möglich ist. Ohne die Messergebnisse ist zudem keine Aussage über die erreichbare bzw. aktuelle Prozessfähigkeit möglich. Ohne Kenntnisse über die Prozessfähigkeiten und ohne Stellgrößen, die auf Basis der Messergebnisse eine Automatisierung ermöglichen, können Automatisierungsansätze für eine Serienfertigung weder validiert noch zielgerichtet verbessert werden. Beides führt dazu, dass bisherige Automatisierungsansätze an komplexen Bauteilstrukturen mit hohen Qualitätsanforderungen scheitern.[11]

Abbildung 1.3 zeigt die Auswirkungen der mangelnden Industrialisierung bzw. zurückhaltender Investitionen als „Teufelskreis". Der Begriff Industrialisierung zielt hier auf eine notwendige Produktivitätssteigerung bei gleichzeitiger Erhöhung des Qualitätsniveaus und einer Senkung der Kosten, die auf der Realisierung fähiger Produktionsprozesse beruht. Es besteht daher aktueller Forschungsbedarf, um einerseits die Industrialisierung durch neue Technologien voranzubringen und andererseits den dabei generierten Industrialisierungsbeitrag monetär zu quantifizieren, um die mit einer „Durchbruchinvestition" verbundenen Unsicherheiten in kalkulierbare Risiken zu überführen.

[10] Bei der Faserverbundproduktion entstehen Werkstoff und Bauteil gleichzeitig bei einem schichtweisen Aufbau.

[11] Die produktionstechnischen Defizite der aktuellen Faserverbundproduktion werden in Kap. 2 eingehender analysiert. Es wird dargelegt, dass die Faserverbundproduktion, trotz ihrer hohen Ansprüche an die Bauteilqualität für einen konsequenten Leichtbau, keineswegs über einen industriellen Charakter verfügt. Vielmehr ist sie in weiten Teilen als handwerklich, individuell, nicht systematisch, manuell, nicht wiederholbar, zufällig und intuitiv zu bezeichnen.

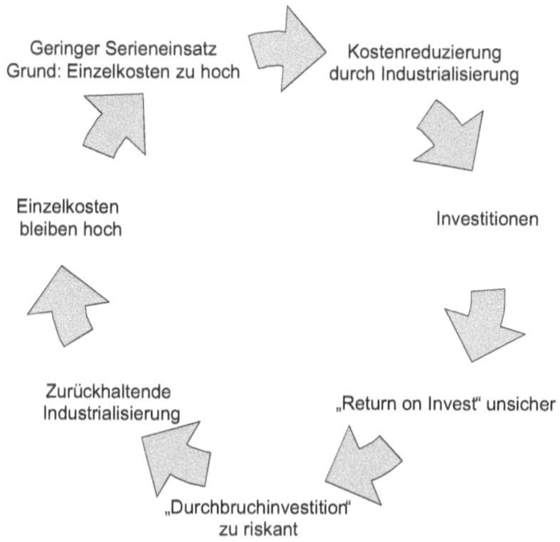

Abbildung 1.3: „Die Hürde zur Großserie" (nach [27])

1.2 Ziel der Arbeit

Ausgehend von dem Defizit hoher Fertigungskosten, variierender Bauteilqualitäten und mangelndem Prozessverständnis verfolgt diese Arbeit das Ziel, die Fertigungskosten bei gleichzeitiger Erhöhung des Qualitätsniveaus zu senken, indem der schichtweise, generative Werkstoffaufbau fertigungsintegriert abgesichert wird. Mit den zur Qualitätssicherung benötigten Messergebnissen stehen gleichzeitig Stellgrößen für eine Prozesssteuerung und damit Automatisierung bereit. Zudem unterstützen die Messungen allgemein ein Lernen über die Faserverbundproduktion und tragen somit zur Kompetenzentwicklung der produzierenden Unternehmen bei.

Abbildung 1.4(a) illustriert die Zielsetzung: Eine Fertigungskette, die einen nicht fähigen Materialaufbau durchführt, erkennt erst durch eine Endprüfung, ob das Bauteil der Spezifikation entspricht oder nicht. Bis dahin durchlaufen auch nicht konforme Bauteile alle Fertigungsschritte. Dies führt durch die zugrunde liegende zu hohe Prozessstreuung (s. Abb. 1.4(b)) als Verschwendung im Sinne von Blindleistung dazu, dass Kosten entstehen, die gegenüber einer „idealen Fertigung" vermeidbar wären. Durch eine fertigungsintegrierte Messung und Regelung sollen Abweichungen von der Spezifikation gar nicht erst entstehen bzw. erkannt und nicht an Folgeschritte weitergegeben werden. Dadurch sinken die Prozesskosten bei gleichzeitiger Erhöhung des Qualitätsniveaus.

Der Grad der Zielerreichung soll daher über die Kennzahl der Prozessfähigkeit[12] quan-

[12] zur Definition der Prozessfähigkeit s. Abschn. 2.1.2, S. 15

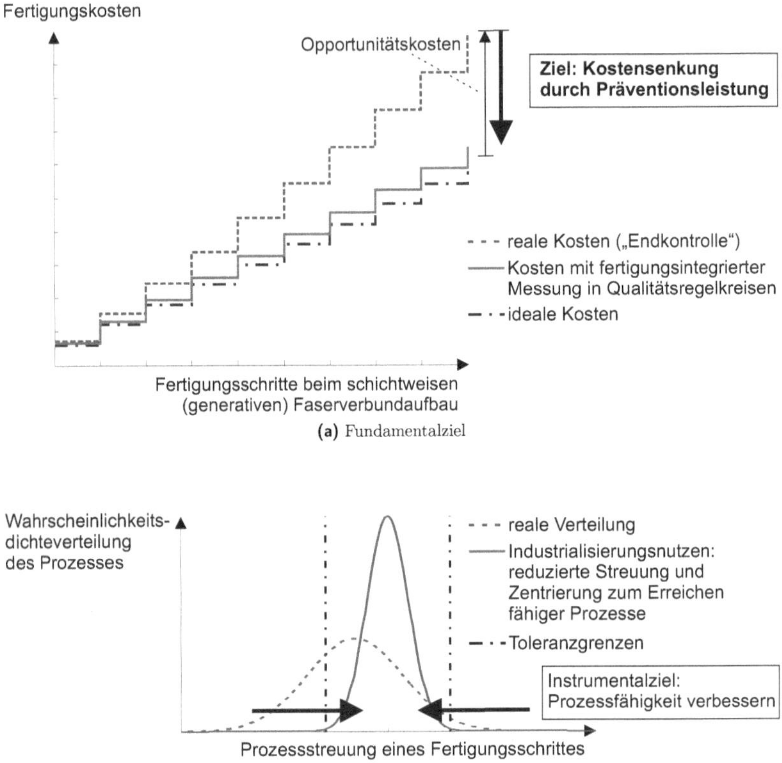

(a) Fundamentalziel

(b) Instrumentalziel

Abbildung 1.4: Zielbild zur Kostensenkung durch integrierte Qualitätsregelung

tifiziert werden und – daraus abgeleitet – eine Prognose über die realisierte Kostensenkung durch Prävention ermöglichen. Zusammen mit der notwendigen Voraussetzung, dass durch den Messtechnikeinsatz Messgrößen für eine Qualitätssicherung und Stellgrößen für eine Automatisierung bereitstehen, steht die Verbesserung der Prozessfähigkeit und die modellbasierte Quantifizierung des Kostenvorteils für den Industrialisierungsbeitrag[13] fertigungsintegrierter Messungen in Qualitätsregelkreisen beim Aufbau endlosfaserverstärkter Bauteile für tragende Primärstrukturen in Leichtbauanwendungen. Die Prognose des Kostenvorteils dient letztendlich der Entscheidung über Investitionen in die weitere Industrialisierung einer Faserverbundproduktion.

Da aus Sicht des Autors vor allem mangelndes Verständnis für Faserverbundwerkstoffe im Allgemeinen und die CFK-Hochleistungswerkstoffe im Speziellen (Stichwort: *black metal*) als psychologische Hemmschwelle für notwendige Investitionen in eine industrielle Produktion wirkt, ist es ein zentrales Anliegen dieser Arbeit, mit dem Messtechnikeinsatz einen Beitrag zur Verbesserung des Prozessverständnisses insbesondere beim Aufbau der trockenen CFK-Verstärkungsstrukturen zu leisten.

Die Zielsetzung dieser Arbeit führt zu folgender Forschungsfrage: „Kann durch Fertigungsintegration eines Machine-Vision-Systems der generative Aufbau endlosfaserverstärkter Bauteile industrialisiert werden?“ Die Forschungsfrage lässt sich dabei in sechs Unterfragen aufteilen:

1. Welche Anforderungen werden an ein solches Machine-Vision-System gestellt?
2. Welche konstitutiven Bestandteile bilden die Basis des Machine-Vision-Systems?
3. Wie stellt sich das konkrete Aussehen des Machine-Vision-Systems dar?
4. Kann der Einsatz des Machine-Vision-Systems in Qualitätsregelkreisen (der Praxis) die Prozessfähigkeit bzgl. der entscheidenden Prozessparameter sicher messen und über die Rückkoppelung in Qualitätsregelkreisen verbessern?
5. Kann ein Entscheidungsmodell, welches den Industrialisierungsnutzen gegenüber dem Verzicht auf fertigungsintegrierte Messtechnik beschreibt und prognostiziert, im Gestaltungszusammenhang[14] einer Industrialisierungstheorie aus Praxisstudien zur Machine-Vision-Integration abgeleitet werden?
6. Können aus dem Entscheidungsmodell Handlungsempfehlungen für eine industrialisierende Machine-Vision-Integrationsgestaltung für die Faserverbundproduktion abgeleitet werden?

Abbildung 1.5 fasst die Forschungsfragen zur Übersicht als Kurzformen zusammen.

[13]Der Industrialisierungsbegriff im Sinne dieser Arbeit wird ausführlich in Abschn. 2.1 hergeleitet. Er subsumiert alle Maßnahmen, die eine Verbesserung der Prozessfähigkeit im Sinne einer Kostensenkung und Qualitätssteigerung für die Faserverbundproduktion, insbesondere für kostenintensive CFK-Komponenten, beabsichtigen. Immer wenn im Folgenden von Effizienz gesprochen wird, ist damit die Verbesserung der Prozessfähigkeit gemeint. Die Effizienz ist somit über die Kennzahlen der Prozessfähigkeit (Prozessfähigkeitsindizes) beschreibbar.

[14]vgl. Abschn. 1.3 zum allgemeinen Modellbegriff sowie Abschn. 3.3.3 zu Entscheidungsmodellen im Gestaltungszusammenhang. Das Modell soll die technischen Vorteile der Machine-Vision-Integration beschreiben, aber auch eine Prognose über die wirtschaftlichen Vorteile ermöglichen, um eine belastbare Investitionsentscheidung zugunsten der Messtechnik treffen zu können.

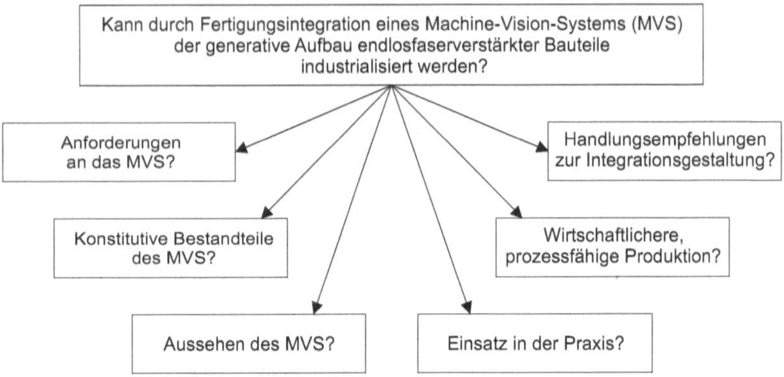

Abbildung 1.5: Forschungsfrage und deren Konkretisierung

1.3 Forschungsdesign

Das Verständnis der Betriebswirtschaftslehre als angewandte Sozialwissenschaft ist Basis dieser Forschungsarbeit (vgl. [148], S. 10). Die Betriebswirtschaftslehre wird dabei als Führungs- oder Managementlehre aufgefasst, die sich mit den Problemen der Gestaltung, Lenkung und Entwicklung zweckgerichteter sozialer Systeme befasst und dazu auf geeigneten Beschreibungsmodellen aufbaut. Durch die Übertragung auf produktionstechnische Fragestellungen wird dieses Verständnis dem Forschungsprozess dieser Arbeit zugrunde gelegt. Nach dem Modellbegriff nach BAMBERG und COENENBERG (vgl. [7], S. 14f) ist die wesentliche Eigenschaft eines Modells die vereinfachte Abbildung realer Tatbestände, bei der trotz Vereinfachung Strukturgleichheit bzw. -ähnlichkeit zwischen dem Realsystem und dem Modell vorliegt.[15] Modelle können verschiedenen Zwecken dienen. Dabei kann zwischen Beschreibungs-, Erklärungs-/Prognose- und Entscheidungsmodellen unterschieden werden. Entscheidungsmodelle helfen bei der Festlegung bestimmter Aktionen, um bestimmte Ziele zu erreichen.[16] Beschreibungs- und Erklärungs-/Prognosemodelle sind Voraussetzung für die praktische Umsetzung von Entscheidungsmodellen. Über die protokollarischen Informationen der Beschreibungsmodelle liefern Erklärungs-/Prognosemodelle die Ursachen-Wirkungs-Beziehungen, die Zweck-Mittel-Analysen (Erklärung) sowie Prognosen über die Konsequenzen von Handlungsalternativen erlauben. Sie bilden die Theorie, auf deren Grundlage die Gestaltung der Praxis vorgenommen wird (vgl. [143], S. 85-90). Ziel der Modellierung im Erkenntnisprozess dieser Arbeit ist das Aufstellen von Entschei-

[15] Anm.: Das relevante Realsystem ist, wie erwähnt, nicht nur in der Betriebswirtschaftslehre zu komplex, sodass nur eine Reduktion des Problems auf die wichtigsten Elemente und Relationen eine gedankliche Durchdringung zulässt.

[16] vgl. [7], S. 15: „In ein Entscheidungsmodell gehen somit zwei Kategorien von Daten ein (...): einerseits Daten über die relevante Umgebung des Entscheidungsträgers, über sein Entscheidungsfeld, andererseits Daten über die vom Entscheidungsträger verfolgten Ziele."

dungsmodellen im Gestaltungszusammenhang[17], die nach ULRICH eine Beratung der Praxis hinsichtlich der benannten Problemstellung ermöglicht (vgl. [148], S. 17-20).

Zur Bewerkstelligung dieser Modellierung wird insbesondere die Komplexität des sozialen Systems „Unternehmung“ anerkannt und der Standpunkt einer totalen Beherrschbarkeit aufgegeben (vgl. [148], S. 9, S. 12). Dieselben Annahmen werden auf den produktionstechnischen Zusammenhang dieser Arbeit übertragen und bilden somit die Grundlage der Forschungen zur Industrialisierung der Faserverbundproduktion. Der für den Forschungsprozess relevante Ausgangspunkt bringt gegenwärtige Probleme in der Praxis mit Fragenkomplexen neuer Forschungsfelder im Bereich des befähigenden Charakters von fertigungsintegrierter Messtechnik zusammen. Hierbei wird der von ULRICH postulierten Aufgabe der Wissenschaft im Kontext komplexer sozio-ökonomischer Systeme gefolgt, den Entwurf von Gestaltungsmodellen für die Veränderung der sozialen Wirklichkeit in der Praxis zu realisieren (vgl. [148], S. 11). Das Erkenntnisziel dieser Arbeit ist die Beschreibung des Industrialisierungsbeitrages fertigungsintegrierter Messungen, sodass eine Gestaltung zur Veränderung der sozialen Wirklichkeit als Lösungsbeitrag für die identifizierten Praxisprobleme ermöglicht wird. Mit Blick auf die bestehenden Begriffsdefinitionen für Industrialisierung und den Beitrag der Messtechnik und die hieraus abgeleiteten Klassifikationen, was industrialisierend ist und was nicht, ist ein Überdenken der grundsätzlichen Prämissen und Aussagen über die soziale Systemgestalt der Messtechnik hinsichtlich ihres Industrialisierungsbeitrages in einer generativen Produktion gefordert. Im Fokus des Forschungsprozesses liegt nicht die „Erklärung der Faserverbundproduktion“, sondern „die Entdeckung neuer Welten“. Das Forschungsdesign dieser Arbeit zielt somit auf einen Beitrag zur innovativen Weiterentwicklung des Faserverbundleichtbaus – auf dem Weg von einer handwerklichen in eine automatisierte Produktion. Gemäß der Aussage KUBICEKS, dass zu diesem Zweck die Hypothesenprüfung als wenig sinnvoll und die Konstruktion wissenschaftlicher Aussagen selbst als problematisch anzusehen ist, wird somit Abstand von der Prüfstrategie empirischer Forschung genommen (vgl. [83], S. 13-14).

Der Forschungsprozess zielt folglich nicht auf die Überprüfung theoriegeleiteter Hypothesen an der Realität ab, sondern als explorativer Forschungsprozess auf die Konstruktion und Entwicklung wissenschaftlicher Aussagensysteme zur Schaffung neuer Realitäten (vgl. [83], S. 12f)[18]. Im Zentrum des Forschungsprozesses steht damit weniger der Begründungszusammenhang als vielmehr der Entdeckungs- und Anwendungszusammenhang. Die Motivation für diese Arbeit basiert auf den Problemen in der Praxis und hat im Sinne von ULRICH zum Ziel, Wissen zur Lösung von Praxisproblemen zu generieren. Die Konkretisierung und Aufarbeitung des Forschungsgegenstandes stellt jedoch gerade Verknüpfungspfade zwischen Praxisproblemen und neuen Forschungsfeldern in den Vordergrund. Hiermit soll verdeutlicht werden, dass die bestehende Realität lediglich Ausgangspunkt für die Untersuchung möglicher zukünftiger Realitäten im Forschungsprozess sein kann (vgl. [148], S. 20). Der Forschungsprozess dieser Arbeit wird damit als ein iterativer Lernprozess ver-

[17]Diese Kombination von Methode (Modellierung) und Aussagenzusammenhang (Gestaltungszusammenhang) ist besonders wirkungsvoll in Form von mathematischen Optimierungs- und Simulationsmodellen, vgl. [10], S. 71-74.

[18]„Die empirische Forschung dient in den Grundlagenwissenschaften der Prüfung von Hypothesen, in der angewandten Wissenschaft der Erfassung typischer Probleme der Praxis und der Prüfung der von ihr entwickelten Gestaltungsmodelle im Anwendungszusammenhang“ (vgl. [148], S. 10).

standen, der die Gewinnung von systematischem Erfahrungswissen mit einer kreativen Umsetzung in theoretischen Aussagen zusammenbringt (Synthese). Hierbei stellt der Ansatz der qualitativen Sozialforschung den methodischen Zugang zum Forschungsbereich dar (vgl. [148], S. 13).

Das dem dieser Arbeit zugrunde liegende Verständnis des Autors zur Industrialisierung von Produktionsprozessen ist maßgeblich durch die Arbeit in Forschungsprojekten im Bereich „Faserverbundproduktion" geprägt. Als Forscher im Projektteam war der Autor neben anderen Themenstellungen insbesondere mit dem generativen Aufbau von Bauteilen aus Laminatschichten beschäftigt, die nur durch die den Aufbau begleitenden messtechnisch erfassten Informationen erfolgreich gefertigt werden konnten. Die Messtechnik hat hier Werte im Sinne einer Prozessverbesserung geschaffen und damit direkt zur Senkung der Fertigungskosten beigetragen, sobald die Informationen durch das Messen in die Prozesse rückgekoppelt wurden. Die notwendigen Prozesseingriffe folgen dem Ansatz der Aktionsforschung: „Gemäß dem Ansatz der Aktionsforschung werden die im Forschungsprozess generierten Ergebnisse direkt in die Praxis umgesetzt. Die reale Welt der Unternehmung wird nicht nur interpretiert, sondern durch den Forscher verändert oder erst erschaffen" (vgl. [148], S. 21).

Der Forschungsprozess dieser Arbeit wird als ein von theoretischen Absichten geleiteter, auf systematischem Erfahrungswissen basierender, iterativer Lernprozess begriffen, der sowohl die Gewinnung von Erfahrungswissen als auch seine kreative Umsetzung in theoretische Aussagen problematisiert (Abb. 1.6). Anstelle der Prüfung von Hypothesen werden theoretisch geleitete Fragen an die Realität zum wissenschaftlichen Fortschrittsmedium erklärt (vgl. [83], S. 14[19]). Den Ausgangspunkt der Forschung bilden die hierbei identifizierten Praxisprobleme und das Ziel der Praxisveränderung. Die gewonnenen Erkenntnisse werden kritisch reflektiert, um zu einer Differenzierung, einer Abstraktion und einem Perspektivenwechsel zu gelangen. Das theoretische Verständnis wird in einem offenen Interaktionsprozess mit der Praxis entwickelt. Neues theoretisches Verständnis führt zu neuen Fragen an die Realität (vgl. [83], S. 13-14, 29). Der Forschungsprozess wird deshalb bei der Veröffentlichung der Arbeit pragmatisch eingefroren (vgl. [83], S. 28, zur Abschlussproblematik des Forschungsprozesses). Daneben wurde schwerpunktmäßig die forschungsrelevante Literatur in den folgenden Bereichen ausgewertet: Wert und Wertschöpfung, Zusammenhang von Fertigung und Messung, Informationen im Qualitätsmanagement sowie Entscheidungstheorie. Neben der Literaturforschung dienten Diskussionen auf Konferenzen, Industriearbeitskreisen und Messen dem Autor als „Lernumgebungen", in denen Modellierungsansätze kritisch hinterfragt und weiterentwickelt werden konnten. Abbildung 1.6 fasst den Forschungsprozess nach einer Vorlage von FRIEDLI und in Anlehnung an EISENHARDT und KUBICEK nochmals zusammen (vgl. [44], S. 539-540; [83], S. 14; [52]).

[19] KUBICEK bezeichnet die „Prüfung tendenziell beliebiger Hypothesen" als „Umweg des wissenschaftlichen Fortschritts". Das Bestreben durch Fragen an die Realität und die theoretische Verarbeitung des dadurch gewonnenen Erfahrungswissens zu weiteren Fragen vorzustoßen, wird auch „iterative Heuristik" genannt.

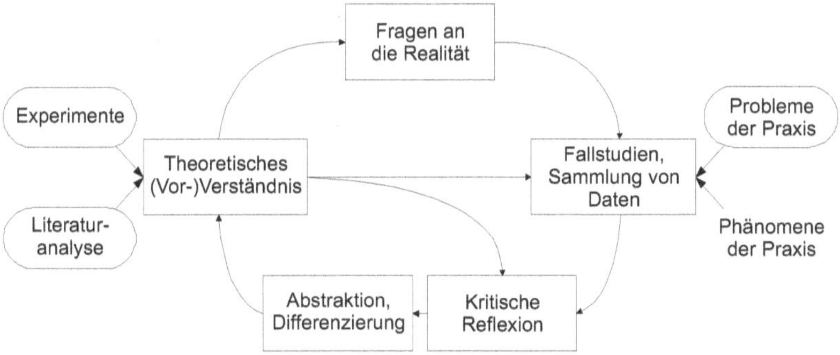

Abbildung 1.6: Forschungsprozess (Darstellung in Anlehnung an [52])

1.4 Vorgehensweise und Aufbau der Arbeit

Zur Zielerreichung der Industrialisierung der Faserverbundproduktion wird als Ausgangspunkt der Lösungssuche die Sicht des *Unternehmerischen Qualitätsmanagements*[20] nach SCHMITT eingenommen (vgl. [132], S. 113ff). Als Gegenstand der Betrachtung wird die Gestaltung der Machine-Vision-Integration in den frühen Prozessen der Faserverbundproduktion fokussiert, die der Normstrategie „Kompetenzentwicklung der Unternehmen" im *Unternehmerischen Qualitätsmanagement* dient. Im Sinne einer Befähigung soll dazu die Machine-Vision-Integration als neue Technologie eingeführt werden und dadurch die Industrialisierung von Prozessen zum Aufbau von Faserverbundstrukturen weiterentwickelt werden. Nur so kann eine bessere Überdeckung der Unternehmensfähigkeiten mit der getroffenen Unternehmensausrichtung erreicht werden. Gleichzeitig wird mit der Industrialisierung eine Technologieführerschaft angestrebt, durch die sich die Marktforderungen stärker an den mittels dieser Fähigkeiten produzierten Faserverbundstrukturen orientieren.

Aufbauend auf dieser Normstrategie wird zur industrialisierenden Gestaltung der Fertigungsintegration von Messtechnik (hier: Machine-Vision-System) eine entscheidungstheoretische Modellgrundlage formuliert. Die deskriptiven und erklärenden Elemente eines ersten Grundmodells werden zu einem Entscheidungs- und Prognosemodell erweitert, das durch den Vergleich der Entscheidungsalternativen „Messtechnik einsetzen und Qualitätsregelkreise schließen" und „Messtechnik nicht einsetzen" unter Berücksichtigung der Messunsicherheit den Industrialisierungsbeitrag von Messungen im Produktionsprozess quantifiziert. Dazu werden entscheidungstheoretische Grundmodelle durch theoretische Ansätze und Methoden aus den Bereichen Qualitätsmanagement, (Prozess-)Kostentheorie, Produktionstheorie, Wettbewerbstheorie und Fertigungsmesstechnik erweitert.

Die Konzipierung des Modells wird an Fallbeispielen zur Messtechnik-Integration aus

[20] vgl. [132], S. 116: „Unternehmerische Qualität kann somit definiert werden als der momentane Überdeckungsgrad von Marktforderungen, Unternehmensausrichtung und Unternehmensfähigkeiten. Qualität im unternehmerischen Sinne bedeutet somit immer die ressourcenoptimale, vor allem profitable Leistungserstellung für eine nachhaltige Absicherung des Unternehmenserfolgs."

der Faserverbundproduktion durchgeführt. Hier behindert der mangelnde Einsatz fertigungsintegrierter Messtechnik die Automatisierung und damit die wirtschaftliche Serienproduktion, die notwendig ist, um durch konsequenten Leichtbau Antworten auf aktuelle Fragestellungen zu Mobilität und Energieeffizienz zu geben. Belastbare Daten zur Bewertung der Umweltzustände, Unsicherheiten und Nutzenfunktionen werden durch Befragung von Experten, Beobachtungen sowie Experimente ermittelt.

Die notwendige Messtechnik selbst stand vor dieser Arbeit nicht zur Verfügung. Sie wird zur Durchführung der Fallstudien als weitere, zentrale Innovation dieser Arbeit bereitgestellt sowie in ihrer Leistungsfähigkeit hinsichtlich einer ausreichend geringen Messunsicherheit durch umfangreiche Experimente abgesichert.

Die Arbeit ist in acht Kapitel unterteilt und orientiert sich in ihrem Aufbau an dem gewählten explorativen Forschungsdesign (s. Abschn. 1.3). Die Spiegelung des Designs zum Aufbau der Arbeit ist in Abb. 1.7 zusammengestellt.

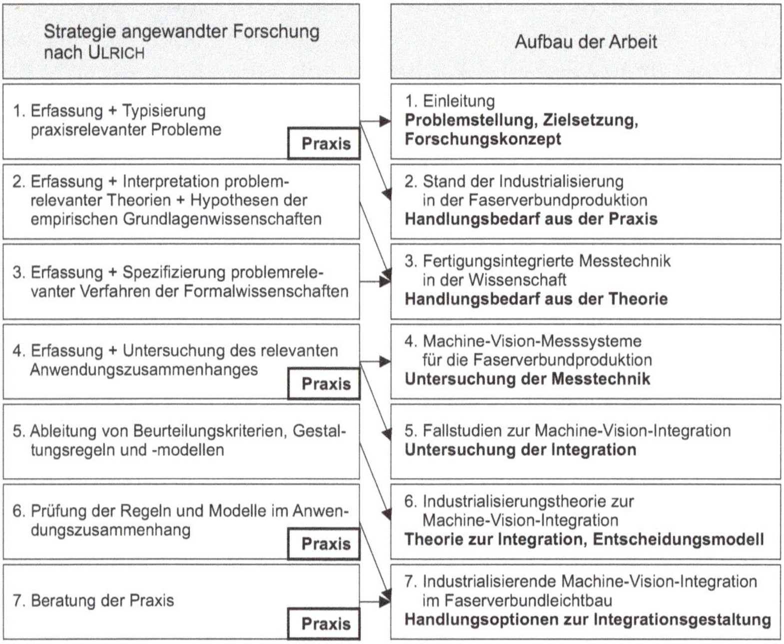

Abbildung 1.7: Aufbau der Arbeit zum gewählten explorativen Forschungsdesign

Nach der Vorstellung der Problemstellung, der Zielsetzung und des Aufbaus der Arbeit werden im weiteren Verlauf von Kapitel 1 das Forschungsdesign und die Forschungskonzeption erläutert.

Kapitel 2 setzt sich mit dem Stand der Industrialisierung der Faserverbundproduktion im Praxiszusammenhang auseinander und leitet das produktionstechnische Defizit ab.

Kapitel 3 stellt den Beitrag fertigungsintegrierter Messungen im Theoriezusammenhang und damit verbundene Begriffe in das Zentrum der Betrachtung. Nach Ausdetaillierung des Industrialisierungsbegriffes werden hier Ansätze aus der Forschung zur Bewertung der Vorteilhaftigkeit von Messtechnik vorgestellt und deren Grenzen und Defizite erörtert. Des Weiteren werden Methoden, Ansätze und Werkzeuge vorgestellt, die die Grundlagen des in dieser Arbeit entwickelten Machine-Vision-Systems und des Entscheidungsmodells zur Integrationsgestaltung bilden. Mit einer Zusammenführung der Herausforderungen aus der Praxis und der bestehenden Ansätze aus der Wissenschaft schließt das Kapitel und präzisiert somit die Anforderungen an das Machine-Vision-System, das als Basis zur Untersuchung der Faserverbundproduktion hinsichtlich ihres Industrialisierungspotenzials durch diese Arbeit bereitzustellen ist.

Kapitel 4 leitet aus den Anforderungen das Konzept des Machine-Vision-Systems her und legt die Ausdetaillierung der Bildanalysemethoden dar. In einem zweiten Teil werden die konstitutiven Bestandteile des Systems mit ihren Systemparametern hinsichtlich ihrer Wirkungen auf die Messunsicherheit untersucht und derart konfiguriert, dass die Messunsicherheit bei gegebenem Messbereich und gegebener Messdauer nicht die zulässige Messunsicherheit überschreitet.

In Kapitel 5 werden die dem qualitativen Forschungsansatz zugrunde liegenden Fallstudien und Aktionen sowie der zugehörige Auswahlprozess beschrieben. Die Studien entstammen überwiegend den laufenden und abgeschlossenen Forschungsaktivitäten im Bereich der Faserverbundproduktion am Werkzeugmaschinenlabor WZL der RWTH Aachen sowie Technologietransferprojekten mit der Industrie.

Kapitel 6 dient der Fallstudien übergreifenden Analyse und leitet auf Basis der Analyseergebnisse unter Berücksichtigung von Literaturbetrachtungen und Expertengesprächen die Anforderungen an das Entscheidungsmodell ab. Das Kapitel schließt mit der Synthese, die mit Konzept und Ausdetaillierung einer Industrialisierungstheorie die konstituierenden Bestandteile eines allgemeinen Modells aufstellt und spezifisch ausdetailliert. Die Bewertung des Einsatzes fertigungsintegrierter Messtechnik in Qualitätsregelkreisen (Aktionen innerhalb der Fallstudien) hinsichtlich ihres Industrialisierungsbeitrages „füllt das erarbeitete Modell mit Leben".

Kapitel 7 benennt die Erkenntnisse dieser Forschungsarbeit und leitet aus der Industrialisierungstheorie Handlungsempfehlungen ab, um eine Grundlage zur Beratung der Praxis zu schaffen. Der zweite Teil dieses Kapitels dient der kritischen Reflexion der Erkenntnisse und des Forschungsprozesses, der zu diesen Erkenntnissen führte. Am Ende des Kapitels wird ein Ausblick gegeben, mit welchen weiterführenden Impulsen und Forschungsfragen die Machine-Vision-Integration zur weiteren Industrialisierung der Faserverbundproduktion beitragen könnte.

Kapitel 8 fasst die wichtigsten Punkte der Arbeit nochmals zusammen.

2 Industrialisierung des Faserverbundleichtbaus in der Praxis

Das vorliegende Kapitel dient der Auseinandersetzung mit dem Stand der Technik der Faserverbundproduktion im Anwendungszusammenhang. Im Zentrum steht die Frage, wie es aktuell um die Industrialisierung dieser jungen Branche mit ihren innovativen Technologien bestellt ist.

Zu ihrer Beantwortung wird in einem ersten Abschnitt der diese Arbeit prägende Begriff „Industrialisierung" hergeleitet (s. Abschn. 2.1). Nach einer kurzen Einführung in die Welt der Faserverbundkunststoffe (Werkstoff, Branchenübersicht, Produktionstechniken, Industrialisierungsansätze, s. Abschn. 2.2 bis 2.4) werden die produktionstechnischen Defizite abgeleitet, die einer weiteren Industrialisierung der Faserverbundproduktion im Wege stehen.

2.1 Industrialisierung

2.1.1 Industrialisierungsbegriff

Der dieser Arbeit zugrunde liegende Industrialisierungsbegriff stellt die Veränderung des Produktionsprozesses in den Vordergrund, indem sich die maschinelle Erzeugung von Gütern und Dienstleistungen durchsetzt. Diese Sichtweise basiert auf dem Industrialisierungsbegriff nach DEANE (vgl. [26], S. 1-17), der Industrialisierung als wirtschaftlichen Prozess beschreibt, der eine vorindustrielle, von niedriger Produktivität und Stagnation gekennzeichnete Gesellschaft in eine moderne Gesellschaft überführt, die von steigender Produktivität und Wirtschaftswachstum gekennzeichnet ist.

Die Geschichte der Industrialisierung begann im 19. Jahrhundert mit der Verwendung von ersten Spann- und Messvorrichtungen (Lehren), die eine nahezu exakte Reproduzierbarkeit bei der Herstellung als Grundlage der Austauschbarkeit von Bauteilen ermöglichte[1]. Letztlich wurde so durch die geschaffenen technischen Möglichkeiten zum Messen kleiner Toleranzen die industrialisierte Produktion, d. h. die systematisch organisierte und effiziente Herstellung von Produkten in großer Stückzahl, möglich.

2.1.2 Prozessfähigkeit als Industrialisierungskennzahl

Für Strukturbauteile aus CFK, die bei faserverbundgerechter Bauweise den geforderten konsequenten Leichtbau tragender Strukturen ermöglichen, sind einige Besonderheiten zu beachten. Zwar geht es bei der Industrialisierung der zugehörigen Produktionstechnologien einerseits darum, „wiederholend Produkte gleichbleibender Güte in vorab definierter

[1]vgl. [67], S. 24 zum aufkommenden Begriff der *Interchangeability*

Ausprägung in einer festgelegten Zeit“ zu erzeugen (vgl. [132], S. 7); es ist jedoch andererseits zu berücksichtigen, dass bei der CFK-Produktion das Bauteil mit dem Werkstoff entsteht und dies ein derart komplexer Prozess ist, dass der Übergang zu einer individuellen Fertigung keine scharfe Grenze darstellt.

Auf dem Weg von einer handwerklich geprägten hin zu einer automatisierten Faserverbundproduktion kann die Industrialisierung nur über robuste[2] Fertigungsprozesse erreicht werden. Die Robustheit ist über die Prozessfähigkeit messbar, die nach ISO/TS 16949 definiert ist [72]. Nicht-robuste Prozesse sind handwerklich, individuell, nicht systematisch, manuell, nicht wiederholbar, zufällig, intuitiv. Der Industrialisierungserfolg kann damit anhand der Steigerung der Robustheit nach TAGUCHI bewertet werden, gemessen als Steigerung der Prozessfähigkeit[3]. Der Index c_{p} beschreibt die Breite der Prozessstreuung im Verhältnis zur Toleranzfeldbreite T, die sich aus der Differenz zwischen oberer Toleranzgrenze OT und unterer Toleranzgrenze UT ergibt. Die Breite der Prozessstreuung wird mit der sechsfachen Standardabweichung 6σ um den Mittelwert abgeschätzt.[4]

$$c_{\mathrm{p}} = \frac{OT - UT}{6\sigma} \tag{2.1}$$

Der zweite Index c_{pk} berücksichtigt zusätzlich die Lage der Verteilung im Toleranzbereich. Hierzu wird der kritische, d. h. der minimale Abstand zwischen Prozessmitte und Toleranzgrenze bestimmt und zur halben Streubreite ins Verhältnis gesetzt.

$$c_{\mathrm{pk}} = \frac{\min\left(|OT - \mu|\,;|UT - \mu|\right)}{3\sigma} \tag{2.2}$$

Ein Prozess wird prinzipiell als fähig bezeichnet, wenn die Indizes größer als 1 sind. Die Frage, wie sich die Prozessfähigkeit steigern lässt, und die dazu in dieser Arbeit verfolgten Ansätze fokussieren die Qualität als Leitgröße, die die Individualität jedes einzelnen CFK-Bauteils anerkennt. Diese Arbeit beabsichtigt damit nach den Leitmotiven von SCHMITT die Industrialisierung im Sinne von „besser“, „billiger“, „schneller“ (vgl. [132], S. 13) durch Methoden des Qualitätsmanagements als treibende Kraft voranzubringen. Von einer Sichtweise, die die Qualität als Kostentreiber im Spannungsdreieck „Qualität, Zeit, Kosten“ einordnet (vgl. [132], S. 13), wird Abstand genommen.

[2] TAGUCHI definiert Robustheit als: „*the state where the technology, product, or process performance is minimally sensitive to factors causing variability (either in the manufacturing or user's environment) and aging at the lowest unit manufacturing costs*“, vgl. [140], S. 4.

[3] Inwieweit ein Prozess in der Lage ist, die an ihn gestellten Anforderungen zu erfüllen, kann durch verschiedene Kennzahlen ausgedrückt werden. Eine wichtige Kennzahl ist die Prozessfähigkeit (vgl. SCHMITT [132], S. 598-601). Weitere Messgrößen sind u. a. die Ausschuss-, Nacharbeits-, Reklamations- und andere Fehlerquoten.

[4] Angenommen wird hierbei ein normalverteilter Prozess, für den der Mittelwert der Mittelwerte $\bar{\bar{x}}$ und die mittlere Standardabweichung $\bar{s}$ zugrunde liegender Stichproben als jeweilige Schätzer für den Mittelwert μ und die Streuung σ der Grundgesamtheit dienen.

2.2 Faserverbundkunststoffe

Faserverbundwerkstoffe sind Materialien, die aus mindestens zwei Komponenten bestehen. Die erste Komponente liegt in Faserform vor und ist in die zweite Komponente, die Matrix[5], eingebettet. Das Ziel ist es, die verschiedenen Komponenten so zu kombinieren, dass verbesserte Materialeigenschaften und Synergieeffekte im Verbund erreicht werden. In der Natur ist dies keine Besonderheit: die Paracortex-Zelle von Merinowolle und ein uni-direktional kohlenstofffaserverstärktes Epoxidharz zeigen z. B. einen ähnlichen Strukturaufbau, wenn auch in einer anderen Größenordnung. Auch der Vergleich des schichtweisen Aufbaus eines kohlenstofffaserverstärkten Epoxidharzes mit dem Schichtaufbau eines Bambusstabes zeigt Analogien zur Natur, die hier über die Mikrostruktur hinaus auch für die Prinzipien des Leichtbaus zu beobachten sind (vgl. zu den Beispielen [43], S. 1).

Um die Leichtbaueigenschaften der faserverstärkten Kunststoffe möglichst effektiv zu nutzen, wird in vielen Fällen eine gezielte Verstärkung in Beanspruchungsrichtung angestrebt. Im Gegensatz zu Metallen und unverstärkten Kunststoffen ist der Verbundwerkstoff anisotrop, d. h. er weist unterschiedliche Eigenschaften in unterschiedlichen Richtungen auf.

2.2.1 Allgemeine Eigenschaften

2.2.2 Verstärkungsfasern

Die verstärkende Struktur innerhalb eines Faserverbundkunststoffes besteht aus Fasern mit hoher gewichtsbezogener Festigkeit bzw. Steifigkeit (vgl. [43], S. 19). Aus der Verwendung von Fasern im Werkstoffverbund resultieren vorteilhafte Eigenschaften: Die Fasern leiten aufgrund ihrer deutlich höheren Steifigkeit die eingebrachten Kräfte und Lasten entlang der Faserorientierung. Die Faserform bietet einen entscheidenden Vorteil, der in der mit geringerem Durchmesser statistisch abnehmenden Anzahl der Fehlstellen begründet ist (vgl. [43], S. 2). Aufgrund ihrer überlegenen Eigenschaften werden für Strukturbauteile zumeist Glas-, Kohlenstoff- oder Aramidfasern verwendet, sodass die folgende Beschreibung auf diese Fasermaterialien beschränkt wird.

Abbildung 2.1(a) zeigt, dass die einzelnen Fasern deutlich höhere mechanische Kennwerte aufweisen als Metalle. Im Hinblick auf die geringe Dichte der Fasern werden ihre hervorragenden Leichtbaueigenschaften besonders deutlich. Die Überleitung von der Einzelfaser zum Verbund und die sich daraus ergebenden Eigenschaften sind in Abb. 2.1(b) dargestellt. Für eine unidirektional verstärkte Einzelschicht mit einem Faservolumengehalt von 60 % sinken die mechanischen Eigenschaften mit steigendem Differenzwinkel zwischen Faserorientierung und Belastungsrichtung. Senkrecht zur Faserorientierung sind die Eigenschaften des Laminates matrixdominiert und entsprechend gering (vgl. [94], S. 230). Die Faserorientierung wird damit als das entscheidende Qualitätsmerkmal eingeführt: Schon geringe Abweichungen führen zu deutlichen Einbußen hinsichtlich der mechanischen Eigenschaften des finalen Bauteils.

[5] Wenn es sich bei der Matrix um einen Kunststoff handelt, wird von Faserverbundkunststoffen gesprochen

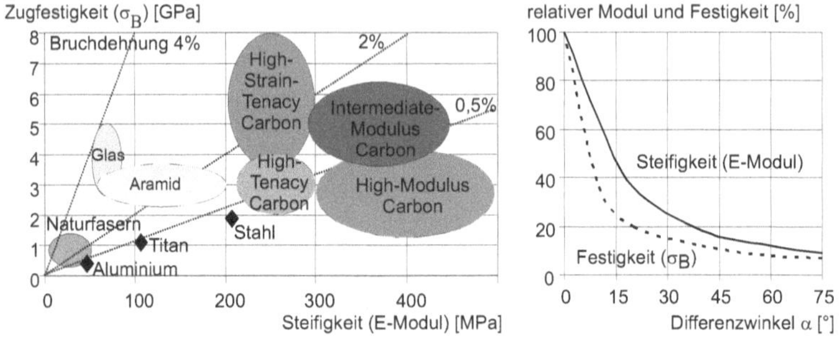

(a) Eigenschaften von Verstärkungsfasern und Metallen

(b) Richtungsabhängigkeit mechanischer Eigenschaften einer unidirektionalen Einzelschicht

Abbildung 2.1: Eigenschaften von Verstärkungsfasern (nach [94], S. 226-230)

Glasfasern

Der Begriff Glasfaser (exakte Bezeichnung: Textilglasfaser) steht als Sammelbegriff für aus geschmolzenem Glas gesponnene, dünne Fasern mit gleichmäßigem, runden Querschnitt bei Durchmessern von 3,5 bis 24 µm. Für hochfeste Anwendungen werden sogenannte R-Glasfasern verwendet, die durch höhere SiO_2-, MgO- und Al_2O_3-Anteile um 40 bis 70 % fester sind als die Standardglasfaser (E-Glas). Die hohen Festigkeiten und E-Modulwerte resultieren aus den starken kovalenten Bindungen zwischen Silizium und Sauerstoff im dreidimensionalen Strukturaufbau des Glases (vgl. [43], S. 19).

Kohlenstofffasern

Kohlenstofffasern weisen im Vergleich zu Glasfasern eine höhere Festigkeit und Steifigkeit auf. Die Herstellung der Fasern erfolgt durch eine kontrollierte thermische Spaltung (Pyrolyse) bei hohen Temperaturen (ca. 1.200-3.000°C), wobei sogenannte *Precursor*-Fasern aus Polyacrylnitril in graphitartig angeordneten Kohlenstoff umgewandelt werden. Die Herstellung ist extrem energieaufwendig und daher kostenintensiv. Eine Kohlenstofffaser hat einen Durchmesser von wenigen Mikrometern. Insbesondere sind es die hohen Festigkeiten und Steifigkeiten bei geringem Gewicht, die die Kohlenstofffaser zum Material der Wahl – insbesondere für Hightech-Bauteile in Luft- und Raumfahrtanwendungen – qualifizieren. Für noch höhere Festigkeiten wurden spezielle HT-Fasern (*high tenacy*, hochfest) entwickelt. Auch eine Steifigkeitsverbesserung wurde mit HM-Fasern (*high modulus*, hochsteif) erreicht. Nicht zuletzt die hohe Anfälligkeit der HM-Varianten gegenüber Stoßbelastungen führte zur Entwicklung von Fasern, die sowohl hochfest als auch hochsteif sind (vgl. [43], S. 36; [97], S. 247).

Aramidfasern

Die dritte relevante Gruppe bilden hochfeste Fasern aus Polymeren wie Aramid und Polyethylen. Bei Aramidfasern handelt es sich um synthetische Fasern aus Kevlar. Ihre Festigkeit ist der von Glasfasern überlegen. Hinsichtlich der Bruchdehnung und Schlagzähigkeit übertreffen sie aufgrund ihres hohen Energieabsorptionsvermögens die Kohlenstofffasern. Eine Gemeinsamkeit mit den Kohlenstofffasern ist ihr negativer Ausdehnungskoeffizient, der bei entsprechender Faser-Matrix-Kombination zur Herstellung von Bauteilen ohne Wärmeausdehnung genutzt werden kann (vgl. [97], S. 248; [43], S.26).

2.2.3 Matrix

Unter dem Begriff Matrix wird ein Kunststoff verstanden, mit dem die Fasern imprägniert werden, sodass nach der Verarbeitung ein formstabiles Bauteil vorliegt. Der dabei entstehende Werkstoff wird als Faserverbundkunststoff bzw. faserverstärkter Kunststoff bezeichnet (vgl. [43], S. 50).

Die Matrix, die die Fasern räumlich im Bauteil fixiert, ermöglicht die Krafteinleitung in die Verstärkungsfasern, sowohl in das Bauteil hinein als auch aus dem Bauteil hinaus [97]. Bei Druckbeanspruchung stützt die Matrix die Fasern und schützt diese gleichzeitig. Denn obwohl die Fasern eine sehr hohe Festigkeit und Steifigkeit aufweisen und zudem eine gute Beständigkeit gegenüber Temperatureinflüssen und aggressiven Medien zeigen, sind sie äußerst anfällig für Beschädigungen ihrer Oberfläche (vgl. [43], S. 51).

Es gibt eine Vielzahl von Matrixwerkstoffen, wobei zwischen Duroplasten und Thermoplasten unterschieden wird. Aufgrund ihrer hohen Festigkeit und Steifigkeit stellen Duroplaste den Großteil der eigentlichen FVK-Anwendungen. Vorteilhaft sind ihre geringe Viskosität, sodass sie leicht zu verarbeiten sind und die Fasern gut benetzen und durchtränken. Die wesentlich viskoseren und damit auch bei höheren Temperaturen aufwendiger zu verarbeitenden Thermoplaste weisen ein besseres Zähigkeitsverhalten auf. Ein unter Umweltaspekten günstiger Effekt ist zudem, dass bei Thermoplasten keine chemische Reaktion stattfindet, sondern die Verarbeitung unter Aufschmelzen und Erstarren der Matrix abläuft (vgl. [43], S. 51), sodass Recyclingfragen einfacher zu beantworten sind als bei Duroplasten.

2.2.4 Textile Faserhalbzeuge

Aufgrund der Fokussierung dieser Arbeit auf die frühen Phasen der Faserverbundproduktion wird an dieser Stelle beschrieben, wie aus der Faser die Halbzeuge und die fertigen Versteifungsstrukturen entstehen. Die Fasern werden zumeist als Bündel zusammengefasst, als sogenannte *Rovings* (bis zu 24.000 Einzelfilamente) oder *Heavy-Tows* (50.000 bis 400.000 Filamente). Technisch relevant für Hightech-Bauteile für Primärstrukturen ist neben der direkten Verarbeitung der Rovings die Weiterverarbeitung dieser Garne zu flächigen textilen Halbzeugen wie Geweben, Gefechten und Gelegen[6].

Für Hightech-Faserverbundstrukturen werden vor allem Gelege verwendet, bei denen die Fasern gestreckt und durch eine Nahtstruktur nebeneinander in einer Ebene gehalten

[6] zur Typisierung der textilen Flächengebilde, vgl. [71]; zur Spezifikation von Geweben, vgl. [37]; zur Spezifikation von Multiaxialgelegen, vgl. [36]

werden. Multiaxiale Gelege (MAG) bestehen aus mehreren miteinander verwirkten Gelegeschichten mit unterschiedlicher Faserausrichtung. Ein quasi-isotropes Multiaxialgelege kann zum Beispiel mit den schichtweisen Gelegerichtungen 0°, 45°, 90°, 135°, 0° aufgebaut werden [36]. Auch sind Gelege als vorimprägnierte Halbzeuge, sogenanntes Prepreg (*pre-impregnated*, vorimprägniert), verfügbar. Bei Geweben und Geflechten kommt es durch die Verkreuzung der Fasern zu Ondulationen. Daher sind die mechanischen Eigenschaften bei Gelegen besser, da dort die Faser im gestreckten Zustand eingebracht ist. Ein Vorteil der Geflechte und Gewebe ist die gute Drapierbarkeit[7], wodurch die Halbzeuge besser an komplexe Geometrien angepasst werden können als die steifer verwirkten Multiaxialgelege (vgl. [43], S. 26-36).

Die textilen Halbzeuge bilden die Versteifungsstruktur und damit das „Rückgrat" der daraus in einem generativen Schichtaufbau mit anschließender Imprägnierung entstehenden Faserverbundbauteile.

2.3 Branchenübersicht

Die genannten Eigenschaften der Faserverbundkunststoffe, insbesondere CFK, qualifizieren sie für anspruchsvolle Bauteile unter konsequenter Nutzung des Leichtbaupotenzials. Doch warum sind sie bei all den Vorteilen nicht bereits in Serienanwendungen zu finden, wo Hochleistungsleichtbau gefragt ist? Der Vielzahl an Vorteilen dieser Verbundwerkstoffe stehen Nachteile gegenüber, nicht zuletzt produktionstechnische, die ihre Marktchancen bestimmen. Im folgenden Abschnitt wird die wirtschaftliche Entwicklung und aktuelle Situation der Branche beschrieben.

Der Markt für kohlenstofffaserverstärkte Kunststoffe kann am besten anhand des Marktes für Kohlenstofffasern beschrieben werden. Die Anzahl der Faserhersteller ist begrenzt, wohingegen die Anzahl der Komponentenhersteller unübersichtlicher ist. Aufgrund der Tatsache, dass die Faserqualitäten stark differieren, kann in einem gewissen Umfang auf die produzierten Komponenten rückgeschlossen werden [5]. Die Preise unterscheiden sich dabei stark. In erster Näherung reichen die Preise von High-End-Komponenten für Luft- und Raumfahrt von etwa 400-500 €/kg über den industriellen Bereich[8] mit 100-200 €/kg bis hin zum Sport- und Freizeitbereich mit 20 €/kg [5,43]. Als Faustregel kann damit gerechnet werden, dass der Umsatz mit CFK-Komponenten etwa zehnmal höher ist als der Umsatz des verwendeten Fasermaterials. Im Detail variieren die Zahlen je nach Quelle erheblich, sodass eine generelle Übertragbarkeit zwischen Fasern und Komponenten schwierig ist.

Dem Markt für Kohlenstofffasern und damit dem CFK-Markt wird bis zum Jahr 2015 ein überdurchschnittliches Wachstum prognostiziert [5], mit der zusätzlichen Prognose, dass die Nachfrage in Europa dann allein die Hälfte des Weltbedarfs repräsentieren wird [75].

Die Produktion von CFK-Komponenten wächst im Jahr 2010 um 7,5 % und liegt damit deutlich über dem aktuell prognostizierten Weltwirtschaftswachstum von 4 %. Das weltweite Marktvolumen ist dabei gegenüber dem Jahr 2009 von 5,4 Mrd. € auf 5.8 Mrd. €

[7] Unter Drapieren wird das Verarbeiten zweidimensionaler textiler Halbzeuge zu dreidimensionalen Bauteilen verstanden, wobei eine Anpassung des Halbzeuges an die Bauteilform erfolgt.

[8] u. a. Automobilbau, Windkraft, Bootsbau

gestiegen [2], was etwa 34000 t Kohlenstofffasern[9] entspricht, die pro Jahr zu Produkten verarbeitet werden [146]. Abbildung 2.2 zeigt einen Überblick über die Produktionsvolumina nach Verfahren. Nachdem der Tiefpunkt der Faserproduktion nach der aktuellen Finanz- und Wirtschaftskrise überwunden ist, wird voraussichtlich bis zum Ende des Jahres 2011 das Niveau des Jahres 2008 wieder erreicht sein.

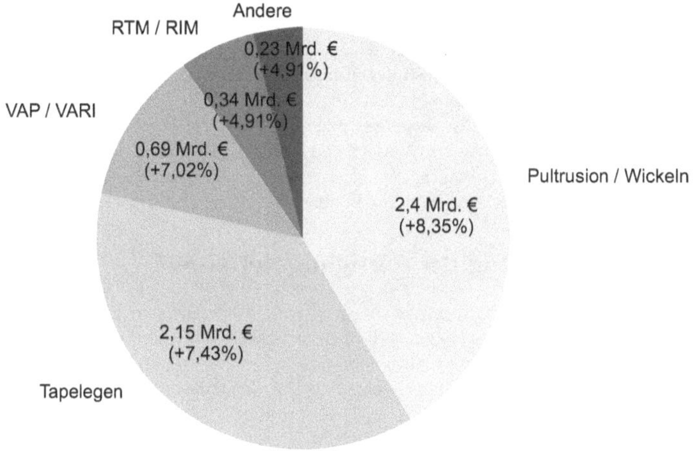

Abbildung 2.2: Weltweite Produktionsvolumina [Mrd. €] und Wachstumsraten [%] nach Verfahren für das Jahr 2010 (eigene Darstellung nach [2])

Das überdurchschnittliche Wachstum beschränkt sich nicht nur auf die Luftfahrtbranche, sondern ist auch auf dem Vormarsch in andere Märkte. Im Windenergiebereich fordern die immer größeren Anlagen steifere Rotorblätter. In Hybridbauweisen mit glasfaserverstärkten Rotorblättern werden hier CFK-Gurte zur Aussteifung integriert. Ausgehend von einer prognostizierten Verdreifachung des Weltmarktes für Windenergieanlagen in den nächsten zehn Jahren und einem CFK-Bedarf von 1.250 kg für ein 40-Meter-Rotorblatt ist dies ein gigantischer Zukunftsmarkt [5,41].

Im Automobilbau verbleiben die CFK-Anwendungen zurzeit noch im Rennsport und oberen Preissegment. Hier fehlen die serientauglichen Herstellungsverfahren. Treiber der aktuellen Entwicklung ist die Elektromobilität, durch die mehrere hundert Kilogramm, die Akkumulator und Antriebsstrang als Zusatzgewicht einbringen, mit konsequentem Leichtbau zu kompensieren sind [27,141,146]. Hier wird besonders deutlich, dass dem Serienein-

[9]Dies ist gegenüber 40 Mio. t Primäraluminium und 1,3 Mrd. t Stahl weiterhin ein relativ bescheidener Markt. Die meisten Anwendungen (mit einem Marktanteil von über 90 %) faserverstärkter Kunststoffen basieren auf Glasfaserprodukten. Langfristig wird bis 2012 ein weltweites jährliches Wachstum des Marktes für CFK-Komponenten von 7 % erwartet. Für 2013 bis 2018 wird von einem Plus von 12 % ausgegangen, wobei sich der Markt-Umsatz von 2009 auf 14 Mrd. € mehr als vordoppelt [2,74].

satz die manuellen Fertigungsschritte sowie die mangelhafte Industrialisierung und Automatisierung im Wege stehen. Das Joint Venture von BMW und der SGL Group [77, 146] nimmt hier, wie in der Einleitung bereits erwähnt, eine Vorreiterrolle ein, indem enorme Investitionen getätigt werden, um den heterogenen Gesamtprozess zu industrialisieren [141]. Das „Megacity-Vehicle" von BMW soll im Jahr 2013 auf den Markt kommen. Diese Entwicklung wird die Mitbewerber unter Zugzwang setzen [5, 77].

Neben allen prognostizierten Chancen bestehen auch weiterhin Risiken. Die stoffliche Verwertung ist bisher nicht ausreichend geklärt. Im Hinblick auf das hohe prognostizierte Wachstum des Faserverbundmarktes müssen nachhaltige Lösungen entwickelt werden. In Stade entsteht dazu aktuell das erste CFK-Recycling-Center [5]. Als weiteres Risiko wird die Unsicherheit in vielen Industriezweigen angeführt: Die Frage, was mit CFK erreicht werden kann, wird dabei kritisch diskutiert und limitiert das derzeitige Wachstum (vgl. Abb. 1.3: „Die Hürde zur Großserie", S. 5). Absehbar wirkende Substitutionspotenziale gegenüber metallischen Werkstoffen werden daher aktuell nicht realisiert [73, 75].

2.4 Industrialisierung der Fertigungsverfahren

Aufgrund der hohen Anforderungen an die spezifische Steifigkeit und Festigkeit für einen möglichst effizienten Leichtbau stehen endlosfaserverstärkte CFK-Bauteile im Zentrum der Betrachtungen von Luftfahrt- und Automobilindustrie, wenn es um Hightech-Anwendungen mit hohen Qualitätsanforderungen geht (z. B. Primärstrukturen). Jedoch hat sich der CFK-Leichtbau in Serienanwendungen noch nicht durchgesetzt – ein Leichtbau um jeden Preis wird nicht akzeptiert. Hier ist eine deutliche Kostenreduktion gegenüber metallischen Leichtbaustrukturen um mindestens 40 % gefordert [43]. Ausgehend von dem Defizit, dass neben den hohen Materialkosten hohe Fertigungskosten bisher eine Anwendung der hochfesten Verbundwerkstoffe in Serienanwendungen verhindern, werden in diesem Abschnitt die grundlegenden Verfahren zur Herstellung von Hightech-Bauteilen vorgestellt, die für eine prozessfähige Automatisierung im Sinne des Industrialisierungsgedanken dieser Arbeit betrachtet werden, und deren Defizite aufgezeigt. Eine Übersicht über die gängigen Herstellungsverfahren von Faserverbundwerkstoffen ist in [28] zusammengestellt. Vertiefende und umfassendere Einblicke werden z. B. in [51] oder [43] gegeben.

2.4.1 Heutiger Stand der Fertigung

Der bei weitem größte Anteil der heute im Flugzeugbau eingesetzten CFK-Strukturbauteile wird mithilfe der Prepreg-/Autoklavtechnik gefertigt (vgl. [65]). Die Fertigung besteht dabei aus drei grundsätzlichen Schritten: Imprägnieren der Fasern mit dem eingesetzten Harzsystem, Formgebung der Faserhalbzeuge und Aushärtung des Matrixsystems. Die Automatisierungslösungen basieren auf Tapelege- und Fiber-Placement-Anlagen. Hierzu werden die in Abschn. 2.2.4 beschriebenen Prepregbänder verwendet, um den generativen Laminataufbau durchzuführen. Der vorgezogene Schritt der Tränkung der Fasern mit dem Matrixwerkstoff sorgt für eine optimale Durchtränkung der Fasern, sodass hohe Bauteilqualitäten erreicht werden (vgl. [43], S. 150). Die Forderung nach einer signifikanten Senkung der Fertigungskosten kann diese Technologie nur begrenzt erreichen: Die Lagerfähigkeit und Verarbeitungszeit der Prepreg-Halbzeuge ist begrenzt und erfordert dabei gekühlte bzw. klimatisierte Räume, sodass hohe Materialkosten bestehen. Obwohl die Investitionskosten hoch sind, dominieren weiterhin manuelle Arbeitsschritte mit begrenztem Automatisierungspotenzial die aktuelle Fertigung. Hohe Materialdurchsatzraten können so nicht erreicht werden. Weiterer Aufwand entsteht durch die umständliche Verpackung der Laminataufbauten vor der Aushärtung in einem Autoklaven. Die Festigkeiten der derart gefertigten Bauteile sind zwischen den Laminatschichten vergleichsweise gering. Außerebene Belastungen können somit zu Schichtablösung (Delamination) führen. Neben der Entwicklung kostengünstigerer Halbzeuge ist vor allem die Einführung neuer Produktionstechnologien gefordert. Die etablierte Einzelteilfertigung ist stark durch eine manuelle, handwerkliche Durchführung gekennzeichnet – und das bei einer zurzeit hohen Fertigungstiefe. Forderungen nach Reproduzierbarkeit, Qualitätsverbesserung und Kosteneinsparung können nur durch weitergehende Automatisierung erreicht werden. Die handwerkliche Abwicklung ist hierzu in Prozessketten abzubilden, die zudem eine prozessimmanente Qualitätssicherung berücksichtigen (vgl. [65]).

2.4.2 Neue Textil- und Imprägnierverfahren

Alternativ können Hochleistungsbauteile durch die Kombination von modernen textilen Fertigungstechnologien und modernen Harzinjektionstechnologien hergestellt werden. Die Verbundstruktur entsteht hierbei durch Tränkung eines trockenen Fasermaterials mit einem Harzsystem. In einem ersten Schritt werden zwei- oder dreidimensionale textile Halbzeuge zu vielfältig variierenden textilen Vorformlingen (Preforms) kombiniert. Unter Einsatz bekannter Textiltechnologien werden komplexe Faserstrukturen kostengünstig und fasergerecht hergestellt, wobei das Automatisierungspotenzial dieser Technologien voll ausgenutzt werden kann.[10] Die Fasern sind dabei nicht zu schädigen. Ihre Anordnung in der Struktur muss auch beim Umformen bzw. Drapieren erhalten bleiben. Nur eine gleichmäßige Preformstruktur stellt ein gleichmäßiges Einbringen des Harzsystems sicher [65].

Die textilen Halbzeuge liegen in bahnenförmigen Aufmachungsformen (Gewebe, Gelege oder Multiaxialgelege) vor oder werden direkt endkonturnah gefertigt. Die herkömmlichen Textiltechniken werden dazu weiterentwickelt (z. B. 3D- oder Mehrlagengewebe mit zusätzlich senkrechten Fadensystemen), sodass auch die Fertigung querschnittsangepasster Profile ermöglicht wird. Rund- oder 3D-Gewebe und Geflechte werden bereits in einigen Bauteilen eingesetzt. „Das größte Potenzial im Luftfahrt- und Fahrzeugbau" wird nach HERRMANN den multiaxialen Gelegen zugeschrieben [65].

Die Vorteile dieser Fertigungstechnologie liegen im enormen Potenzial hinsichtlich einer Reduzierung der Bauteilkosten. Beim Einsatz textiler Halbzeuge liegen nicht nur geringere Materialkosten vor, sondern ein deutlich reduzierter Aufwand bei der Erstellung der Laminataufbauten. Dies resultiert insbesondere aus der Mehrlagigkeit der textilen Halbzeuge. Dazu kann auf die klimatisierte Lagerung und Verarbeitung verzichtet werden. Untersuchungen der Materialkosten bei der Produktion eines Serienbauteils ergaben ein um 40 % niedrigeres Kostenniveau von textilen Halbzeugen im Vergleich zu Prepreg-Materialien. Die Kosten der Aufbau- und Umformprozesse waren hier annährend gleich [65]. Diese Aussicht auf Kostenreduzierung passt zu den eingangs genannten Forderungen und stellt damit

[10] Eine Übersicht zu den Preformingtechnologien, die aktuell für eine Automatisierung qualifiziert werden (sollen), ist in [57], S. 13-54, zusammengestellt.

das Preforming als Schwerpunkt der Prozesskette ins Zentrum der Betrachtung. Preforms als dreidimensionale textile Formkörper entscheiden über die funktionalen und strukturellen Eigenschaften der Verbundbauteile. Ihre Erstellung stellt somit den Schwerpunkt der Prozesskette dar. Deshalb sollten sie kostengünstig herstellbar bzw. verarbeitbar sein. „Entscheidend für die Bauteilqualität ist die optimale Übereinstimmung von innerer Beanspruchung und der erzeugten Faserorientierung. (...) An die zugehörigen Produktionsstufen werden daher höchste Anforderungen bzgl. Reproduzierbarkeit und Qualitätssicherung gestellt" [65]. Die Vorteile des Preformings gegenüber den etablierten Prepreg-Verfahren sind u. a.:

- geringerer Werkzeugbestückungsaufwand
- Potenziale der Harzinjektionsverfahren nutzbar
- verschnittfreie Herstellung möglich
- Verringerung der Fertigungstiefe durch Einkauf kompletter textiler Strukturen

Füge- und Montagevorgänge bei der Preform-Fertigung werden meist mithilfe eines thermoplastischen Binders realisiert, der als Pulver aufgebracht und während des Preform-Vorgangs angesintert wird und so die erzeugte Struktur fixiert. Eine weitere Möglichkeit besteht im Einsatz von Nähtechnik, die die einzelnen Strukturen verbindet. Durch die Nähte werden Fasern in der Ebene umgelenkt (Ondulation), wodurch die resultierende Bauteilsteifigkeit und -festigkeit in der Ebene (*in-plane*) abnimmt, jedoch die Steifigkeit und Festigkeit außerhalb der Ebene durch die Nahtverbindung der textilen Schichten zunimmt. Das zusätzliche Einbringen gestreckter Fasern in Bauteildickenrichtung verbessert die Schadenstoleranz, das Delaminationsverhalten und die Energieabsorption. Abschließend wird der textile Preform in ein geschlossenes Werkzeug eingelegt und durch Injektions- oder Infusionsverfahren mit der Matrix in Form eines flüssigen Harzsystems getränkt[11]. Durch moderne Verfahren wie z. B. das RTM (*Resin Transfer Moulding*) oder VARI (*Vacuum Assisted Resin Infusion*) wird eine konturgenaue Fertigung auf Endmaß mit einer hohen Oberflächengüte erreicht. Es werden Faservolumengehalte von etwa 50 % und Porositätsgehalte von einem Volumenprozent erreicht. Allerdings sind auch hier die Anforderungen an die Maßtoleranzen und die Formstabilität des textilen Preforms sehr hoch [68].

2.4.3 Industrialisierungsansätze

Nachdem die aktuelle Situation der Faserverbundbranche umrissen und in die grundlegenden produktionstechnischen Verfahren für CFK-Strukturbauteile eingeführt wurde, werden in diesem Abschnitt laufende Maßnahmen und Projekte zur Bewältigung der aufgezeigten Herausforderungen vorgestellt und in Zusammenhang mit den genannten produktionstechnischen Defiziten im Sinne des eingeführten Industrialisierungsbegriffes diskutiert.

[11]Bei diesen Flüssigimprägnierverfahren durchtränkt ein flüssiges, niederviskoses Harzsystem aufgrund einer aufgebrachten Druckdifferenz einen textilen Preform. Der Preform befindet sich dabei in einer geschlossenen Form, die entweder einseitig oder beidseitig steif ist (Definition nach [68]).

Als ausgewiesen zukunftsträchtige Werkstofffamilie spielen faserverstärkte Kunststoffe in der aktuellen Forschungslandschaft eine bedeutende Rolle. Neben werkstoffspezifischen Fragestellungen wurden und werden in einer Vielzahl von Forschungsprojekten Produktionstechnologien für FVK mit dem Ziel untersucht, hochproduktive, reproduzierbare und mit konventionellen Werkstofftechnologien preislich konkurrenzfähige Herstellungsverfahren zu identifizieren und zu entwickeln.[12] Das Portfolio der zu produzierenden FVK-Strukturen erstreckt sich dabei von komplexen Strukturen, die im Automobilsektor Anwendung finden und in Stückzahlen größer 50.000 Stück/Jahr benötigt werden, bis zu Großstrukturen für Flugzeuge, Schienen- und Wasserfahrzeuge, welche in mittleren Serien gefertigt werden. Im Folgenden soll ein Überblick über die in Deutschland laufenden Forschungsprojekte gegeben werden.

Fertigung mit vorimprägnierten Fasern

Die handwerklich und von hoher Fertigungstiefe geprägten Herstellungsverfahren werden in den letzten Jahren kontinuierlich durch Automatisierungslösungen ersetzt, mit dem Ziel, höhere Stückzahlen bei gleichzeitiger Erhöhung des Qualitätsniveaus und reduzierten Produktionskosten zu erreichen.

Neben dem Kostenfaktor als Treiber der Automatisierung tritt die Qualität im Sinne einer reproduzierbaren Qualität mehr und mehr in den Vordergrund. Dies gilt insbesondere für den Luft- und Raumfahrtsektor, in dem die Bauteilherstellung durch aufwendige manuelle Ablageprozesse von Prepreg erfolgt. Ansätze zur Automatisierung erfolgten hier bereits über die automatischen Cutter-Tische, die die Streuung der Zuschnitte deutlich minimierten. Das Handling und die Ablage der Bauteile werden zurzeit durch Tapelege- und Fiber-Placement-Maschinen automatisiert.

Im Bereich der Verarbeitung vorimprägnierter Textilien (Prepregs) ist allem voran die Entwicklung verschiedener Tapelege-Prinzipien zu erwähnen, von denen einige bereits industriell für die Fertigung von Großstrukturen eingesetzt werden. Zurzeit sind diese Prepreg-Verfahren, bei denen die Kohlenstofffasern vor der Formgebung in die Polymermatrix (Harz) eingelagert werden, das weltweit gängigste Verfahren zur Herstellung von CFK-Bauteilen. Im Bereich des Flugzeugbaus z. B. nutzen die Firmen Boeing und Airbus das daraus entstehende Halbzeug insbesondere zur Herstellung von großen Teilen mittels automatischem Tapelegen und Fiber-Placement. Dies wird mit großen Portalablegeanlagen realisiert, die jedoch keine hohen Ablegeleistungen, d. h. nur eine sehr niedrige Produktivität erlauben. Genau hier setzen die heutigen Forschungsanstrengungen europaweit an. Ziel ist es dabei, die Ablegeleistungen durch den Einsatz von industriellen Standardrobotern signifikant zu steigern. Ein systematisch wissenschaftlich erarbeitetes, allgemein verfügba-

[12] Neben den Universitäten forschen vor allem die Fraunhofer Institute und das Deutsche Zentrum für Luft- und Raumfahrt (DLR) in enger Kooperation mit der Industrie (EADS, BMW etc.) an Lösungen zur Industrialisierung der Faserverbundproduktion. Neben dem bereits etablierten Composite Technology Center (CTC) in Stade entstanden in den letzten Jahren weitere Cluster wie die Zentren für Leichtbauproduktionstechnologie (ZLP) in Stade und Augsburg, in denen die CFK-Technologien aus der Forschung für den industriellen Einsatz in der Großserienfertigung vorbereitet werden. Im europäischen Ausland, den USA und Japan laufen sowohl konkurrierende Aktivitäten als auch Kooperationen, wie beispielsweise das Joint Venture zwischen dem deutschen Automobilkonzern Daimler und dem japanischen Faserspezialisten Toray.

res Wissen existiert hierzu bisher jedoch nicht. Als Beispiel hierfür sei das vom DLR und MAG Europe GmbH gestartete Projekt „GroFI“[13] zur Produktion großer Faserverbundbauteile in Integralbauweise genannt, bei dem mehrere Roboter auf einem Schienensystem ein Bauteil bearbeiten. Die Roboter legen hier gleichzeitig Prepregbänder ab, sodass eine Erhöhung der Produktivität gegenüber einer Portalanlage mit nur einem Ablagekopf erreicht werden soll. Aufgrund der hohen Anforderungen an die Ablagegenauigkeit wurden bereits die Standardroboter mit zusätzlichen hochgenauen Drehgebern an den Gelenkmotoren und einer industriellen Steuerung nachgerüstet. Eine erfolgreiche Ablage auch auf gekrümmten Formen konnte bisher noch nicht realisiert werden. Auch die Durchbiegung der Roboterarme kann so nicht erfasst und kompensiert werden.

Neben der Erhöhung der Ablagegeschwindigkeit wird eine prozessintegrierte Qualitätssicherung angestrebt. Der Sensor, der dies leisten soll, befindet sich noch in der Entwicklung. Für die Detektion des bereits abgelegten Tapes, d. h. zur Detektion der Kante an die das folgende Tape angelegt werden soll, wurde ein Lichtschnittsensor aus der Schweißnahtverfolgung eingesetzt, der sich bei ersten Ablageversuchen als geeignet herausgestellt hat. Für die Bewertung der Qualität während der Ablage (Spaltbreite, Überlappung) wird noch nach geeigneten Lösungen gesucht, da hier aufgrund der komplexen optischen Eigenschaften der Kohlenstofffaser-Tapes keine einfache Übertragung von Standardsensoren gelingt.

Die Portalanlagen können durch ihre steife Bauweise bereits hohe Prozessfähigkeiten erreichen. Mit Einführung der flexiblen aber weniger steifen Roboter kommen zusätzliche Einflüsse hinzu, die die Produktion reproduzierbarer Qualitäten erschweren.

Fertigung auf Basis trockener Faserhalbzeuge

Durch innovative textile Technologien und neuartige Konsolidierungskonzepte konnten bisher maßgebliche Produktivitätssteigerungen in der FVK-Herstellung verzeichnet werden. Auf der textiltechnischen Seite zählen hierzu hochproduktive Produktionstechnologien für die Herstellung von zwei- und dreidimensionalen Verstärkungstextilien sowie teilautomatisierte Prozesse zur Handhabung und Assemblierung komplexer textiler Verstärkungsstrukturen. Im Bereich der Konsolidierungstechnologien beinhaltet der Stand der Technik Tränkverfahren und Matrixmaterialien, mit denen FVK-Bauteile in kurzen Zykluszeiten infiltriert und ausgehärtet werden können.

Konkret gibt es bisher nur wenige Verfahren zur textilbasierten Herstellung von Hightech-Faserverbundbauteilen in der industriellen Produktion. Diese sind bisher auch nur teilautomatisiert. Ein Beispiel für die Produktion von großen schalenförmigen Strukturen ist die Druckkalotte des Airbus A380. Große Zuschnitte (9 x 9 m) von Multiaxialgelegen werden mithilfe großer Rollengreifer von zwei Seiten über das Formwerkzeug der Druckkalotte (Durchmesser: 6,9 m; Höhe: 1,5 m) abgewickelt, sodass sich das textile Gelege weitgehend von selbst dem Formkörper anpasst (Drapierung). Die einzelnen Lagen werden durch automatisiertes Nähen gefügt. Nachdem jede Lage abgelegt und vernäht ist, erfolgen der Vakuumaufbau und die Imprägnierung. Die Versteifungselemente werden nach der Konsolidierung der Schalenstruktur manuell auf diese aufgebracht und durch einen zweiten Heizzyklus konsolidiert [65]. Seitens der Forschung wurde in den Projekten „AutoVac“[14]

[13] GroFI – Großanlage Fiber-Placement [9, 92]
[14] AutoVac – Automatisierter Vakuumaufbau [56], S. 158-163

und „Pro-CFK"[15] eine Prozesskette für stringerversteifte Rumpfschalenelemente erarbeitet. Hierzu wurden Formwerkzeugkonzepte aus metallbeschichtetem CFK und Infusionsverfahren mit verbessertem Automatisierungsgrad für die Herstellung des Vakuumaufbaus und die Harzeinbringung erforscht. Textile Zuschnitte für die Stringer wurden dazu in einem Nähguthalter fixiert und roboterbasiert vernäht. Durch einen robotergeführten Greifer wurden die Stringer in Nuten eines konvex gekrümmten Formwerkzeuges eingelegt, sodass auf den eingelegten Stringern die Schalenstruktur aufgebaut werden konnte. Dies erfolgte wiederum über Rollgreifer, die die textilen Zuschnitte auf der Form abrollten.

Aktuelle Entwicklungen von neuen Prozessketten zur Fertigung von textilen Preforms zielen auf eine Produktion von präzisen, komplexen Komponenten in großer Stückzahl. Das Projekt „Auto-RTM" [66] sei als erstes Beispiel genannt. In diesem Projekt wurde eine voll automatisierte Prozesskette zur Serienfertigung von Beschlägen für Flugzeuge entwickelt. Beim Preforming werden bebinderte Halbzeuge mit einem robotergeführten Vakuumgreifer in eine Werkzeugform eingelegt. Nach einer ersten Fixierung der gestapelten Zuschnitte durch eine beheizte Presse erfolgt ein weiterer Vakuumgreifvorgang zum Einlegen des Preforms in ein RTM-Werkzeug. In diesem wird das Bauteil imprägniert und konsolidiert. Die Anlage soll demonstrieren, dass eine vollständige Automatisierung der gesamten Fertigungskette für dieses Bauteil möglich ist [66].

Für die Herstellung von kontinuierlichen Profilen aus umgeformten CFK-Gelegen wurde am Deutschen Zentrum für Luft- und Raumfahrt (DLR) in Braunschweig eine prototypische Anlage für gerade Profile entwickelt [138]. Die Profilform kann für variable Querschnitte eingestellt werden. Mittels dreier Induktoren wird ein kontinuierliches Konsolidieren erreicht, sodass die Profilform fixiert werden kann. Die aktuellen Arbeiten zielen z. B. im Projekt „EVo"[16] auf die Realisierung komplexer dreidimensionaler Preformgeometrien zu reduzierten Kosten für die Großserie.

Im Projekt „LoKosT"[17] im 4. Luftfahrtforschungsprogramm des Bundes (LuFo) wurden erste Untersuchungen zu flexiblen und modular kombinierbaren Formwerkzeugen für Stringer und Spante durchgeführt [40]. Darüber hinaus wurden Schaumsandwichkonzepte für Seitenleitwerksschalen mit diversen Modifikationen analysiert. In den Teilprojekten „AZUR" und „AZIMUT" werden Rumpfbauweisen mit langen Schalen und infusionsbasierte Fertigungsansätze betrachtet. Im Projekt „FACT"[18] stehen Rumpfbarrels und Fiber-Placement basierte Fertigungsansätze im Vordergrund.

Am Institut für Verbundwerkstoffe in Kaiserslautern wurde im Projekt „Pro-Preform-RTM"[19] eine preformbasierte RTM-Prozesskette zur Herstellung einer Linearachsenversteifung und einer Nabe-Schaft-Kombination für Windkraftanlagen behandelt. Hierbei wurden explizit die hohen Anforderungen an die Maßtoleranzen von Preforms für die RTM-Prozesse hervorgehoben [100].

---

[15] ProCFK – Fortschrittliche Produktionstechnik für Strukturen aus kohlenstofffaserverstärkten Kunststoffen [64]

[16] EVo – Endkonturnahe Volumenbauteile [53]

[17] LoKost – Entwicklung innovativer FVK-Technologien zur Reduktion von Fertigungskosten und Bauteilgewicht

[18] FACT – fortschrittliche und automatisierte CFK-Fertigungstechnologien

[19] Pro-Preform-RTM – *Process development and wholesome lightweight concept for integrated waste free RTM-Preform production* [137], S. 40-43 und [100]

Die Forschergruppe 860 der Deutschen Forschungsgemeinschaft (DFG) entwickelt im Projekt „Neue Prozessketten für endlosfaserverstärkte Kunststoffbauteile" Grundlagen zur Großserienfertigung von Strukturen in Faserverbundwerkstoffen aus trockenen, textilen Halbzeugen aus Hochleistungsfasern in Kombination mit neuartigen Flüssigimprägnierverfahren. Als Beispiel sei das am Institut für Kunststofftechnik der RWTH Aachen entwickelte Spaltimprägnierverfahren genannt. Für die Bauteilfertigung wird ein Preform in das Formwerkzeug eingelegt, mit einem flüssigen Harzsystem imprägniert und anschließend ausgehärtet. Innovativ ist die schnelle Imprägnierung durch die Erzeugung eines temporären Fließspalts über der Preform und die anschließende Kompression des imprägnierten Preforms mit einer Walkbewegung [69]. „Derzeit können Hochleistungsbauteile mit einem Faservolumengehalt von 50 % bei einer Bauteilgröße von 500 x 500 mm in weniger als fünf Minuten hergestellt werden. Hierbei entfallen lediglich 10 Sekunden auf die Imprägnierungs- und Kompressionsphase, sodass die Aushärtungszeit von zurzeit drei Minuten die die Zykluszeit bestimmende Komponente im Prozessablauf darstellt" [69].

Das DFG-Schwerpunktprogramm 1123 „Textile Verbundbauweisen und Fertigungstechnologien für Leichtbaustrukturen des Maschinen- und Fahrzeugbaus" widmet sich der Entwicklung von Methoden zur beanspruchungsgerechten Gestaltung textiler Preforms sowie der Erarbeitung angepasster Fertigungstechnologien, Konsolidierungsverfahren, Montagetechniken und Werkzeugsysteme [68].

Im Projekt „BraF"[20] entstand ein hoch automatisierter, kostengünstiger Herstellungsprozess für CFK-Flugzeugspante durch Flechten. Das neue Verfahren kombiniert verschiedene Techniken wie das Flechten, das Wickeln und das UD-Ablegeverfahren. Es verspricht maximale Gestaltungsfreiheit und hohe Reproduzierbarkeit, um den Anforderungen der Serienfertigung im Flugzeugbau der Zukunft gerecht zu werden. Die im Technologiezentrum Stade produzierende Anlage wurde speziell für die automatisierte Herstellung von Airbus-Stukturteilen entwickelt, erfüllt aber auch die Anforderungen für künftige Flugzeugtypen, wie z. B. der A30X. Durch die vorrangige Verwendung von Rovings und dem verringerten Einsatz von Handarbeit sollen die Fertigungskosten reduziert werden sowie ein Materialausnutzungsgrad von fast 95 % möglich sein [77]. Allerdings eignet sich die Anlage nur für Spante mit einfachen Querschnitten. Komplexe Spantgeometrien sind hier nicht automatisiert herstellbar. Defizitär ist die Tatsache, dass Fehler, die in der Fertigungsfolge eines Spantes entstehen, nicht erkannt werden. Das Bauteil wird schichtweise aufgebaut (zwölf Schichten). Eine Endkontrolle (Sichtkontrolle) erfasst lediglich die äußere Decklage.

Auch für die Fertigung von Stoßfängerträgern des BMW M6 wird das Umflechtverfahren zum Preforming eingesetzt. Bei dieser Rundflechttechnik entstehen geflochtene Schläuche auf einem konturierten Kern.

Weitere Beispiele, bei denen Preformingverfahren mit anschließender Harzimprägnierung Anwendung finden, sind CFK-Karosserieteile im High-End-Bereich: Vorreiter zukünftiger Serienfahrzeuge sind hier die M-Modelle und Fahrzeugstudien der BMW AG [13]. Als weiteres konkretes Produktbeispiel sei der CFK-Längsträger des Mercedes-Benz SLR McLaren genannt. Auch der Preform für dieses Profilbauteil wird mithilfe des Flechtenverfahrens hergestellt (vgl. [65], S. 337f). Schalenförmige Bauteile sind z. B. der Frontspoiler des Audi A4 DTM Edition und der Heckdeckel des Porsche 911 Turbo.

[20] BraF – *Braided Frames*

Abbildung 2.3: Automatisierte CFK-Spant-Fertigung (Foto: EADS)

Trotz der Vielzahl abgeschlossener und laufender Forschungsprojekte fehlt es bislang an industriellen Produktionsprozessen für FVK-Primärstrukturen in der Großserie, die eine Herstellung dieser komplexen Strukturen wirtschaftlich und technologisch konkurrenzfähig zur Verarbeitung konventioneller Materialien erreichen. So ist die Handhabung und Verarbeitung trockener Verstärkungstextilien durch automatisierte Systeme aufgrund des mangelnden Verständnisses für das Verhalten biegeschlaffer Materialien defizitär. Zudem fehlen geeignete Fügeverfahren, um diese inline unter wirtschaftlichen Randbedingungen zu fixieren. Die vorhandenen Tapelege-Technologien sind in ihrer maximal erreichbaren Produktivität sowie in der Komplexität der Ablage stark eingeschränkt. Bisher in der FVK-Produktion genutzte Technologien aus dem Bereich der Robotik und Automatisierung weisen ebenfalls starke Defizite auf, da sie den werkstoffbedingten Anforderungen in mehrfacher Hinsicht nicht genügen. Zu diesen Anforderungen zählen vor allem die fasergerechte und -schonende Handhabung und Ablage, welche die Voraussetzungen für eine konsequente Nutzung der anisotropen Eigenschaften von FVK sind. Auch sind Vernetzung, Clusterung, Informationsmanagement und Positioniergenauigkeiten einzelner Robotersysteme untereinander sowie mit Werkzeug und -stück nicht auf einem Stand, der eine voll automatisierte Fertigung von FVK-Strukturen ermöglichen würde [134].

Dem Vorteil der vorimprägnierten Halbzeuge, nämlich einer sehr guten Faserausrichtung, steht der signifikante Nachteil gegenüber, dass die Halbzeuge mit großem Aufwand in einer Kühlkette im Fertigungsprozess gehandhabt werden müssen. Neuere Fertigungsverfahren wie Nasstechniken bzw. Harzinfusionsverfahren, wie z. B. SLI (Single Line Injection Verfahren, DLR), bei denen die Einbettung der Fasern in die Polymermatrix erst nach der Formgebung erfolgt, versprechen eine höhere Flexibilität in der Prozessierung und produktabhängig einen höheren Automatisierungsgrad. Als Nachteil werden hier vor allem die bisher vergleichsweise geringeren mechanischen Eigenschaften wegen nicht optimaler Faserausrichtung gesehen. Hier gilt es, das bereits vorhandene Know-how der Nassfertigungstechniken insbesondere in der Trockenfaserablage und -fixierung auszubauen und in Produktionsanlagen umzusetzen. Eine zentrale Rolle spielen dabei, insbesondere für teilautonome Ablegeeinheiten, Methoden der Qualitätssicherung durch Kontrolle und Regelung der Faserablage.

Preforming, also der Aufbau der trockenen Verstärkungsstrukturen, ist ein komplexer Vorgang. Beim Zuschnitt treten Geometriefehler auf und es kommt vor, dass das Schnittmuster zur Faserrichtung verdreht ist. Die Projektion der Kontur auf das Halbzeug unterstützt zwar das manuelle Zuschneiden, häufig ist jedoch die Breite der projizierten Linie schon größer als die Toleranz. Bei der Ablage der Faserhalbzeuge variiert die Ablageposition und es können Falten entstehen sowie die Reihenfolge der Halbzeuge beim Preformaufbau vertauscht werden. Wird das Faserhalbzeug zusätzlich zur Ablage umgeformt – d. h. drapiert – gibt es weitere Fehlerquellen. Neben Falten bilden sich Faserschlaufen bei der Drapierung um enge Radien, die aus den meist ebenen Halbzeugen herausstehen. Beim Beschneiden der abgelegten Halbzeuge kann es je nach Ausrichtung der Fasern zu Ausfransungen kommen und beim Zuschnitt der Schichten zu Geometriefehlern.

2.5 Handlungsbedarf aus der Praxis

Die anstehenden Herausforderungen in der Leichtbau-Produktionstechnologie integraler Strukturbauteile lassen sich im Wesentlichen in zwei Bereiche unterteilen:

1. Produktion großer schalenförmiger Strukturen
2. Produktion präziser, komplexer Komponenten in großer Stückzahl

In beiden Bereichen wird die Produktivität darüber entscheiden, ob weitere Einsatzgebiete des Werkstoffes CFK erschlossen werden. Es stellt sich jedoch die Frage, wie diese Produktivitätssteigerung erreicht werden soll. Aktuelle Forschungs- und Entwicklungsprojekte versuchen die Produktivitätssteigerung durch parallel arbeitende Standardroboter zu erreichen, die die großen Portalanlagen ersetzen sollen, und durch Direktprozesse, die durch das Imprägnieren von trocken aufgebauten Preforms in einer geschlossenen Werkzeugform den kostenintensiven Autoklavprozess ablösen.

Das allgemeine Defizit besteht darin, dass bei den Ansätzen zur Produktivitätssteigerung die gleichzeitig bzw. im Vorfeld abzusichernde Prozessstabilisierung nur unzureichend betrachtet wird: Es fehlt an fähigen Produktionsprozessen für Hightech-CFK-Bauteile, die wirtschaftlich automatisierbar sind und das Leichtbauziel dieser Bauweisen für die Serienproduktion erreichen. Die Verkettung nicht fähiger Prozessschritte zu Automatisierungslösungen kann nur scheitern. Bei den diskutierten Ansätzen zur Automatisierung mangelt es an der nötigen Robustheit im Sinne „robuster Prozesse“ nach TAGUCHI (s. Abschn. 2.1). Die Robustheit ist über die Prozessfähigkeit (c_p,c_{pk}) messbar. Prozesse, die mit Eigenschaften wie handwerklich, individuell, nicht systematisch, manuell, nicht wiederholbar, zufällig oder intuitiv zu bezeichnen sind, sind nicht robust im Sinne der Definition und erreichen nicht die notwendige Prozessfähigkeit, ohne die eine wirtschaftliche Automatisierung für die Produktion von Strukturbauteilen mit hohen Anforderungen an die Qualität nicht abgebildet werden kann.

Im Zentrum der Betrachtung dieser Arbeit stehen die manuellen Teilprozesse in den frühen Phasen der Fertigung. Zu nennen sind hier das textile Preforming bzw. dessen erste Automatisierungsansätze: Zuschnitt/Beschneiden, Handhabung/Ablage, Drapieren und

Fixieren der textilen Halbzeuge zu endkonturnahen, trockenen Verstärkungsstrukturen. Wie im vorangegangenen Abschnitt beschrieben, treten hier Fehler auf, die auf Abweichungen in der Faserorientierung und in der Halbzeuggeometrie zurückzuführen sind. Beim Preforming ist daher die gezielte Ausrichtung der Fasern und die Aufrechterhaltung der definierten Faseranordnung sicherzustellen.[21] Tabelle 2.1 fasst die Anforderungen mit den zugehörigen Toleranzen zusammen.[22] Diese stellen die maximalen Anforderungen dar, die zurzeit von der Luftfahrtindustrie angesetzt werden. Mittlerweile erfolgt auch dort ein Umdenken und es werden Versuchsreihen durchgeführt, die klären sollen, welche Toleranzen für das Preforming überhaupt realistisch sind. Als weitere Spezifikation ist aufgeführt, dass die Halbzeuge fehlerfrei sein sollten. Bis auf die Größe der Fehler besteht keine allgemeine Spezifikation, lediglich eine DIN-Norm, die die Fehler benennt und allgemein beschreibt [33]. Beispiele sind u. a. Faserrisse, fehlende Rovings, Fremdkörper, Nahtschädigungen bei Gelegen, lokale Ondulationen sowie sonstige Schäden am Faserhalbzeug oder Preform. Aktuell werden diese Fehler durch eine der Konsolidierung des imprägnierten Bauteils nachgelagerte Ultraschallprüfung ermittelt. Die Bilder werden hier manuell ausgewertet.[23]

Ergänzend zum Preforming besteht auch Handlungsbedarf beim automatischen Tapelegen und Fiber-Placement. Um Bauteilschwächungen aufgrund von Lufteinschlüssen und Delaminationen zu vermeiden, ist die Bandbreite eng zu tolerieren (s. Tab. 2.1), damit zwischen den abgelegten Bändern weder Überlappungen noch unzulässig breite Spalte entstehen. Sobald bei diesen Verfahren komplexere Bauteile gefragt sind, müssen die ebenen Bänder auf gekrümmten Oberflächen abgelegt werden. Unter Berücksichtigung der aktuellen noch stark streuenden Bandbreiten ist die spezifikationskonforme Ablage eine große Herausforderung.

Das produktionstechnische Defizit wird von der überwiegend dem Handwerk entstammenden Branche aktuell nur vereinzelt erkannt. Erste Nachfragen zur Prozessfähigkeit entstammen der Erkenntnis, dass gerade in den frühen Phasen der Fertigung (Preforming, Tapelegen) Fehler entstehen, die – wenn überhaupt – erst sehr viel später im Prozess entdeckt werden. Gewünscht wird hier eine Qualitätskontrolle, die die Weitergabe von Ausschussteilen verhindert bzw. eine direkte Nacharbeit ermöglicht. Es ist jedoch fraglich, ob die bestehenden Ansätze zum generativen Aufbau von Faserverbundstrukturen allein über Steuerketten und Qualitätskontrollen ausreichend robuste Prozesse erreichen, die eine Automatisierung erlauben, die trotz hoher Qualitätsanforderungen wirtschaftlich darstellbar ist.

Diese Arbeit sieht die Kontrollmaßnahmen (Endprüfung) als zu kurz gegriffen und zielt auf eine nachhaltige Prozessverbesserung, die Ausschuss in den frühen Phasen der Fertigung gar nicht erst entstehen lässt, als Beitrag zur Industrialisierung des Faserverbundleichtbaus.

[21] „Den Einsatz in Primärstrukturen von Luftfahrzeugen verhindern bisher neben den fehlenden Auslegungswerkzeugen auch die mangelhaften mechanischen Eigenschaften der textilen Halbzeuge im Verbund“ [81], S. 162.

[22] Das Merkmal „Geometrie“ fasst u. a. die Maß-, Form- und Lagetoleranzen „Konturposition“, „Länge/Breite“, „Geradheit“, „Parallelität“, „Rundheit“ und „Durchmesser“ zusammen. Insgesamt wird bei der Spezifikation der Anforderungen an die Merkmale von normalverteilten Prozessgrößen ausgegangen.

[23] Ein Ultraschallscan einer Flugzeug-Rumpfschale aus CFK dauert ca. vier Stunden. Weitere vier Stunden benötigen zwei Fachkräfte für die Auswertung der Ultraschallbilder. In dieser Zeit belegt das Bauteil weiterhin das Messgerät, damit die Referenz des Messgerätes zum Bauteil erhalten bleibt und somit die Zuordnung zu einer Bauteilposition gelingt, wenn ein Fehler im Bild gefunden wird.

Tabelle 2.1: Anforderungen im Praxiszusammenhang

Fertigungsschritt	**Merkmal**	**Toleranz**	**geforderte Prozessfähigkeiten**
Preforming	Faserorientierung	$\pm 3°$ bis $\pm 5°$	$c_{pk} > 1{,}33\,(4\sigma)$
	Geometrie	± 1 mm	$c_{pk} > 1{,}33\,(4\sigma)$
	Fehler im Halbzeug	0 bis 6 mm^2	ppm $< 66\,(4\sigma)$
Tapelegen	Spaltbreite	0 bis 1,5 mm	$c_{pk} > 1{,}33\,(4\sigma)$

Verfolgt wird daher eine *Technology-Push*-Strategie, für die ein hohes Ertragspotenzial durch ihren innovativen Industrialisierungsbeitrag gesehen wird. Natürlich bestehen bei einem solchen Ansatz erhebliche Risiken, die mit jedem umfassenden Veränderungsprozess einhergehen.

Vor der Ausdetaillierung des Ansatzes werden im nächsten Kapitel die Grundlagen im Theoriezusammenhang für den Beitrag dieser Arbeit zur Industrialisierung der Faserverbundproduktion aufbereitet. Als Diskussionsgrundlage werden die Handlungsoptionen zur Bewältigung der genannten Herausforderungen unter dem Begriff der „Industrialisierung der Faserverbundproduktion" subsumiert.

3 Fertigungsintegrierte Messtechnik in der Wissenschaft

Messungen sind die wichtigste Möglichkeit quantitative Informationen über betriebliche Prozesse zu gewinnen. Nicht zuletzt im Fertigungsbereich basieren Entscheidungen auf validen Daten, die aus Messungen gewonnen werden. Unkenntnis und Ungewissheit über die Fertigungsprozesse können zu starken Schwankungen der Produktqualität führen, mit der Folge, dass kritische Fehler auch den Kunden erreichen. Nicht zuletzt das aktuelle Beispiel „Toyota" hat gezeigt, dass solche Qualitätsmängel nicht mit einer Rückrufaktion beseitigt sind [142]. Dies sind Kosten, die eher die Spitze eines Eisberges markieren. Die externen Fehlerfolgekosten liegen weit höher.

Das folgende Kapitel bereitet die Grundlagen im Theoriezusammenhang zur Beantwortung der Fragestellungen dieser Arbeit auf. Zur Klärung, inwieweit fertigungsintegrierte Messsysteme einen Beitrag zur Industrialisierung der Faserverbundproduktion liefern können, wird nach einem einführenden Abschnitt zu Begriffen aus Messtechnik und Qualitätsmanagement diskutiert, wie der Nutzen von Messungen zur Prozessverbesserung quantifiziert werden kann. Nur mit der Quantifizierung kann eine Bewertung des Industrialisierungsbeitrages und darauf aufbauend eine belastbare Investitionsrechnung in Messtechnik sinnvoll gelingen. Um eine Prozessverbesserung herbeiführen zu können, muss die notwendige Messtechnik als Informationslieferant bereitstehen und in die Fertigungsprozesse integrierbar sein. Die weiteren Abschnitte des Kapitels geben dazu eine Einführung zum Einsatz der Messtechnik in Qualitätsregelkreisen und deren Integration in die generative Fertigung von CFK-Strukturen, mit dem Ziel, die Industrialisierung der CFK-Produktion einen weiteren Schritt nach vorne zu bringen. Es werden dazu aktuelle Lösungsansätze zur Messtechnik und deren Integration diskutiert und darauf aufbauend die theoretischen Grundlagen zur geometrischen Messung anisotroper Oberflächenstrukturen erläutert. Das Kapitel schließt mit einer Benennung der weiter bestehenden Herausforderungen für die Messtechnik und deren Integration zum Zwecke der Prozessindustrialisierung.

3.1 Fertigungsmesstechnik im Qualitätsmanagement

Um ein hohes Qualitätsniveau zu erreichen, liefern Messungen in der industriellen Produktion zuverlässige und quantitative Informationen über Produkte und Prozesse. Die DIN EN ISO 9000 definiert „Qualität" als „Grad, in dem ein Satz inhärenter Merkmale Anforderungen erfüllt" [39]. Messtechnik ermöglicht damit die Feststellung, ob ein hinreichendes Qualitätsniveau erreicht wird. Auf Basis der aktuellen Normung wird in der industriellen Produktion zum einen versucht, die Weitergabe von Fehlern durch fertigungsintegrierte Prüfungen zu vermeiden (Qualitätsprüfungen). Zum anderen wird auch schon während der Fertigung gemessen, sodass der Prozess innerhalb gewisser Grenzen gelenkt wird, mit der Absicht, dass Fehler gar nicht erst entstehen (Qualitätssicherung im Qualitätsmanagement). Über diese Feststellung hinaus liefern Messungen aber auch Informationen zur Steuerung und Regelung komplexer Produktionsprozesse, ohne die sich eine Produktion im sprichwörtlichen „Blindflug" befinden würde.

Um neben der reinen Bewertung der Qualität auch Handlungsempfehlungen geben zu können, die zu einer Erhöhung der Überdeckung von Marktforderungen und Unternehmensleistungen als Synonym für Qualität führen, erweitert SCHMITT die klassische Sicht hin zu einem „Unternehmerischen Qualitätsmanagement" (vgl. [132], S. 113). Durch die Differenzierung zwischen Unternehmensausrichtung und Unternehmensfähigkeiten wird die Dimension „Unternehmensleistungen" geteilt, sodass für den neuen dreidimensionalen Ansatz nun drei grundsätzliche Stellhebel zur Gestaltung der unternehmerischen Qualität bereitstehen (vgl. [132], S. 113-122): „Markt- und Kundenorientierung", „Unternehmenspositionierung" und „Kompetenzentwicklung". Der letzte Stellhebel „Kompetenzentwicklung" wird als Normstrategie bei der Lösungssuche dieser Arbeit verwendet (s. Abschn. 1.4, S. 11).

„Messen" kann gemäß DIN 1319 Teil 1 definiert werden als „das Ausführen von geplanten Tätigkeiten zum quantitativen Vergleich der Messgröße mit einer Einheit" [31]. Der Begriff „Prüfen" ist gemäß DIN-Norm weiter gefasst. Gemäß DIN 55350-11 bezeichnet eine Qualitätsprüfung das Feststellen, inwieweit ein Erzeugnis die Anforderungen an die Beschaffenheit erfüllt [32]. Die Merkmale können in der Regel unabhängig voneinander geprüft werden, die Anzahl zu prüfender Merkmale bestimmt dann die Anzahl notwendiger Einzelprüfungen. Dabei kann die Prüfung auch nicht quantifizierbare qualitative Merkmale durch Sinneswahrnehmung testen.[1] Fokus dieser Arbeit ist das Messen. Aufgrund des umfassenderen Begriffsverständnisses besitzen Aussagen hinsichtlich des Prüfens auch für das Messen Gültigkeit. Obwohl bei der Beurteilung von Qualität nicht alle Produkteigenschaften quantitativ erfassbar sind und die Verwendung des Begriffes Prüfung anstelle von Messung oft geeigneter ist, wird im Kontext dieser Arbeit weiter von Messen gesprochen, da die Quantifizierung im Vordergrund steht.

Jede Messung und damit auch die auf ihrer Basis getroffene Entscheidung ist mit einer Unsicherheit behaftet. Um zu entscheiden, ob ein gemessenes Merkmal innerhalb bestimmter Toleranzgrenzen liegt, ist der Toleranzbereich an den Grenzen um die Messunsicherheit einzuschränken. Die Messunsicherheit sollte daher kleiner sein als die zulässige Toleranz. Die „Goldene Regel der Messtechnik" fordert zum Beispiel, dass die Messunsicherheit ein Zehntel der Toleranz nicht überschreitet (vgl. [108], S. 77). Die Ermittlung der Messunsicherheit und – daraus abgeleitet – das Einhalten eines definierten Verhältnisses aus Messunsicherheit zur Toleranz wird als Eignungsnachweis bezeichnet (vgl. DIN EN ISO 10012-1 [38]).

[1] Eine Prüfung kann sich auf unterschiedliche Sachverhalte beziehen. Es können bestimmte Eigenschaften eines Werkstoffes (Werkstoffprüfung), die Funktionsfähigkeit eines Erzeugnisses (Funktionsprüfung) oder aber geometrische Eigenschaften wie Form oder Lage (Geometrieprüfung) geprüft werden. Ebenso können neben Produkten auch Prozesse oder Betriebsmittel geprüft bzw. überwacht werden. Im Unternehmen können Prüfungen anhand ihrer Position in der Wertschöpfungskette unter anderem in Eingangsprüfungen, Zwischenprüfungen und Endprüfungen unterteilt werden.

3.2 Nutzenbewertung von Messungen für die Produktion

Implizit ist vielen Unternehmen bewusst, dass Messtechnik einen Wert für das Unternehmen generiert. Sind Messungen daher wertschöpfend? In der betrieblichen Betrachtung und Verrechnung sind Investitionen in Messtechnik bzw. die Planung des Einsatzes lediglich mit negativen Zahlungsströmen verknüpft. Somit werden Messungen trotz ihrer wertvollen Beiträge eher als ein Kostenfaktor als eine wertsteigernde Aktivität gesehen. Aussagen wie „Diese Messungen dürfen nicht mehr kosten als ...“ sind übliche Praxis (vgl. [85], S. 691, [20], S. K5181).

Gängige Theorien der Wirtschaftswissenschaften unterscheiden zwischen wertschöpfenden und unterstützenden Aktivitäten innerhalb der Produktionskette. Die Messtechnik als Grundlage aller Schritte zur Qualitätssicherung wird als unterstützende Aktivität modelliert und trägt diesen Theorien zur Folge nicht direkt zur Wertschöpfung bei. Die durch Messtechnik verursachten Kosten werden gründlich diskutiert, aber die Wirkung auf der Erlösseite wird vernachlässigt (vgl. [85], S. 691). Wenige Studien beschreiben den volkswirtschaftlichen Nutzen.[2] Nur in der Literatur zum strategischen Management wird vage auf den wertschöpfenden Charakter von Messungen hingewiesen, der jedoch wieder auf einer unterstützenden Ebene gesehen wird und die Erlösseite vernachlässigt. Die Ansätze bleiben auf einer sehr abstrakten Ebene, die sich nicht zur direkten Anwendung im industriellen Alltag eignet (vgl. PORTER [112], S. 67: „Die Wertkette“).

3.2.1 Wert- und Wertschöpfungsbegriff

Die Schaffung von Werten ist das primäre Ziel ökonomischer Aktivität. Jegliche Aktivität, wie hier das Vorantreiben der Industrialisierung in der Faserverbundproduktion, muss daher einen Wert für das Unternehmen haben. Nach NORMANN ET AL. [104] wird Wert produziert, indem Menschen mit ihrem Wissen und den weiteren ihnen zur Verfügung stehenden Ressourcen handeln. In einer Geldwirtschaft steht daher der Begriff Wertschöpfung für das Ziel produktiver Tätigkeit. Die wirtschaftliche Bedeutung des Wertes eines Gutes ist sein durch Geld ausgedrückter Preis. Der Preis ist somit ein Indikator für den Wert ökonomischer Aktivitäten und drückt sich aus als Differenz zwischen den Aktivitäten der herstellenden Akteure und der Zahlungsbereitschaft der Abnehmer.[3]

Durch Wertschöpfung werden vorhandene Güter in Güter mit höherem Geldwert transformiert. Der Begriff findet mit leichten definitorischen Unterschieden in verschiedenen wirtschaftlichen Bereichen wie Betriebswirtschaftslehre und Volkswirtschaftslehre Anwendung. Jedoch lässt sich der Begriff der Wertschöpfung stets durch eine Differenz zwischen einer Leistung (Output) und einer Vorleistung (Input) berechnen. Betriebswirtschaftliche Wertschöpfung wird dabei als Differenz aus (veräußerlicher) betrieblicher Eigenleistung abzüglich betriebsexterner Vorleistungen definiert. Die volkswirtschaftliche Sicht unterschei-

[2] Eine Studie der University of Oxford belegt, dass hierfür auf volkswirtschaftlicher Ebene ein erheblicher Aufwand betrieben wird, um durch Messtechnik sichere Informationen für die Prozesslenkung bereitzustellen. Gemäß dieser Studie hat Messtechnik eine signifikant positive Wirkung auf die Produktivität der Anwenderindustrien. Darüber hinaus beträgt allein der Anteil am Bruttoinlandsprodukt der EU-15 Staaten, der aus der Forschung und Entwicklung von Messtechnik resultiert, ca. 0,8 %, was absolut betrachtet einer Gesamtsumme von 61 Milliarden Euro entspricht [160], S. 17.

[3] vgl. RAMIREZ zur Denotation des Wertbegriffs [116], S. 49

det sich lediglich in der Abgrenzung. Hier wird die Differenz zwischen den Produktionswerten und Vorleistungen einer Volkswirtschaft gebildet. Die Wertschöpfung kann dabei auf „realen“ Produktionsleistungen oder auf der Ausnutzung von Marktpreisdifferenzen beruhen (vgl. [121], S. 64).

Ist das Ziel einer Unternehmung die Gewinnmaximierung, kann diese durch die Maximierung der betrieblichen Wertschöpfung bei gleichzeitiger Minimierung der entstandenen Kosten sowie der eingesetzten Vorleistung unterstützt werden (vgl. [121], S. 64). Ausgangspunkt der angestellten Überlegungen ist das Dilemma, dass fertigungsintegrierte Messungen zur Entstehung eines Wertes beitragen, diese Schöpfung des Wertes in der betriebswirtschaftlichen Sicht (interne Unternehmensrechnung) aber nicht als wertschöpfend quantifiziert wird. Die Verbesserung der Prozessfähigkeit als Industrialisierungsbeitrag (s. Abschn. 2.1) ist für eine Investitionsentscheidung mit einem monetären Nutzen zu versehen. Diese Arbeit modelliert den Nutzen als Präventionsleistung im Sinne eines wertschöpfenden Beitrages. Die zu quantifizierende Präventionsleistung für fertigungsintegrierte Messungen folgt der Wertschöpfungsdefinition nach Champy und Hammer (vgl. [22], S. 104-112). Zugrunde liegt ihre Idee des *Business Process Reengineering*, die darlegt, wie durch Kostenreduktion und eine Fokussierung auf die interne Effizienz[4] in einem Unternehmen Wert geschaffen werden kann (d. h. wie die Differenz zwischen der Zahlungsbereitschaft und den gesamten Herstellungskosten ausgeweitet wird). Für die Fragestellung dieser Arbeit steht es daher im Vordergrund, die Kostenreduktion und Effizienzsteigerung durch den Einsatz von fertigungsintegrierter Messtechnik zu beschreiben und einer Gestaltung zugänglich werden zu lassen.

3.2.2 Qualitätsbezogene Kosten- und Leistungsrechnung

Die Anschaffung von Messsystemen kann als ein Investitionsprojekt interpretiert werden, das mit einer Auszahlung beginnt und zu späteren Einzahlungen führen soll. Die Aufgabe der Investitionsrechnung ist die rationale Beurteilung der rechenbaren Aspekte von Investitionen. Diese werden in Zahlungsreihen modelliert, die Höhe und Zeitpunkte der mit der Investition verbundenen Zahlungen abbilden und somit als Grundlage zur Bewertung der Investition dienen (vgl. [82], S. 12f). Über die direkten Zahlungsreihen hinaus werden im betrieblichen Rechnungswesen berechnete (kalkulatorische) Größen wie Abschreibungen berücksichtigt. Im Folgenden werden daher die Begriffe Kosten und Erlöse verwendet, die auch diese Parameter berücksichtigen. Basierend auf der Annahme, dass Messungen als Informationen zur Prüfentscheidung einen gewissen Wert darstellen, wird im Folgenden beschrieben, wie dieser Wert durch Kosten und Erlöse zu beschreiben ist bzw. beschrieben werden könnte. Ohne einen positiven Wert würden Investitionen nicht getätigt. Ein Beispiel ist die Berechnung des Kapitalwertes einer Investition, die meist nur zielgerichtet und begründet erfolgt, wenn die zugrunde liegende Zahlungsreihe auch über Einzahlungen verfügt, die zu einem positiven Kapitalwert führen. Eine Investition in Messtechnik, die keine direkten, zurechenbaren Einzahlungen nach sich zieht, begründet ihre Vorteilhaftigkeit lediglich in einem Kostenminimum gegenüber anderen Alternativen. Der rational handelnde Entscheidende müsste eine solche Investition ablehnen. Der folgende Abschnitt soll da-

[4] Die Effizienz wird in dieser Arbeit mit den Kennzahlen zur Prozessfähigkeit gemessen, s. Abschn. 2.1.2, S. 15.

her beschreiben, welche Kosten und Erlöse grundsätzlich einer Investition in Messtechnik zuzurechnen wären und inwieweit der aktuelle Stand der Wissenschaft dies aufgreift.

Kosten durch Messtechnik

Die erste Frage der Investitionsplanung, welche Kosten für die Beschaffung und den Betrieb eines Messsystems anfallen, kann noch relativ einfach mit der Kostenartenrechnung beantwortet werden, wie zum Beispiel die Beschaffungs- und Betriebskosten eines Koordinatenmessgerätes. Im zweiten Schritt muss im Rahmen der Investitionsplanung die Frage der Zurechnung für eine bestimmte Leistungserstellung beantwortet werden. Diese Verrechnung kann allerdings aufgrund der Vielfalt der Prüf- bzw. Messmittel und der Kostenstellen, die auf die Messmittel zugreifen, in der industriellen Praxis schnell zu einer komplexen Herausforderung werden. Die Kosten der Messtechnik werden daher in der Praxis meist den Gemeinkosten einer Kostenstelle zugerechnet, wie zum Beispiel die Nutzung des Messraums. Diese Umlage erschwert die verursachungsgerechte Zurechnung der Kosten und lässt keine Aussage zur Wirtschaftlichkeit der betriebenen Aktivitäten zu. Ein adäquater Ansatz, die Intransparenz der Gemeinkostenrechnung aufzulösen, ist die Prozesskostenrechnung[5], die die direkte Zuordnung der Kosten zu einer erbrachten Leistung ermöglicht (vgl. [156], S. 54-55, [122], S. 64-66, [153], S. 232f, [25], S. 1-7, [42], S. 27-32). Die Herausforderung besteht heute darin, die prozessorientierte Sicht in der industriellen Praxis durchzusetzen, da nur durch eine direkte Prozesskostenzurechnung eine durch Fertigungsmesstechnik erreichte Produkt- oder Prozessverbesserung quantifiziert werden kann. Um die Akzeptanz der Prozesskostenrechnung zu erhöhen, ist der hohe Aufwand zur Detaillierung der Prozesskosten auf ein sinnvolles Maß zu reduzieren.

Aus der Prüfplanung kommen Ansätze zur Simulation wirtschaftlicher Aspekte des Messtechnikeinsatzes. Es geht um die Auswahl der optimalen Prüfstrategie. Ausgangspunkt dafür ist die Modellierung des realen Produktionsprozesses (vgl. [48], S. 85-86), in welcher die Wechselwirkungen zwischen Fertigung und Prüfung/Messung implementiert und die vielseitigen Abhängigkeiten einzelner Parameter berücksichtigt werden.

In einem Forschungsprojekt von WECKENMANN und WALZ wird ein Simulationsmodell eingesetzt, um eine wirtschaftliche Bewertung der Konformitätsprüfung zu ermöglichen. Der Einsatz verschiedener Messsysteme wird simuliert und der Nutzen aus den gewonnenen Messergebnissen den jeweiligen Einsatzkosten gegenübergestellt. Grundlage bilden eine monetäre Nutzenbewertung, welche auf die Vermeidung anzunehmender Fehlerkosten aufbaut, und eine fuzzy-gestützte Kostenermittlung für den Messgeräteinsatz. Die kostenorientierte Entscheidung für ein Messsystem wird durch dieses Verfahren systematisiert. (vgl. [154], S. 11-13)

Das von CROSTAK entwickelte Programmsystem QUINTE+ bietet die Möglichkeit zur Simulation ganzer Messstrategien und verbindet diese mit einem kostenminimalen Ansatz.

[5] vgl. [153], S. 233ff: Steigende Gemeinkosten führten gleichzeitig zur Forderung nach einer stärkeren Markt- und Kostenorientierung der produzierenden Unternehmen. Mit der prozessbezogenen Kostenbeeinflussung steht ein Mittel zur Beherrschung der Gemeinkosten zur Verfügung, das Aussagen zu messtechnischen Aktivitäten ermöglicht. Mithilfe der Prozesskostenrechnung ist es möglich, Kosten von Messungen direkt zu erfassen und einem Kalkulationsobjekt (Projekt, Produkt) direkt zuzuordnen. Durch Anwendung der Prozesskostenrechnung werden aus Gemeinkosten Einzelkosten.

Dabei wird zunächst aus der Gesamtheit aller Kombinationen der einzelnen Prüfplanungsfunktionen mittels eines evolutionären Algorithmus eine Gruppe kostenoptimaler Prüfstrategien für die vorliegende Messaufgabe ermittelt. Das zugrunde liegende Kostenmodell betrachtet die Gesamtkosten einer Strategie, welche sich aus sämtlichen Produktions- und Prüfkosten sowie Fehlerfolgekosten zusammensetzt. Im zweiten Schritt werden diese Alternativen dann simuliert und anschließend hinsichtlich Qualitätslage, Kosten und Durchlaufzeit bewertet. Auf Basis der Simulationsergebnisse kann die betriebsspezifisch optimale Lösung ausgewählt werden (vgl. [25], S. 1-7, 45-49). Mit Anwendung dieses Werkzeuges wird die Entscheidung für eine Prüfstrategie vereinfacht, da einige kostenminimale Alternativen vorgeschlagen und mittels der Simulation erwartete Konsequenzen dargestellt werden.

Im Fokus aktueller Forschungsarbeiten, in denen versucht wird, prüfplanerische Entscheidungssituationen mittels einer analytischen Informationsaufbereitung zu vereinfachen, steht zumeist die Aufgabe der Prüfmittelauswahl im Vordergrund, die sich aufgrund der Vielzahl an Entscheidungskriterien und mäßig einsichtiger Konsequenzen äußerst komplex darstellt. In diesem Kontext entwickelte LINSS eine Methode zur kostenorientierten Auswahl von Prüfmitteln unter Einbeziehung der spezifischen Messunsicherheit und der erwarteten Werkstückabmessungen. Ausgangspunkt dieser Methode ist die Modellierung einer Kostenfunktion, die sich aus den Prüfkosten, den Fehlerkosten für irrtümlich abgelehnte Gutteile und den Fehlerfolgekosten für irrtümlich angenommene Schlechtteile zusammensetzt. Aus den gegebenen Wahrscheinlichkeitsverteilungen für die fertigungsbedingten Werkstückabmessungen und die Messabweichung in Verbindung mit den festgelegten Toleranzgrenzen für das zu prüfende Merkmal werden mittels Faltungsintegration die Fehleranteile „falschpositiv“ und „falschnegativ“ berechnet. Auf dieser Grundlage gibt das Kostenmodell die Gesamtkosten für den Einsatz des gewählten Prüfmittels an. Dadurch lässt sich ein kostenminimales Prüfmittel mit spezifischer Messunsicherheit bestimmen (vgl. [88], S. 754-755). Dieses Modell bietet eine gute Unterstützung bei der Auswahl eines Prüfmittels, da die komplexe Interaktion zwischen den systematischen Abweichungen in einer wirtschaftlichen Größe quantifiziert wird.

NÜRNBERG nähert sich auch der komplexen Problemstellung der sich überschneidenden Unsicherheiten von Werkstückabweichungen und Messungenauigkeiten. Anstatt jedoch eine rationale Prüfmittelauswahl zu treffen, optimiert er die Toleranzplanung anhand der erwarteten Werkstückabweichungen und der Messunsicherheit des eingesetzten Prüfmittels. Es werden Risikopotenziale für das Auftreten, die Bedeutung und das Entdecken von quantifizierbaren Abweichungen vom Sollwert ermittelt und monetär bewertet (vgl. [105], S. 1-32).

Zusätzlicher Forschungsbedarf ist jedoch darin zu sehen, welchen Wertbeitrag im Sinne eines Nutzens Messungen für die Steuerung und Regelung der Fertigung erbringen, sodass ihr Einsatz zielgerichtet geplant werden kann. Das Erreichen eines Kostenminimums, wie in den dargestellten Ansätzen verfolgt, kann hier nur ein erster Schritt sein. Der in diesem Vorhaben verfolgte Ansatz grenzt sich dahingehend ab, dass über die Kostensicht hinaus der Messung eine Leistungskomponente im Sinne einer Präventionsleistung zugerechnet wird, die ihren Wertbeitrag durch eine direkte Verbesserung des Fertigungsprozesses ausdrückt.

Leistungen durch Messtechnik

Noch anspruchsvoller als die Ermittlung und Verrechnung der Kosten der Messtechnik ist die Bewertung ihres Nutzens. Einen ersten Ansatz, die Kosten und Erlöse durch den Einsatz von Fertigungsmesstechnik im Unternehmen in Relation zu setzen, stellt die Qualitätskostenrechnung dar (vgl. [159], S. 268-276, [18], S. 48f). Der Qualitätskostenrechnung liegt die Annahme zugrunde, dass fehlerhafte Produkte unmittelbar zu Fehlerkosten führen. Die Vermeidung dieser Fehler führt allerdings ebenfalls zu Kosten, den sogenannten Fehlerverhütungs- und Prüfkosten[6]. Während die Höhe der Fehlervermeidungskosten als Folge eines Investitionsentscheids in Fertigungsmesstechnik (wie im vorangegangenen Abschnitt beschrieben) noch bekannt ist, kann die Höhe der Fehlerkosten, die trotz dieser Investition anfallen, nur mittels Wahrscheinlichkeitsrechnung abgeschätzt werden (vgl. [156], S. 54-55). Die größten Herausforderungen bei der Quantifizierung der Fehlerkosten liegen in der Modellierung der komplexen Zusammenhänge, die der Abschätzung zugrunde liegen, und der Überprüfung der Schätzergebnisse. Eine wissenschaftliche Validierung der Fehlerkosten, die bei alternativen Messsystemen unter konstanten Bedingungen angefallen wäre, ist aufgrund der Komplexität der Fertigungsprozesse in den Unternehmen und der Ermangelung einer Blindprobe in der Regel nicht durchführbar.

Ein Nachteil der Qualitätskostenrechnung ist, dass sämtliche Kostenbeiträge zu den Qualitätskosten aufsummiert werden. Diese Sicht hat wesentlich dazu beigetragen, dass Qualitätsmanagement und Fertigungsmesstechnik als reine Kostenverursacher angesehen werden. Ein weiterer Nachteil ist, dass die Betrachtung des Nutzens auf direkte Fehlerkosten wie Ausschuss oder Nacharbeit beschränkt bleibt. Entscheidende und schwer zu quantifizierende Faktoren wie die wahrgenommene Produktqualität oder das Unternehmensimage bleiben unberücksichtigt.

Die gegenüber der reinen Kostensicht erweiterte Neugliederung der „qualitätsbezogenen Kosten“ durch WILDEMANN führt die bestehende Dreiteilung der Qualitätskosten (Fehlerverhütungskosten, Prüfkosten, Fehlerkosten) neu zusammen (vgl. [110], S. 97). Unterschieden wird bei den qualitätsbezogenen Kosten zwischen Übereinstimmungs- und Abweichungskosten. Übereinstimmungskosten (Konformitätskosten) sind bekannt, planbar und nicht vermeidbar. Sie sind diejenigen Kosten, die zur nachhaltigen Fehlervermeidung und Fehlerbeseitigung aufgewendet werden müssen. Außerdem beinhalten sie notwendige Prüfkosten zur Erfüllung der Kundenwünsche. Abweichungskosten (Nonkonformitätskosten) sind nicht bekannt, nicht planbar und nur schätzbar. Sie repräsentieren diejenigen Kosten, die durch das Nichteinhalten von Qualitätsanforderungen entstehen.

Ein großer Vorteil dieser Sichtweise ist die Möglichkeit, Opportunitätskosten in die Betrachtung einzubeziehen, um ein kostenoptimales Qualitätsniveau zu erreichen. Opportunitätskosten stellen entgangene Erträge oder Nutzen im Vergleich zu einer besseren Handlungsalternative dar und ermöglichen somit auch die Berücksichtigung „weicher“ Faktoren wie der wahrgenommenen Produktqualität. Die Berücksichtigung dieser zusätzlichen Beiträge führt zu einer wesentlich positiveren Bewertung des wirtschaftlichen Nutzens von Fertigungsmesstechnik. Die Auswirkung dieser Rechnung wird qualitativ in Abb. 3.1 dargestellt. Bei gegebenen Funktionsverläufen der Konformitäts- und Nonkonformitätskosten ergibt sich ein Qualitätskostenoptimum im Punkt A. Werden die Opportunitätskosten be-

[6] zur Definition der genannten Dreiteilung der Qualitätskosten vgl. [23], S. 192f

rücksichtigt, verschiebt sich das Optimum zu einem höheren Qualitätsniveau in Punkt B.

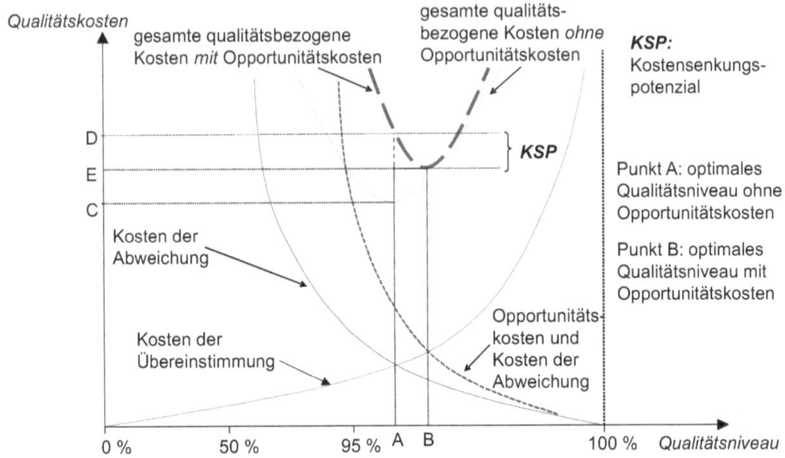

Abbildung 3.1: Zusammenhang zwischen Qualitäts- und Opportunitätskosten [123]

Werden die anfallenden Opportunitätskosten nicht berücksichtigt (Qualitätsniveau A), summieren sich die Kosten auf der Ordinate zum Punkt D. Ein niedrigeres Qualitätsniveau und die somit scheinbar geringeren Qualitätskosten führen bei dieser Betrachtung tatsächlich zu höheren Kosten. Hier lässt sich ein reales Kostensenkungspotenzial (KSP) zwischen den Punkten D und E realisieren, indem mehr in die Fehlerprävention investiert wird, um so eine Reduzierung der Abweichungs- und Opportunitätskosten zu erreichen. Eine Herausforderung der wirkungsorientierten Einteilung ist die Quantifizierung der Opportunitätskosten. So kann beispielsweise der Mehrwert eines Produktes aufgrund einer gesteigerten Qualitätswahrnehmung des Kunden und der damit verbundenen Bereitschaft zur Zahlung eines erhöhten Produktpreises nicht absolut und nur mit hohem empirischen Aufwand ermittelt werden. Um die gesamte Wertschöpfungskette abbilden zu können, reicht diese Neugliederung nicht aus. Ein Ansatz, dies zu erreichen, ist die Unterteilung der betrieblichen Leistung in die Komponenten Nutz-, Stütz-, Blind- und Fehlleistung. Dies erlaubt eine Einteilung in wertschöpfende und nicht wertschöpfende Unternehmensprozesse und zwar aus Kundensicht. Es stellt sich die Frage, ob die genannte Leistungskomponente die beste Handlungsalternative darstellt oder ob hier opportune Kosten anfallen. Für letzteren Fall können ggf. bessere Handlungsalternativen gefunden werden, die bisher entgangene Erlöse realisieren. Für die Komponenten der Blind- und Fehlleistung ist es naheliegend, dass sich hinter diesen Begriffen Formen der Verschwendung verbergen, zu denen eine Alternative gefunden werden kann. Ist die bessere Handlungsalternative damit verbunden, dass fertigungsintegrierte Messtechnik eingesetzt wird, um die Opportunitätskosten zu senken, also um bisher entgangene Erlöse oder Nutzen zu realisieren, ist dieser Einsatz wertschöpfend nach der eingeführten Begriffsdefinition. Die in dieser Arbeit verfolgte Modellierung beschreibt in den folgenden Kapiteln, wie dies auf entscheidungstheoretischer Basis gelingt, sodass der Nutzen der Messtechnik im Sinne eines Industrialisierungsbeitrages quantifizierbar wird.

Ausgehend von der eingangs beschriebenen Kostensicht von messtechnischen Aktivitäten wird in den existierenden Ansätzen der Versuch unternommen, ein relatives Kostenminimum zwischen Fehlerkosten einerseits und Prüf- und Fehlerverhütungskosten andererseits zu finden. Da sich Kunden jedoch an der absoluten Qualität orientieren, müssen die bestehenden Ansätze, die im Folgenden vorgestellt werden, erweitert werden. WECKENMANN ET AL. erarbeiteten im Forschungsprojekt „WiMess“[7] [155, 156] eine Bewertung des Einsatzes von Messtechnik bei Konformitätsprüfungen als Aufwand-Nutzen-Differenz. Der Aufwand für den Einsatz der Messtechnik über ihren gesamten Lebenszyklus wird hierbei auf die einzelnen Messvorgänge heruntergebrochen. Das Risiko falscher Entscheidungen (Fehler 1. und 2. Ordnung) wird in Zusammenhang mit der Messunsicherheit bei der Prüfentscheidung gebracht. Eine geringere Messunsicherheit generiert hierbei indirekt Nutzen, indem das Risiko, d. h. die Wahrscheinlichkeit falscher Entscheidungen in Form von Fehlerkosten, gemindert wird (abnehmender Grenznutzen). Gleichzeitig erhöht sich dabei der Aufwand der Messung (Prüf- und Fehlerverhütungskosten steigen exponentiell mit geringeren Messunsicherheiten). Eine Bewertung dieses Nutzens wird modellhaft vorgenommen bzw. simuliert, wobei die Quantifizierung aus Plausibilitätsüberlegungen stammt. Es gelingt jedoch eine erste wirtschaftliche Optimierung von Nutzen und Kosten. Defizite bestehen neben der komplexen und damit wenig praxisgerechten Modellierung in der Tatsache, dass lediglich Konformitätsprüfungen betrachtet werden. Der Nutzen der Messtechnik zur Prozessverbesserung im Sinne einer Reduzierung der Prozessstreuung wird nicht betrachtet. Für die vorliegende Arbeit gilt es, die hier erarbeiteten Ansätze um die Prozessstreuung als Parameter zu erweitern, die Streuungseinflüsse in einem entscheidungstheoretischen Modell zu beschreiben sowie die Bewertung der Entscheidungsalternativen mit dem Ziel der Prozessverbesserung zu ermöglichen. Auch WECKENMANN ET AL. erkennen hier den Handlungsbedarf, den Nutzen der Messtechnik zur Prozesslenkung zu quantifizieren.

3.3 Fertigungsintegrierte Messungen in Qualitätsregelkreisen

3.3.1 Informationen über die Produktion durch Messen

Der Einsatz von Messtechnik richtet sich nach dem zu überprüfenden Prozess und der daraus resultierenden benötigten maximal zulässigen Messunsicherheit bei vorgegebener Toleranz. Hierbei ist zu beachten, dass Prozessstreuung und Messunsicherheit gemeinsam die *beobachtete* Prozessstreuung bestimmen. Eine Abstimmung im Sinne einer Optimierung von Prozess und Messung wird nicht vorgenommen. Ein Optimum der Produktion unter nicht nur technischen Forderungen, sondern auch unter Wirtschaftlichkeitsgesichtspunkten wird daher nicht erreicht. Aufbauend auf der Tatsache, dass Prozessabweichungen nur durch Messungen quantifiziert werden können, ist lediglich die beobachtete, also die gemessene Verteilung der Prozessabweichungen bekannt.

[7] WiMess – Wirtschaftlichkeit der Messtechnik

Je nachdem welche Toleranzgrenzen einzuhalten sind, ist die maximal zulässige Prozessstreuung festgelegt.

3.3.2 Informationen im Qualitätsmanagement

Ein die betriebliche Wertschöpfungskette übergreifendes Thema des Qualitätsmanagements stellt die Qualitätsinformation dar. Es existieren diverse Ansätze und Methoden, um das Qualitätsmanagement mit den benötigten Informationen zu versorgen. Auf validen Daten beruhende Informationen (hier vor allem Messergebnisse) werden durch das Schließen sogenannter Qualitätsregelkreise in die betrieblichen Leistungsprozesse rückgekoppelt, um diese systematisch zu überwachen und zu verbessern (vgl. [132], S. 528).

Das Ziel von Qualitätsregelkreisen ist – wie bei jeder Regelung – bestimmte (technische) Größen auf vorgegebenen Sollwerten zu halten, wobei der Einfluss einwirkender Störungen auf die zu regelnde Größe möglichst gering sein soll. Das Modell der klassischen Regelungstechnik ist daher prinzipiell auf das Qualitätsmanagement übertragbar (Abb. 3.2): Die zu regelnde Größe wird gemessen und mit dem Sollwert verglichen. Die Differenz wird mittels bestimmter Regeln durch einen Prozesseingriff verringert bzw. eliminiert. Diese Aufgabe übernimmt der Regler. Im Qualitätsmanagement entspricht der Regler der Qualitätsmanagementmethode.

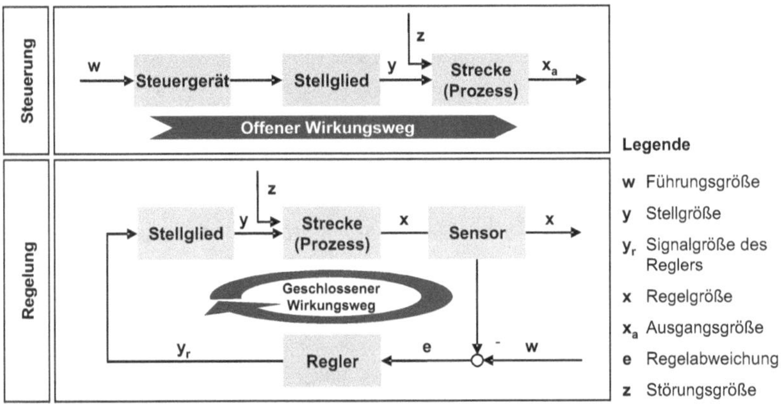

Abbildung 3.2: Modell des Regelkreises (nach [132], S. 530)

Prozesse oder Produkte sind mit Rückführung von Informationen über Qualitätsregelkreise in der Regel effizienter oder überhaupt erst realisierbar. Ohne die Rückführung befindet sich ein System im sprichwörtlichen „Blindflug“.

3.3.3 Informationen in der Entscheidungstheorie

Das Grundmodell der Entscheidungstheorie

Unter einer Entscheidung wird die Auswahl einer Handlungsalternative aus mehreren möglichen verstanden (vgl. [86], S. 3-5). BAMBERG und COENENBERG sehen die angewandte Entscheidungstheorie als zentrales Element der Betriebswirtschaftslehre[8].

Entscheidungstheoretische Untersuchungen haben allgemein das Ziel beschreibende (deskriptive) und vorschreibende (präskriptive bzw. normative) Aussagen abzuleiten. Deskriptive Aussagen beschreiben, wie Entscheidungen in der Vergangenheit getroffen wurden. Sie basieren auf der Untersuchung der Struktur von Einflüssen, die auf die Entscheidung gewirkt haben. In der präskriptiven Entscheidungstheorie werden Grundmodelle der Entscheidungsfindung untersucht, die in zahlreichen Entscheidungssituationen vorliegen. Sie beschreiben die rationalen Rahmenbedingungen einer solchen Situation, ohne Informationen über das tatsächliche Ergebnis der Entscheidung zu enthalten. Sie lassen sich auf eine allgemeine Struktur zurückführen, die für die Mehrzahl der Entscheidungsprobleme Entscheidungsmodelle bereitstellt, die wiederum aus den Bausteinen „Handlungsalternativen", „Ergebnisse", „Umweltzustände" und „Zielfunktion des Entscheiders" bestehen (vgl. [86], S. 19). Im sogenannten Entscheidungsfeld werden die erfassten Handlungsalternativen, Umweltzustände und Ergebnisse zusammengestellt (s. Abb. 3.3).

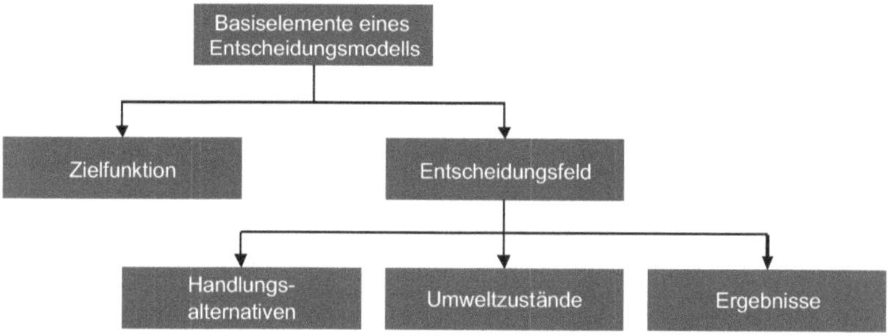

Abbildung 3.3: Basiselemente eines Entscheidungsmodells (vgl. [103], S. 84)

Das Grundmodell der Entscheidungstheorie basiert auf der Annahme, dass der Entscheidende aus gewissen Handlungsalternativen a_k eine einzige auswählen und ergreifen kann. Die Entscheidung richtet sich dabei nach dem Ergebnis – für den Fall der (partiellen) Ungewissheit richtet sie sich nach den möglichen Ergebnissen. Die Ungewissheit entsteht aufgrund von Umweltfaktoren, die der Entscheidende nicht beeinflussen kann, welche jedoch das Ergebnis beeinflussen.[9]

[8] vgl. [7], S. 11: „Die Aufgabe der Entscheidungstheorie besteht darin, die in betriebswirtschaftlichen Organisationen tätigen Menschen bei ihren Entscheidungen sowie den Gesetzgeber bei der Konzipierung unternehmensrelevanter Gesetze beratend zu unterstützen."

[9] In einer Risikosituation ist der Entscheider in der Lage, den jeweilig denkbaren Zuständen Wahrschein-

Ein Ergebnis e_{ki} einer ausgeführten Handlungsalternative tritt ein, wenn sich die Umwelt in dem Zustand s_i befindet. Der Entscheider muss die Ergebnisse nach seinen Präferenzen ordnen können, um die für ihn günstigste Entscheidung treffen zu können. Dies kann u. a. dadurch geschehen, dass einem Ergebnis e_{ki} ein kardinaler Nutzwert u_{ki} zugeordnet wird, der das Ergebnis bewertet, sodass auf einer Skala (z. B. von 0 bis 1) eine Auswahl getroffen werden kann. Die Entscheidungsmatrix (Tab. 3.1) bildet das beschriebene Modell ab. Sie kann unter gewissen Rahmenbedingungen als Grundmodell für die Mehrzahl aller tatsächlich vorkommenden Entscheidungen herangezogen werden (vgl. insbesondere zu den Rahmenbedingungen: [135], S. 125-127).

Tabelle 3.1: Entscheidungsmatrix nach SCHNEEWEISS [135]

Alternativen a_k	**Umweltzustände s_i**			
	s_1	s_2	...	s_m
a_1	u_{11}	u_{12}	...	u_{1m}
a_2	u_{21}	u_{22}	...	u_{2m}
⋮	⋮	⋮	⋱	⋮
a_n	u_{n1}	u_{n2}	...	u_{nm}

Für die vorliegende Fragestellung ist die Betrachtung der Risikosituation als „Art der Ungewissheit" ausreichend, da die Zustände der Umwelt mit gewissen dem Entscheidenden bekannten Wahrscheinlichkeiten $p(s_i)$ eintreten (z. B. die Wahrscheinlichkeit, dass ein Produktionsschritt erfolgreich durchgeführt wird).

Nach BETZKE ist mit einem Entscheidungsmodell „das Ergebnis eines Versuchs bezeichnet, die für wesentlich gehaltenen Elemente und Beziehungen einer als „Problem" empfundenen Handlungssituation in einer formalisierten Sprache so zu definieren, dass aus den resultierenden Strukturkomponenten die Problemlösung als logische Implikation abgeleitet werden kann" ([15], S. 8). Aufbauend auf den Ausführungen zum Modellbegriff in Abschn. 1.3 wird die Definition von BETZKE bei der Modellbildung in dieser Arbeit verfolgt.

Wert von Informationen in der Entscheidungstheorie

Über das Grundmodell der Entscheidungstheorie hinaus geht der entscheidungstheoretische Ansatz zum „Wert von Informationen" (vgl. [86], S. 334, [103], S. 216). Die Randbedingung des Grundmodells zur Entkoppelung von Entscheidung und Umweltzustand (vgl. [135], S. 126) ist hier nicht gegeben. Vielmehr wird hier die Auswirkung der Entschei-

lichkeiten zuzuordnen. Risikosituationen stehen im Vordergrund dieser Arbeit, da die Eintrittswahrscheinlichkeiten bei einer Prüfentscheidung auf Basis eines Messergebnisses durch Studien der Prüfmittel und der betrachteten Prozesse bekannt sind (vgl. SCHNEEWEISS: *Das Grundmodell der Entscheidungstheorie* [135], S. 125, zur Erwartungsstruktur über die Zustände: Unsicherheit und Risiko).

dung des Einholens einer Information bewertet. Die Voraussetzung für die Nutzung des Ansatzes „Wert von Informationen“ ist die stochastische Abhängigkeit zwischen A-priori-Eintrittswahrscheinlichkeiten und Information über diese Wahrscheinlichkeiten. Die Bewertung der Informationseinholung erfolgt durch den hypothetischen Vergleich der Handlungsalternativen „Information beschaffen“ und „Information nicht beschaffen“. Unter Berücksichtigung der Information können A-posteriori-Wahrscheinlichkeiten errechnet werden, mit deren Kenntnis ggf. eine bessere (wertvollere) Entscheidung getroffen werden kann, als ohne Kenntnis der Information.

Das Bayes'sche Theorem[10] (vgl. [24], S. 305-310) ist ein geeignetes Instrument, um den Wert von Informationen in Entscheidungsprozessen zu ermitteln. Hierzu sollten Vorstellungen über die Wahrscheinlichkeiten möglicher zukünftiger Zustände der Prognosegrößen vorhanden sein (die A-priori-Wahrscheinlichkeiten). Es sollten Informationen vorliegen, wie zuverlässig die Informationsbeschaffungsmaßnahme ist (die *Likelihoods*[11]) und es sollte bekannt sein, mit welchem (monetären) Wert die möglichen Konsequenzen zu bewerten sind bzw. welchen Nutzen sie darstellen.

In ersten Forschungsprojekten wird versucht, den stochastischen Zusammenhang von Fertigung und Messung abzubilden (s. Abschn. 3.2.2). Die Erweiterung dieses Zusammenhanges um den Ansatz „Wert von Informationen“ ist Gegenstand dieser Arbeit und beabsichtigt, den Nutzen für den Fertigungsprozess aufgrund einer Prozessverbesserung durch Messtechnik in einem Entscheidungsmodell abzubilden. Die genannten Voraussetzungen zum Einsatz des Kalküls „Wert von Informationen“ sind auch im produktionstechnischen Zusammenhang zu beachten. Die A-priori-Wahrscheinlichkeiten beschreiben die Erfolgserwartung für den Fertigungsprozess. Durch eine Prozessverbesserung aufgrund der Informationsbeschaffung steigen die Erfolgsaussichten, was sich in Form der A-posteriori-Wahrscheinlichkeiten ausdrücken lässt.

3.4 Lösungsansätze für die fertigungsintegrierte Faserverbundprüfung

Neben den vorangegangenen Ausführungen über Grundlagen zum Einsatz von Messungen in Qualitätsregelkreisen zur Verbesserung der Produktion im Industrialisierungszusammenhang und deren Bewertungsgrundlagen fehlt bisher noch die Aussage, ob die Technologie zur Einführung fertigungsintegrierter Messungen als Lieferant valider Informationen über den Zustand der Produktion überhaupt verfügbar ist. Es stellt sich daher die Frage, welche Messverfahren bei der CFK-Produktion eingesetzt werden (könnten) und ob diese statt der etablierten „Endkontrolle“ auch fertigungsintegriert einsetzbar sind.

[10] Das Bayes'sche Theorem ist ein aus der Statistik bekannter Ansatz zur unkomplizierten Umrechnung von bedingten, gemeinsamen und A-priori-Wahrscheinlichkeiten. Der Einsatz bei der Entscheidungsfindung ist auch unter dem Stichwort *Bayes Minimum Risk* bekannt. Einführende Beispiele finden sich z. B. in [103], S. 220f.

[11] vgl. [103], S. 221: „Die Likelihoods sind die bedingten Wahrscheinlichkeiten $p(I_j|s_i)$, d. h. die Wahrscheinlichkeit der Information I_j unter der Bedingung, dass s_i vorliegt. Die Likelihoods drücken sozusagen aus, wie zuverlässig die neue Information ist.“

3.4.1 Potenzial der etablierten Verfahren

Mit einem Anteil von 95 % sind zerstörungsfreie auf Ultraschall basierende Verfahren die in der Fertigung üblicherweise eingesetzte Prüftechnologie für Faserverbundkunststoffe [54, 98, 147]. Beispiele sind die wassergekoppelte Ultraschall-Prüfung von CFK-Flugzeugrumpfschalen im Werk Nordenham der Premium AEROTEC (vgl. [147], S. 28) oder das Ultraschallrückstreuverfahren zur Bestimmung von Faserorientierungen [109]. Diese Verfahren eignen sich über die Bestimmung der Faserorientierung hinaus auch für andere Prüfaufgaben, wie die Erkennung von Luftporen, Fremdeinschlüssen, auftretenden Delaminationen, lokalen Inhomogenitäten in der Harzverteilung, Faserrissen und sogar leichten Klebefehlern im Bauteil [109, 147]. Jedoch sind die Ultraschallprüfverfahren nur zur Endkontrolle in konsolidierten Bauteilen geeignet. Ein zurechtdrapiertes textiles Faserhalbzeug kann nicht „nass“ geprüft werden. Aufgrund der Schallschwächung durch die Luftbrücken in den textilen Halbzeugen stoßen luftgekoppelte Ultraschall-Systeme an ihre Grenzen. Neben Ultraschall können weitere Strahlungsarten (z. B. Weißlicht-, Infrarotlicht-, Ultraviolettlicht-, Elektronen-, Röntgen-, Mikrowellen- oder Terahertz-Strahlungen) zur Bauteil-Tomografie genutzt werden [62]. Ein geeigneter Sensor kann je nach Position die reflektierten, absorbierten oder durchgängigen Strahlen eines bestimmten Messbereichs erfassen und in Form eines Bildes darstellen (bzw. als aggregierte Schichtaufnahmen).

Die gewonnenen Bilder können prinzipiell durch Bildverarbeitung (BV) automatisiert bewertet werden. Die notwendigen Methoden und Algorithmen sind bislang unverzichtbar für den Qualitätsnachweis der Bauteile nach der FVK-Herstellung. Einige dieser Methoden sind jedoch auf einen kleinen Messbereich beschränkt, erfordern eine aufwendige Probenaufbereitung oder können das Bauteil beschädigen, wodurch ein fertigungsintegrierter Einsatz ausgeschlossen ist. Derartige BV-Prüfsysteme (z. B. zur Bestimmung der Faserorientierung [55, 87]) werten Querschnittsbilder von FVK-Bauteilen aus (Analyse der elliptischen Faserform), wozu das Bauteil zur Probenentnahme zu zerteilen ist.

Bildverarbeitung wird auch für die Mikrostrukturanalyse mittels Raster-Elektronen- (REM), Transmissions-Elektronen- (TEM) oder Rasterkraft-Mikroskop (RKM) verwendet [62, 98]. Pearce et al. setzten z. B. die Fraktal-Theorie als Auswertungsalgorithmus ein, um das Porenvolumen in FVK-Strukturen zu messen [107]. Außerdem werden traditionelle Messmittel der Mikrosystemtechnik, wie das konfokale Laser-Scanning-Mikroskop [90] und das Weißlicht-Interferometer sowie moderne Stoffprüfungstechniken, wie die Röntgenrefraktometrie [19] und die Mikrowellen-Anisotropie [113], für die Mikrostrukturprüfung von Faserverbundkunststoffen eingesetzt. Die Röntgen-Computertomografie (RCT) ist ein weiteres Verfahren zur Werkstoffprüfung, das aber fast ausschließlich für die Qualitätsprüfung von FVK-Bauteilen nach der Imprägnierung mit der Polymermatrix genutzt werden kann und bisher auf kleine Messbereiche beschränkt ist [98, 147].

Die thermografische zerstörungsfreie Prüfung, d. h. Thermografiebilder auf Basis von Infrarot-Strahlung, basiert auf dem thermischen Widerstand von Stofffehlern und kann eingesetzt werden, um innere Fehler nach der Herstellung zu erkennen [4, 21, 30, 113, 115, 147]. Die Thermografie erzeugt eine unscharfe Abbildung einer gegebenen Messfläche mit geringer Messpunktzahl. Sie eignet sich zumeist nur für eine qualitative Auswertung oder Stoffanalyse. Fortschritte werden hier auf dem Gebiet der Lock-in-Thermografie erwartet [30, 147]. Diese Prüfmethode ermöglicht ein schnelles und großflächiges Erfassen von

Strukturkomponenten unabhängig von der Geometrie der Bauteile (vgl. [147], S. 29). Wie die Ultraschall-Prüfung erfolgt diese Bauteilprüfung erst am fertigen Bauteil und ist daher für den Einsatz in den frühen Phasen der Produktion, z. B. beim Aufbau der Faserstruktur, nicht geeignet. Die elektrische und optische Leitfähigkeit mancher Faserarten (wie der Kohlenstofffaser und E-Glasfaser) kann ebenfalls als Messprinzip eingesetzt werden, um z. B. Risse zu detektieren oder den Vernetzungsprozess zu überwachen [49, 98]. Diese Leitfähigkeit ist jedoch unbedeutend während der Konstruktion textiler Preforms, da die Faserstruktur während der Umformung der textilen Halbzeuge (Drapierung) noch erheblich variieren kann.

Alle zuvor vorgestellten Verfahren eignen sich nicht für eine Inline-Prüfung zur Steuerung eines Produktionssystems für (biegeschlaffe) textile Preform-Strukturen, insbesondere wegen langen Prüfzeiten, geringem Messbereich, geringer Robustheit gegenüber industriellen Bedingungen, aufwendiger Integration in den Fertigungsprozess und, nicht zuletzt, da einige zerstörender Natur sind. Die textilen Preforms können aufgrund ihrer Biegeschlaffheit auch nicht taktil gemessen werden.

Für dieses Forschungsvorhaben werden daher optische Methoden entwickelt, die die genannten Prüfmerkmale auf Basis der industriellen Bildverarbeitung fertigungsintegriert bestimmen können. Unter dem Begriff Machine-Vision werden in den folgenden Abschnitten die Verfahren der industriellen Bildverarbeitung und optischen Messtechnik beschrieben.

3.4.2 Machine-Vision

Begriffsdefinition Machine-Vision

Der Begriff „Machine-Vision“ ist nicht eindeutig abgegrenzt. Er wird in dieser Arbeit als Teilbereich der Ingenieurwissenschaften verstanden, der sich mit dem Einsatz von Computer-Vision im produktionstechnischen Kontext beschäftigt. Einer allgemein anerkannten Definition von RELF folgend, soll Machine-Vision als „Analyse von Bildern zwecks Extraktion von Daten zur Beherrschung von Prozessen und Aktivitäten“ [117] verstanden werden. Machine-Vision-Systeme (MVS) werden derzeit in industriellen Herstellungsprozessen in den Bereichen Automatisierungstechnik und Qualitätssicherung eingesetzt. Aktuell tragen sie zur steten Weiterentwicklung der kognitiven Fähigkeiten von Maschinen und Anlagen bei – auf dem Weg hin zu einer „Sehenden Produktion“[12]. Neben dem synonym verwendeten Begriff der „industriellen Bildverarbeitung“ schließt der Begriff Machine-Vision explizit die Ableitung einer Entscheidung bzw. Aktion (z. B. das Ansteuern von Aktoren) mit ein. Die konstitutiven Bestandteile eines MVS sind die Folgenden:

- Beleuchtung
- Bilderzeugung (Linsensystem)
- Bildwandlung/-digitalisierung (Sensor)
- Bildverarbeitung
- Entscheidung/Aktion

[12] Ähnliche Entwicklungen finden sich in der Verkehrstechnik, in der der Einsatz von Computer-Vision das „Sehende Fahrzeug“ forciert.

Da in dieser Arbeit die Datenverarbeitung nur ein Instrumentalziel ist und als Fundamentalziel die Entscheidung, wie eine Produktion verbessert werden kann, im Vordergrund steht, wird der Begriff Machine-Vision gewählt.

Machine-Vision zur 2D-Texturanalyse

Die meisten konventionellen Bildverarbeitungssysteme können nur für spezifische Aufgaben oder mit hohem Lernaufwand abgesicherte Prüfentscheidungen und Messergebnisse liefern. Auf Basis der Bildverarbeitung werden geeignete Inline- und In-Prozess-Prüfsysteme für Faserverbundkunststoffe entwickelt [63, 64, 136]. Ein Beispiel für diese neuen Prüftechnologien ist ein auf einer Offline-Scannertechnologie basierendes Verfahren [136], welches ausschließlich für die Fehlererkennung in textilen Halbzeugen eingesetzt wird. Über die normalen Textilfehler hinaus werden auch spezifische FVK-Merkmale geprüft, wie z. B. die Breite der Lücke zwischen zwei Fasersträngen (Rovings). Die Bildauswertung basiert auf einer Grauwertsegmentierung mit Schwellwerten. Der Scanner ist nicht für den industriellen Einsatz geeignet. Vor allem Beleuchtungsvariationen üben einen erheblichen Störeinfluss auf die Prüfergebnisse dieses Verfahrens aus.

Ein zweites Beispiel ist ein BV-Prüfsystem, das im vom BMWi geförderten LuFo-Verbundprojekt PRO-CFK[13] zur Fehlererkennung in textilen Strukturen für FVK entwickelt wurde [63, 64]. Innerhalb des Teilprojektes PROSA[14] wird die Erkennung und Quantifizierung von Beschädigungen der textilen Flächengebilde wie z. B. Lücken (*Gaps*) oder Fuzzballs automatisiert [99]. Die Bildsegmentierung erfolgt mit Schwellwertverfahren. Die Richtungsbestimmung der Fasern wird anhand der *Gap*-Orientierung gradientenbasiert abgeleitet. Die Ergebnisse werden in Form von Qualitätslandkarten vorbereitet, um eine optimale Ausnutzung der textilen Flächengebilde bei deren Zuschnitt zu ermöglichen. Als Flächengebilde werden ausschließlich multiaxiale Gelege aus Kohlenstofffasern mit ihren typischen Schädigungsarten (*Gaps* oder Winkelabweichungen) untersucht.

Die beiden zuvor genannten Vorhaben entwickeln zwar wichtige Methoden der Prüfkette, Inhalt beider Vorhaben ist jedoch die Erkennung und Quantifizierung typischer Textilstrukturfehler, nicht die Inline-Prüfung bei deren Ablage oder die Ablagegüte beim Aufbau komplexer Faserpreforms, die über den 2D-Schichtaufbau hinausgehen. Auch die strengen Anforderungen unter industriellen Bedingungen (kurze Taktzeiten, Robustheit, Zuverlässigkeit usw.) können die in diesen Vorhaben gewählten Methoden nicht erfüllen. Mit den bisherigen Verfahren ist somit eine Rückkoppelung der Messergebnisse zum korrigierenden Prozesseingriff (Prozessregelung) nicht möglich.

Ein weiteres prototypisches System ist „Fila Inspect“ der PROFACTOR GmbH (Steyr, Österreich). Das System setzt auf eine Kombination von Einzelbildern, die durch eine sequenzielle Beleuchtung der Bildszene aus acht unterschiedlichen Richtungen über einen Winkelbereich von 180° aufgenommen werden, um störende Reflexionen in den Einzelbildern herauszufiltern bzw. gezielt zu nutzen, um aus der Beleuchtungsrichtung gekoppelt mit der jeweiligen Reflexion des Materials die Faserorientierung abzuleiten. Orientierungen können durch dieses System zu Prüfzwecken unterschieden werden. Weitere Forschungsan-

[13] PRO-CFK – Fortschrittliche Produktionstechnik für Strukturen aus kohlenstofffaserverstärkten Kunststoffen

[14] PROSA – Ermittlung der Auswirkungen von Fehlern auf das spätere Bauteilverhalten

strengungen sind geplant, um das System auch für Messungen kleiner Toleranzen weiterzuentwickeln.

Expertenwissen zur Umsetzung einer Inline-Prüfung von Faserverbundkunststoffen wurde in dem BMWi-Verbundprojekt „FALCON“[15] [151] aufgebaut. Es wurden umfangreiche Studien zu den optischen Eigenschaften der Materialien Kohlenstoff-, Glas- und Aramidfaser durchgeführt, die erste industrielle Bildverarbeitungslösungen ermöglichen.

Die Anisotropie und damit vor allem die mechanischen Eigenschaften des finalen Bauteils resultieren jedoch maßgeblich aus dem Aufbau der Gelegeschichten zum fertigen Preform. Die Mikrostruktur jeder Faserschicht charakterisiert die Anisotropie. Die regelmäßige Oberflächenstruktur der nebeneinanderliegenden Faserstränge erscheint in der Aufnahme eines Bildverarbeitungssystems als orientierte Textur. Methoden zur Bestimmung der Texturorientierung basieren auf zahlreichen Algorithmen. In [76, 120, 149] werden Bildverarbeitungsalgorithmen zur Bestimmung der Texturorientierung mittels Eigenwertanalysen lokaler Bildnachbarschaften beschrieben. Erweiterungen dieser Eigenwertanalysen zur Unterscheidung mehrerer Orientierungen in einer Textur werden in [1] betrachtet. Diese Ansätze gilt es in diesem Forschungsvorhaben weiterzuentwickeln, sodass sie für die komplexen optischen Eigenschaften von textilen 3D-Preformstrukturen eingesetzt werden können.

Machine-Vision zur 3D-Szenenrekonstruktion

Um durch Bildverarbeitung die Tiefeninformation einer Oberfläche im Raum zu gewinnen, wird im Vergleich zu 2D-Aufnahmen eine weitere Information pro Bildpunkt benötigt, um neben einem Intensitätsbild ein Tiefenbild erzeugen zu können. Dazu gibt es eine Reihe verschiedenster Verfahren, die sich alle jedoch auf einige grundlegende Prinzipien zurückführen lassen, mittels derer ein Tiefenwert berechnet werden kann, wie z. B. Triangulation, Laufzeit, Phase oder Kohärenz. Zusätzlich kann die Tiefe durch Diskontinuitäten der Oberfläche (Schattierung, Textur etc.) abgeschätzt werden [76].

Im DFG-Forschungsprojekt „3D-FaserForm“[16] werden als Grundlage des vorliegenden Vorhabens neue messtechnische Methoden erforscht, die durch Sensordatenfusion aktiver und passiver optischer Verfahren zur 3D-Rekonstruktion sowohl die Geometrie (Makroform) als auch die lokale Faserorientierung (Mikroform) der anisotropen Preform-Strukturen bestimmen.

Für diese Arbeit sind daher besonders die Verfahren der Triangulation und Diskontinuitätsanalyse von Bedeutung, da große Messbereiche und texturierte Oberflächen betrachtet werden. Für die Volumenbildgewinnung sind gleichzeitig mehrere Tiefen zu erfassen. Im Wesentlichen werden hier zwei grundsätzliche Techniken unterschieden: Beleuchtungsschnittbilder und Mehrfachprojektionen (Tomografie). Zur Aufnahme von 3D-Punktewolken werden dazu bildgebende Verfahren mit physikalischen Prinzipien derart kombiniert, dass eine Tiefeninformation zusätzlich zur 2D-Bildaufnahme generiert wird [76, 108]. Für den Bereich der Mehrfachprojektionen lassen sich aktive und passive Verfahren unterscheiden. Die Zuordnung ergibt sich aus der entsprechenden Fachliteratur [50, 60, 76, 96, 119]. Passive Verfahren nutzen das natürliche Licht oder einfache Beleuchtungen, wodurch ein hoher Aufwand bei der Bildverarbeitung entsteht. Aktive Verfahren

[15] FALCON – Fiber Automatic Live Control

[16] 3D-FaserForm – Integrierte 3D-Textur- und -Geometriemessung für die FVK-Produktion [129]

nutzen eine strukturierte Beleuchtung der Prüfszene bzw. Strahlungsquellen mit besonderen Eigenschaften. Durch die künstliche Kontrasterzeugung wird hier bei einer relativ einfachen Bildverarbeitung eine hohe Messgenauigkeit erreicht.

Aktive Verfahren sind für die Messung von Faserverbundstrukturen nicht ausreichend. Durch die externe Kontrastaufbringung wird die Grauwertverteilung der Oberfläche überblendet. Simultan zur Oberflächendigitalisierung ist jedoch auch ihre eigentliche Grauwertverteilung zu berücksichtigen, um eine Texturanalyse durchführen zu können, sodass über die Faserorientierung auf die anisotropen Materialeigenschaften geschlossen werden kann.

In der Faserverbundproduktion werden Streifenprojektionssysteme zur Messung ausgehärteter Bauteile eingesetzt [45, 108]. Forschungsbedarf besteht hier weiterhin für die Erstellung eines Materialmodells, das die unterschiedlichen optischen Eigenschaften von Faser und Matrix berücksichtigt.

Beim Einsatz von Laserlichtschnittsensoren[17] gelten für ausgehärtete Bauteile die gleichen Einschränkungen. Für das automatische Tapelegen von vorimprägnierten Tapes (Prepreg) werden aktuell Laserlichtschnittsensoren qualifiziert, die bei der schichtweisen Ablage Spalte und Überlappungen der Tapes durch eine mitlaufende Messung und Regelung nicht entstehen lassen sollen [127]. Auch wird die Übertragung modifizierter Lichtschnittsensoren aus der Schweißnahtüberwachung geprüft, wie z. B. in dem in Abschn. 2.4.3 vorgestellten Projekt „GroFI“. Defizite bestehen jedoch weiter in der Nichtberücksichtigung der optischen Materialeigenschaften.

Auch im bereits eingeführten Forschungsprojekt „FALCON“ wurde ein Lichtschnittsensor für die Messung von Preforms qualifiziert. Herausfordernd war hier die Definition von Zuschnittkanten bei ausfransendem Fasermaterial [130]. Dadurch dass die Messungen vor der Harzimprägnierung angesetzt sind, ist das Eindringverhalten des Lichtes in das Harzsystem nicht relevant. Defizite bestehen weiterhin in der Berücksichtigung der Oberflächenstruktur von textilen Geweben und Gelegen, die nicht mit den „glatten“ Oberflächen von Metallen vergleichbar sind und dadurch besondere Herausforderungen an die Signalverarbeitung der Oberflächenmessungen stellen.

3.4.3 Konzepte zur Sensordatenfusion

Die grundlegenden Methoden zur Sensordatenfusion sind in [17, 46, 58, 91, 114] ausführlich beschrieben. Ziel ist es stets, die Leistungsfähigkeit der Multisensorik über die Summe der Leistungsfähigkeit der Einzelsensorik zu erhöhen, wobei neues oder präziseres Wissen über physikalische Größen, Ereignisse und Situationen gewonnen wird (und das in kürzerer Zeit und bei geringeren Kosten) [114].

Die erarbeiteten Strategien und Methoden der zitierten Projekte verbessern die Messung geometrischer Qualitätsmerkmale, Texturmerkmale werden jedoch nicht integriert. Für quantitative Messungen der Faserverbundstrukturen müssen sowohl Geometrie- als auch Texturmessungen von Freiformflächen im 3D-Raum durchgeführt werden. Um die Schwächen der Einzelverfahren zu überwinden, ist zu untersuchen, inwieweit deren Ergebnisse durch Datenfusion für eine gegenseitige Optimierung genutzt werden können. Dies ist mit dem aktuellen Forschungsstand nicht gegeben.

[17] zu den mathematischen Grundlagen der Laserlichtschnittsensorik vgl. [80], S. 49-53

3.5 Grundlagen zur Beschreibung orientierter Strukturen

Im Folgenden werden die theoretischen Grundlagen zur Beschreibung orientierter Strukturen dargelegt. Die weiteren Ausführungen dieser Arbeit zielen auf die Übertragung und Weiterentwicklung dieser Modellgrundlage für die Bestimmung der Faserorientierung als fundamentales Qualitätsmerkmal.

Für die Bestimmung der lokalen Orientierung in Graustufenbildern wird das Problem durch Bildung eines momenten- bzw. trägheitsbasierten Tensors in ein Eigenwertproblem überführt. Diese Methode wird z. B. in [1, 11, 12, 76] beschrieben und soll im Folgenden auf Basis der Beschreibung von JÄHNE [76] dargestellt werden. Das Strukturtensorverfahren dient im Theoriezusammenhang dieser Arbeit der Bestimmung der Faserorientierung der anisotropen Faserverbundstrukturen. Die Modellgrundlage, deren Ausdetaillierung in Abschn. 4.3.1 folgt, baut auf der Textureigenschaft „Lineare Symmetrie" auf, die auch unter dem Begriff „Einfache Nachbarschaft" bekannt ist ([76], S. 375). Die Grauwerte ändern sich für eine „Einfache Nachbarschaft" nur in einer Richtung, orthogonal zu dieser Richtung bleiben sie konstant. Zur Beschreibung einer Textur nach dem Modell der linearen Symmetrie wird der Vektor n eingeführt, der den Normalenvektor zur Achse der minimalen Grauwertänderung darstellt. Ein passendes Maß für die Abweichung muss Gradienten, die in entgegengesetzte Richtungen zeigen, gleich berücksichtigen. Erfüllt wird dieses Kriterium vom quadrierten Skalarprodukt aus dem Gradientenvektor ∇g (Richtung der Grauwertänderung) und dem Einheitsvektor n, der die lokale Orientierung widerspiegelt ([76], S. 379):

$$(\nabla g^{\mathrm{T}} n)^2 = |\nabla g|^2 \cos^2\left(\angle(\nabla g, n)\right) \tag{3.1}$$

Die optimale Orientierungsrichtung wird somit als Orientierung definiert, die die geringste Abweichung von der Gradientenrichtung des Grauwertgradienten ∇g zeigt. Die Größe $(\nabla g^{\mathrm{T}} n)^2$ nach Gleichung 3.1 ist proportional zum quadrierten Kosinus des Winkels zwischen dem Gradienten- und dem Orientierungsvektor und daher maximal, wenn ∇g und n parallel oder antiparallel sind. Das Skalarprodukt wird null, wenn sie senkrecht aufeinander stehen. In einer W-dimensionalen lokalen Umgebung ist daher der folgende Ausdruck zu maximieren ([76], S. 379-380):

$$\int_W w(x - x')\,(\nabla g(x')^{\mathrm{T}} n)^2\, dx' \rightarrow \max \tag{3.2}$$

Hierbei steht w für die verwendete Fensterfunktion, die Größe und Form der Umgebung um den Punkt x bestimmt. Durch weitere Äquivalenzumformungen steht schließlich die gewünschte Tensorform zur Verfügung:

$$\begin{aligned} \int_W w(x - x')\,(\nabla g(x')^{\mathrm{T}} n)^2\, dx' &\Longleftrightarrow \int_W w(x - x')\,(n^{\mathrm{T}}\,\nabla g(x'))\,(\nabla g(x')^{\mathrm{T}} n)\, dx' \\ &\Longleftrightarrow n^{\mathrm{T}} \underbrace{\left(\int_W w(x - x')\,(\nabla g(x')\,\nabla g(x')^{\mathrm{T}})\, dx' \right)}_{S} n \end{aligned} \tag{3.3}$$

Die Komponenten dieses $W \times W$-Tensors, des sogenannten Strukturtensors S, sind:

$$S_{\mathrm{pq}} = \int_{-\infty}^{\infty} w(x - x') \left(\frac{\partial g(x')}{\partial x'_{\mathrm{p}}} \frac{\partial g(x')}{\partial x'_{\mathrm{q}}} \right) d^{\mathrm{W}} x' \text{ mit } p = 1 \dots W, q = 1 \dots W \tag{3.4}$$

Die mit der Fensterfunktion gewichtete Integration wird bei der Implementierung durch eine Faltung mit einem Glättungsfilter ersetzt [76].

Der Tensor S ist symmetrisch und kann durch Rotation in eine diagonale Form gebracht werden ([76], S. 380). Gleichung 3.4 vereinfacht sich dadurch im zweidimensionalen Fall zu:

$$\begin{pmatrix} n'_1 & n'_2 \end{pmatrix} \begin{bmatrix} S'_{11} & 0 \\ 0 & S'_{22} \end{bmatrix} \begin{pmatrix} n'_1 \\ n'_2 \end{pmatrix} \rightarrow \max \tag{3.5}$$

Für einen Einheitsvektor $n' = (\cos\theta \ \sin\theta)^{\mathrm{T}}$ in Richtung θ ergibt sich:

$$S' = S'_{11} \cdot \cos^2\theta + S'_{22} \cdot \sin^2\theta \tag{3.6}$$

Wird davon ausgegangen, dass $S'_{11} > S'_{22}$ ist, was ohne Beschränkung der Allgemeinheit möglich ist, dann ist offensichtlich, dass $n' = [1 \ 0]^{\mathrm{T}}$ den Ausdruck (Gl. 3.5) maximiert mit dem Maximalwert S'_{11}. Für die Bestimmung der Orientierung muss das zugehörige Eigenwertproblem gelöst werden:

$$S \cdot e_{\mathrm{W}} = \lambda_{\mathrm{W}} \cdot e_{\mathrm{W}} \tag{3.7}$$

Die Lösung des Eigenwertproblems führt zu einem diagonalen Strukturtensor S (Gl. 3.5), dessen Eigenvektor, der zum maximalen Eigenwert gehört, die Orientierung der lokalen Umgebung W angibt. Wird statt der Normalenrichtung n die Richtung konstanter Grauwerte als Orientierung der Textur definiert, ändert sich die Maximierung des Skalarproduktes aus Gleichung 3.2 in ein Minimierungsproblem. Die Klassifizierung der Eigenwerte erfolgt nach JÄHNE und soll in Tab. 3.2 wiedergegeben werden ([76], S. 381).

Für die Anwendung in dieser Arbeit bzw. in allgemeinen praktischen Anwendungen wird nicht geprüft, ob die Eigenwerte null sind. Vielmehr wird eine kritische Grenze definiert, die vom Rauschpegel im Bild bestimmt wird. Das Eigenwertproblem zur Bestimmung des Orientierungsvektors soll an dieser Stelle für den zweidimensionalen Fall beispielhaft gelöst werden. Der Orientierungswinkel θ ergibt sich durch Rotation des Tensors auf das Hauptachsensystem [16]:

$$\begin{bmatrix} \lambda_{11} & 0 \\ 0 & \lambda_{22} \end{bmatrix} = \begin{bmatrix} \cos\theta & -\sin\theta \\ \sin\theta & \cos\theta \end{bmatrix} \begin{bmatrix} S_{11} & S_{12} \\ S_{21} & S_{22} \end{bmatrix} \begin{bmatrix} \cos\theta & -\sin\theta \\ \sin\theta & \cos\theta \end{bmatrix}^{\mathrm{T}} \tag{3.8}$$

Unter Berücksichtigung der geometrischen Identitäten

$$\sin 2\theta = 2\sin\theta\cos\theta \text{ bzw. } \cos 2\theta = \cos^2\theta - \sin^2\theta \tag{3.9}$$

Tabelle 3.2: Klassifizierung der Eigenwerte des Strukturtensors in 2D-Bildern [76]

Bedingung	Rang (S)	Erläuterung
$\lambda_1 = \lambda_2 = 0$	0	Beide Eigenwerte sind null. Die mittlere quadrierte Größe des Gradienten ($\lambda_1 + \lambda_2$) ist null. Die lokale Umgebung ist konstant.
$\lambda_1 > 0, \lambda_2 = 0$	1	Ein Eigenwert ist null. Die Werte ändern sich also in Richtung des zugehörigen Eigenvektors nicht. Die lokale Umgebung ist eine einfache Nachbarschaft mit idealer Orientierung.
$\lambda_1 > 0, \lambda_2 > 0$	2	Beide Eigenwerte sind ungleich null. Die Grauwerte ändern sich in allen Richtungen. Im Spezialfall $\lambda_1 = \lambda_2$ wird von einer isotropen Grauwertstruktur gesprochen, da sie sich in allen Richtungen gleichmäßig ändert.

ergibt sich durch die Ausführung der Matrixmultiplikation ([76], S. 381):

$$\begin{aligned}\begin{bmatrix}\lambda_{11} & 0\\ 0 & \lambda_{22}\end{bmatrix} &= \begin{bmatrix}\cos\theta & -\sin\theta\\ \sin\theta & \cos\theta\end{bmatrix}\begin{bmatrix}S_{11}\cos\theta - S_{12}\sin\theta & S_{11}\sin\theta + S_{12}\cos\theta\\ -S_{22}\sin\theta + S_{12}\cos\theta & S_{22}\cos\theta + S_{12}\sin\theta\end{bmatrix} = \cdots\\ \cdots &= \begin{bmatrix}S_{11}\cos^2\theta + S_{22}\sin^2\theta - S_{12}\sin 2\theta & \frac{1}{2}\left(S_{11} - S_{22}\right)\sin 2\theta + S_{12}\cos 2\theta\\ \frac{1}{2}\left(S_{11} - S_{22}\right)\sin 2\theta + S_{12}\cos 2\theta & S_{11}\sin^2\theta + S_{22}\cos^2\theta + S_{12}\sin 2\theta\end{bmatrix}\end{aligned} \tag{3.10}$$

Durch einen Koeffizientenvergleich der linken und rechten Gleichungsseite ergeben sich drei Gleichungen für die drei Unbekannten θ, λ_1 und λ_2. Trotz der Nichtlinearität dieses Gleichungssystems kann es leicht nach dem Orientierungswinkel aufgelöst werden. Dies geschieht zunächst durch einen Koeffizientenvergleich der Nichtdiagonalelemente:

$$0 = \frac{1}{2}\left(S_{11} - S_{22}\right)\sin 2\theta + S_{12}\cos 2\theta \tag{3.11}$$

Nach elementaren Umformungen folgt für den Orientierungswinkel:

$$\tan 2\theta = \frac{2S_{12}}{S_{22} - S_{11}} \tag{3.12}$$

Mit Rücksichtnahme auf die Winkelverdoppelung (die sich ohne zusätzliche Vorbedingungen erwartungsgemäß einstellt) können der Dividend als die Y- und der Divisor als die X-Komponente eines Vektors betrachtet werden. Dieser Zusammenhang wurde als „vektorieller Orientierungsoperator o“ eingeführt ([76], S. 383).

$$o = \begin{pmatrix} S_{22} - S_{11} \\ 2S_{12} \end{pmatrix} \tag{3.13}$$

Bemerkenswert ist hierbei die Tatsache, dass das Argument dieses Vektors den doppelten Orientierungswinkel ergibt und der Betrag als ein Maß für die Bestimmtheit der lokalen Orientierung herangezogen werden kann. Dazu sind nur eine Subtraktion und eine Multiplikation mit der Zahl 2 erforderlich. Wird für eine Nachbarschaft keine orientierte Struktur festgestellt, kann nun immer noch nicht unterschieden werden, ob es sich um konstante Grauwerte oder um verteilte, sich vektoriell aufhebende Richtungen handelt. Diese Information steckt in der bisher noch nicht genutzten Summe der Diagonalelemente des Strukturtensors $S_{11} + S_{22}$, die das mittlere Betragsquadrat des Gradienten liefert. Um dies zu berücksichtigen, wird der Orientierungsoperator um diese Information zum sogenannten Strukturoperator s erweitert ([76], S. 383-384):

$$s = \begin{pmatrix} S_{11} + S_{22} \\ S_{22} - S_{11} \\ 2S_{12} \end{pmatrix} \tag{3.14}$$

Das mittlere Betragsquadrat $S_{11} + S_{22}$ kann als rotationsinvarianter Parameter nun zur Unterscheidung konstanter Grauwertstrukturen und isotroper Grauwertbereiche herangezogen werden. Im ersten Fall ist es null, im zweiten Fall ist nur der Betrag des Orientierungsvektors null. Daraus lässt sich nach JÄHNE das folgende Kohärenzmaß c_c für lokale Orientierungen ableiten ([76], S. 384):

$$c_c = \frac{\sqrt{(S_{22} - S_{11})^2 + (2S_{12})^2}}{S_{11} + S_{22}} \tag{3.15}$$

„Das Kohärenzmaß variiert zwischen null und eins. Es ist bei einer idealen Orientierung ($\lambda_1 > 0, \lambda_2 = 0$) eins, bei isotroper Grauwertstruktur ($\lambda_1 > 0, \lambda_2 = \lambda_1$) jedoch null“ ([76], S. 384).

3.6 Implikationen zur industrialisierenden Messtechnik-Integration

Mit der Zusammenführung der Herausforderungen aus der Praxis (Kap. 2) und den in den vorhergehenden Abschnitten beschriebenen Ansätzen aus der Wissenschaft schließt dieses Kapitel. Die Zusammenführung präzisiert die Anforderungen an das Machine-Vision-System und deren industrialisierende Integrationsgestaltung, die beide als Gegenstand dieser Arbeit entwickelt werden.

Die Analyse des Standes der Technik und Wissenschaft zeigt, dass für den Aufbau der Faserverbundstruktur in den frühen Prozessschritten eine geeignete Messtechnik fehlt, die Zahlen, Daten und Fakten für eine Bewertung und Verbesserung der Prozessfähigkeit liefert. Bestehende Messsysteme sind nicht geeignet, um die signifikanten Qualitätsmerkmale in-Prozess oder inline zu messen und diese dem Prozess als Informationen oder direkt als

Stellgrößen in Regelkreisen zurückzukoppeln. Am Markt verfügbare Systeme zur Qualitätskontrolle erlauben nur eine nachgeschaltete Endkontrolle des Produktes. Sie eignen sich nicht zur Prozessautomatisierung unter industriellen Umgebungsbedingungen.

Die Rückkoppelung zielt auf eine Absicherung des generativen Aufbaus der Faserverbundstruktur, sodass fähige Prozesse erreicht werden, die das vorliegende Industrialisierungsdefizit überwinden. Neben der Messtechnik selbst fehlt in der industriellen Praxis die Überzeugung, dass ein zustandsbasierter, durch Messtechnik erfasster und geregelter Prozess einen robusteren Prozess zu geringeren Kosten darstellt. Aufgrund der herrschenden Unsicherheit und Unkenntnis werden Investitionen in Messtechnik und in die zustandsbasierte Prozessgestaltung daher nur zögerlich getätigt.

Die genannten Defizite erfordern zwei Maßnahmen. Erstens ist ein Messsystem als Machine-Vision-System derart zu gestalten, dass die Messung der signifikanten Qualitätsmerkmale ermöglicht wird, Kenntnisse über die Messunsicherheit vorliegen, ein modularer Aufbau die Fertigungsintegrationsfähigkeit sichert und der Einsatz in Qualitätsregelkreisen gewährleistet ist. Zweitens ist eine Industrialisierungstheorie zu begründen, die ein Modell zur Entscheidung über die Messtechnikintegration bereitstellt, welches das Erreichen einer hinreichenden Prozessfähigkeit unter Minimierung der Integrationskosten abschätzen und mit dem aktuellen Prozess vergleichen kann. In den folgenden Abschnitten werden die Anforderungen weiter ausgearbeitet.

3.6.1 Anforderungen an ein Machine-Vision-System

Ausgangspunkte für die Weiterentwicklung der Messtechnik bilden die Forschungsprojekte „PROSA“ und „FALCON“, die in Abschn. 3.4.2 (S. 48) diskutiert wurden. Im Zentrum steht die Nutzung der Anisotropie der Faserverbundstruktur als zentrales Qualitätsmerkmal, von dem die überwiegende Zahl der Mess- und Prüfaufgaben abgeleitet werden kann. Der methodische Zugang erfolgt über eine Weiterentwicklung des in Abschn. 3.5 eingeführten Strukturtensorverfahrens.

Für die Erforschung der Machine-Vision-Methoden und den Aufbau des Systems erfolgt die Beschränkung des Fasermaterials auf Kohlenstofffasern. Diese haben die komplexeren optischen Eigenschaften im Vergleich zu den weiteren technisch relevanten Materialien wie Glas- und Aramidfasern. Die Übertragbarkeit auf die letzteren beiden bleibt durch die auf der Anisotropie basierende Modellierung ohne Beschränkung der Allgemeinheit erhalten. Der Aufbau des Systems ist modular zu halten, damit eine Fertigungsintegration einfach durchführbar ist. Da die Messgrößen auch als Stellgrößen für Automatisierungslösungen dienen sollen, fokussiert diese Arbeit stetige Größen. Die Fehlerprüfung muss jedoch abgeleitet werden können, um auch eine begleitende Qualitätskontrolle zu ermöglichen (u. a. folgende Fehler: *Fuzzballs*, Folienreste, Falten, fehlende Rovings, Ondulationen etc.).

Tabelle 3.3 konkretisiert die Anforderungen an das Machine-Vision-System, die sich aus den Anforderungen der Praxis an die Prozessfähigkeit ergeben (s. Abschn. 2.5). Zugrunde liegt die „Goldene Regel der Messtechnik“, die eine Messunsicherheit von kleiner als einem Zehntel der Toleranz fordert, sowie die Entscheidungsregeln (s. Abschn. 3.1), die vorsehen, dass der Toleranzbereich an seinen Grenzen um die Messunsicherheit einzuschränken ist, damit Fehlentscheidungen aufgrund der Messunsicherheit an den Toleranzgrenzen minimiert werden.

Tabelle 3.3: Anforderungen an das Machine-Vision-System

Fertigungsschritt	**Merkmal**	**Toleranz**	**max. zulässige Messunsicherheit**
Preforming	Faserorientierung	$\pm 3°$ bis $\pm 5°$	0,6° bis 1°
	Geometrie	± 1 mm	0,2 mm
Tapelegen	Spaltbreite	0 bis 1,5 mm	0,15 mm

3.6.2 Anforderungen an eine industrialisierende Integrationsgestaltung

Zur Untersuchung, inwieweit ein Machine-Vision-System zur Industrialisierung der Faserverbundproduktion beiträgt, ist dieses in die Fertigungsprozesse zu integrieren. Für sich allein stehend trägt das MVS nicht zum Industrialisierungserfolg bei. Erst die aktive Integration zeigt, ob die Prozessfähigkeit bestimmt[18] und verbessert werden kann und wie dadurch die Kosten der Fertigung sinken. Die Integration ist daher derart zu gestalten, dass dem Fertigungsprozess Messgrößen zur Bewertung der Prozessfähigkeit, zur Qualitätssicherung sowie zur Produktionssteuerung und Rückkoppelung in Qualitätsregelkreisen bereitstehen. Die Fertigungsintegration ist somit inline oder in-Prozess zu gestalten, immer mit dem Ziel, dass der generative Faserverbundaufbau zustandsbasiert betrachtet werden kann.

Die realen Fertigungsprozesse sind derart komplex, dass von einer direkten Modellierung oder gar einer analytischen Berechnung der Kostenersparnis abgesehen wird. Erkenntnisse über den Industrialisierungsbeitrag der Machine-Vision-Integration sollen vielmehr durch Fallstudien ermittelt werden. Die Messtechnik-Integration erfolgt nach den Konzepten der Aktionsforschung innerhalb der Fallstudien. Aus den Erkenntnissen der Fallstudien zur Integration soll auf eine Industrialisierungstheorie geschlossen werden, die den Vorteil der Machine-Vision-Integration gegenüber einem Prozess ohne fertigungsintegrierte Messtechnik entscheidungstheoretisch begründet.

Der Industrialisierungsnutzen zielt auf eine Kostensenkung, die quantitativ zu ermitteln ist. Da die Kosten eine Größe darstellen, die in den durchgeführten Fallstudien in der industriellen Praxis der betrieblichen Geheimhaltung unterliegt, wird der Industrialisierungsnutzen indirekt über die Verbesserung der Prozessfähigkeit bewertet, wodurch eine relative Kostensenkung zum Status quo angegeben werden kann.

Die Anforderungen an eine Industrialisierungstheorie zur Integrationsgestaltung sind damit auf eine Modellgrundlage zu stellen, die folgende Modelltypen beinhaltet:

- Beschreibungs- und Erklärungsmodell zum Zusammenhang von Messung und Fertigung bei Rückkoppelung des Messergebnisses zur Fertigungsregelung in Qualitätsre-

[18] Für den Einsatz der Messtechnik ist nach deren Integration ein Eignungsnachweis (s. Abschn. 3.1) durchzuführen, der absichert, dass die Messunsicherheit hinreichend gering ist, um die Messaufgabe sinnvoll durchführen zu können.

gelkreisen hinsichtlich der erreichten bzw. erreichbaren Prozessfähigkeiten

- Prognosemodell zum Nutzen der Integration von Messtechnik in Qualitätsregelkreisen (nicht zuletzt als Grundlage von Investitionsentscheidungen)
- Entscheidungsmodell zur Integration von Machine-Vision-Systemen in die frühen Phasen der Faserverbundproduktion (Preforming, Tapelegen); Entscheidungsunterstützung der Praxis über die Integrationstiefe im Gestaltungszusammenhang

Die Fallstudien zur Machine-Vision-Integration werden in Kapitel 5 dargelegt. Die Theoriebildung folgt in Kapitel 6. Die Entwicklung und Untersuchung des im vorangehenden Abschnitt spezifizierten Machine-Vision-Systems ist Gegenstand des folgenden Kapitels.

4 Machine-Vision-Messsystem

Ausgehend von dem Lösungsansatz, dass ein Machine-Vision-System für die Industrialisierung der Faserverbundproduktion zu gestalten ist, widmet sich dieses Kapitel der Konzeption und Ausdetaillierung eines solchen Systems. Mit dem Ansatz, die Mehrzahl der notwendigen Prüfungen und Messungen aus der lokalen Faserorientierung abzuleiten, steht im Zentrum dieses Kapitels die Frage, wie die lokale Faserorientierung für komplex geformte, anisotrope CFK-Strukturen mittels Machine-Vision mit hinreichend geringer Messunsicherheit gemessen und anforderungsgerecht konfiguriert werden kann.

Auf Basis der im letzten Kapitel hergeleiteten Anforderungen an das Machine-Vision-System wird im ersten Abschnitt dieses Kapitels ein Lösungskonzept entworfen, mit dem der fertigungsintegrierte Einsatz zielgerichtet erfolgen kann und der Industrialisierungsnutzen für die Fertigung bewertbar wird.

Dazu werden im zweiten Abschnitt dieses Kapitels die eingeführten Methoden der Bildverarbeitung und optischen Messtechnik (s. Kap. 3) derart erweitert und modifiziert, dass ihre Anwendung in einem konfigurierbaren Machine-Vision-Baukasten in den frühen Phasen der Produktion von Kohlenstofffaserverbundwerkstoffen trotz der komplexen optischen Eigenschaften des Fasermaterials gelingt.

In einem dritten Abschnitt werden die erweiterten Methoden als Module eines Machine-Vision-Systems hinsichtlich ihrer Messunsicherheit und den Einflüssen auf diese Messunsicherheit hin untersucht.

Durch die begleitende Analyse der Einflussfaktoren auf die Messunsicherheit soll zudem eine Konfigurierbarkeit erreicht werden, die zulässt, dass die Minimalanforderung an die Messunsicherheit durch eine möglichst kostengünstige Machine-Vision-Systemkonfiguration erreicht werden kann.

4.1 Machine-Vision-Systemkonzept

Nach der Analyse der Anforderungen in Abschnitt 3.6.1 ist die Frage zu beantworten, welches die konstitutiven Bestandteile des Machine-Vision-Systems sind. Zur Beantwortung dieser Frage bilden die Forschungsprojekte „PROSA“ und „FALCON“ den heuristischen Bezugsrahmen (s. Abschn. 3.4.2). Die Erkenntnisse dieser Projekte zeigen, dass kamerabasierte, bildanalytische Verfahren prinzipiell geeignet sind, In-Plane-Effekte textiler Verstärkungsstrukturen auf der Grundlage der Texturanalyse zu bestimmen. Analog wurde für Laserlichtschnittsensoren gezeigt, dass eine Erfassung der Geometrie von textilen Strukturen trotz der optischen Eigenschaften des Werkstoffes CFK möglich ist. Diese grundlegenden Methoden der Bildverarbeitung und optischen Messtechnik (Triangulation) werden für das Machine-Vision-Konzept dieser Arbeit aufgegriffen, mit teilweise verbesserten und teilweise neuen Algorithmen versehen und nicht zuletzt für die 3D-Messung der

In-Plane-Effekte erweitert. Das Machine-Vision-System ist dabei als integriertes Messsystem zur Textur- und Geometriemessung konzipiert. Eine Kamera prüft die Textur. Die Geometriemessung wird optional durch einen Lichtschnittsensor realisiert.

Die Auswertung der In-Plane-Effekte erfolgt anders als in den genannten Vorgängervorhaben streng auf Basis der lokalen Faserorientierung als grundlegendes Merkmal aller Mess- und Prüfaufgaben. Aus der Generalisierung der CFK-Texturmuster erfolgt eine Übertragung auf das Texturgrundmodell „Einfache Nachbarschaften“ [76], dessen Orientierungsinformation mithilfe des Strukturtensorverfahrens ermittelt werden kann. Das Strukturtensorverfahren wird ausgehend vom idealen Modell für die Anwendung bei realen Faserstrukturen erweitert und im Zusammenhang mit aktuellen Weiterentwicklungen des Verfahrens diskutiert [1].

4.2 Aufbau des Machine-Vision-Basissystems

Zur optischen Messung der Faserorientierung textiler Preformstrukturen wird ein Machine-Vision-System derart konfiguriert, dass die Messung mit einer hinreichend geringen Messunsicherheit durchführbar ist. Grundlage jeder der konzipierten Machine-Vision-Konfigurationen ist ein Bildaufnahmesystem (bestehend aus Kamera, Objektiv, Beleuchtung etc.), eine Auswerteeinheit zur bildanalytischen Bestimmung der Faserorientierung sowie eine Rückkoppelungsfunktion der Messergebnisse an das Produktionssystem.

Das grundlegende Element des Machine-Vision-Systems ist jedoch das Bildaufnahmesystem, das geeignete Prüfbilder der Kohlenstofffaserstrukturen liefert, aus denen auf die In-Plane-Effekte der Strukturen geschlossen werden kann.

Abbildung 4.1 zeigt den modularen Aufbau des Machine-Vision-Systems mit beispielhaften Abbildungen. Das MVS basiert auf einer industriellen Kamera der Fa. Basler (Abb. 4.1, Option 1) mit für die Bildgebung notwendigen Komponenten wie Objektiven und Filtern.[1] Die wesentlichen Konfigurationen werden jedoch durch die verwendete Beleuchtung bestimmt: Für die Texturanalyse zur Messung der Faserorientierung wird eine diffuse Beleuchtung der Faserhalbzeuge angestrebt. Entgegen diesem Prinzip wird mit einem Linienlaser eine Linie von hohem Kontrast auf die Faserhalbzeugoberfläche projiziert, um einen hohen Kontrast zu erzeugen und durch Methoden der Triangulation auf die Oberflächengeometrie rückschließen zu können. Für die flächige Messung werden mehrere Linien bzw. ein scannendes System verwendet. Zusätzlich zum eigentlichen MVS für die lokale Messung werden Referenzsysteme verwendet, die eine Umrechnung der Messergebnisse aus dem Sensorkoordinatensystem in das „Weltkoordinatensystem“ oder ein anderes Koordinatensystem erlauben.

In Abb. 4.2 ist ein Beispiel eines konfigurierten Machine-Vision-Systems für eine Preform-Fertigungszelle abgebildet. Der Fokus dieser Arbeit liegt auf den lokalen Messungen. Jedoch ist stets eine globale Referenz erforderlich, sodass die im „Bildkoordinatensystem“ vorliegenden lokalen Messergebnisse in ein globales „Weltkoordinatensystem“ transformiert werden können, welches durch die globale Referenz zu definieren ist.

[1] Zur Auswahl der Komponenten (insbesondere der Kamera) sei auf ORTH verwiesen [106].

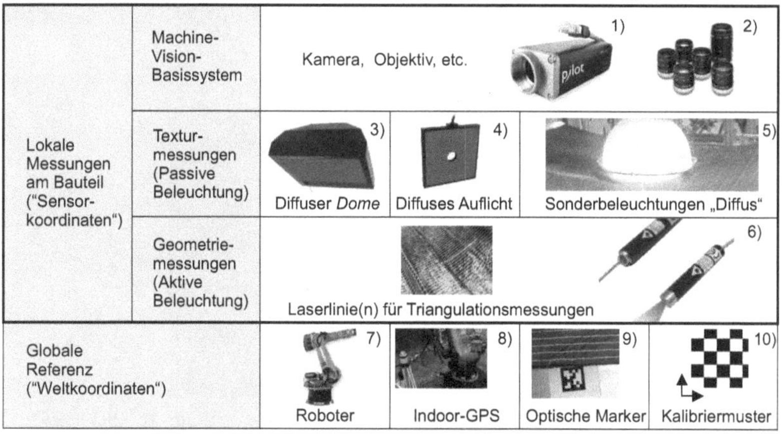

Legende:
1) Kamera: BASLER Pilot piA2400 (Foto: Basler, http://www.baslerweb.de)
2) Megapixelobjektive: PENTAX, z. B. PENT C2514-5M
(Foto: Stemmer Imaging, http://www.stemmer-imaging.de)
3) Diffuse Beleuchtung: ADVANCED ILLUMINATION Dome DL071
(Foto: Advanced Illumination, http://www.advancedillumination.com)
4) Diffuse Beleuchtung: ADVANCED ILLUMINATION Flat-Dome FD0808 (DL083)
(Foto: Advanced Illumination, http://www.advancedillumination.com)
5) Diffuse Beleuchtung: „Sonderbauten für Fallstudien“
6) Linienlasermodule: FLEXPOINT® FP-66/10LF-Ö20-HOM
(Foto: Laser Components, http://www.lasercomponents.com)
7) Roboter: KUKA KR (Foto KUKA, http://www.kuka-robotics.com)
8) Indoor-GPS: NIKON iGPS (http://www.nikonmetrology.com)
9) Marker: ARToolworks ARToolKit zur Kamera-Posebestimmung (http://www.hitl.washington.edu/)
10) Kalibriermuster: „Schachbrett“ zur Kamerakalibrierung und Kamera-Posebestimmung

Abbildung 4.1: Morphologie zum Aufbau des Machine-Vision-Systems

4.3 Ausdetaillierung der Machine-Vision-Methoden

Im folgenden Abschnitt wird insbesondere die kohlenstofffasergerechte Erweiterung der Methoden zur Bildanalyse basierend auf dem Strukturtensorverfahren fokussiert. Die Standardalgorithmen und -konfigurationen dieser Messtechniken sind aufgrund der komplexen optischen Materialeigenschaften und überlagerter Richtungsinformationen durch die Bindungsstruktur in den Halbzeugen nicht direkt verwendbar.

4.3.1 Bildanalytische Messung der Faserorientierung

Die Grundlage der Faserorientierungsmessung bildet das Strukturtensorverfahren (s. Abschn. 3.5). Der vorliegende Abschnitt beschreibt den Erkenntnisgewinn zur Frage, wie die Orientierungsbestimmung zur Beschreibung des Faserverlaufs bei CFK-Strukturen zu

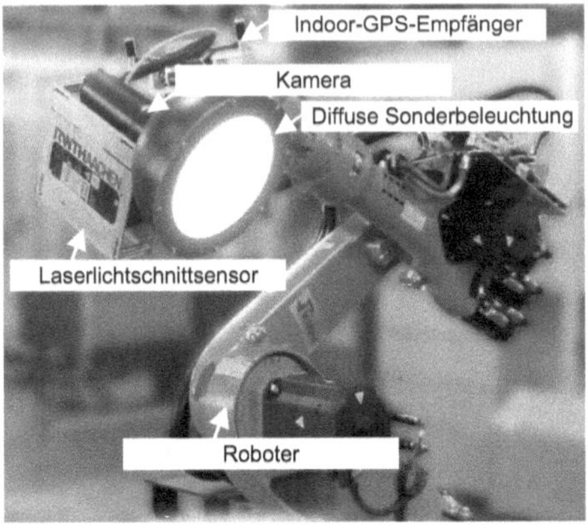

Abbildung 4.2: Beispiel eines konfigurierten Machine-Vision-Systems für eine Preform-Fertigungszelle

erweitern ist, damit aus den sich überlagernden, orientierten Texturmustern (Nahtstrukturen, Faserrovings, Licht- und Schatteneffekte im Bild etc.) die Faserorientierung als Messergebnis extrahiert werden kann.

Die Verwendung einfacher Gradienten [64, 99], wie sie im Projekt „PROSA" (s. Abschn. 3.4.2) zum Einsatz kamen, wird der Texturanalyse hinsichtlich der zu erreichenden Genauigkeit im Sinne einer geringen Messunsicherheit bei den komplexen Faserverbundstrukturen nicht gerecht. Bei der einfachen Histogrammauswertung der Bildgradienten haben Gradienten in Faserrichtung, die durch die optischen Materialeigenschaften auftreten können, einen signifikanten Störeinfluss auf die Messung. Bei dem Verfahren der Hough-Transformation zur Orientierungsbestimmung wird durch die Auswertung von Geradenabschnitten direkt eine globale Faserorientierung für einen größeren Bildbereich ermittelt, um eine valide Aussage über die Faserorientierung aus den Transformationen ablesen zu können [106]. Jedoch steht die Faserorientierung damit nicht als lokale Größe im Bereich kleiner Pixelumgebungen zur Verfügung. Im Falle des Strukturtensorverfahrens, bei dem die globale Orientierung aus lokalen Orientierungen abgeleitet wird, kann auf die lokalen Ergebnisse zugegriffen werden, um weitere Qualitätsmerkmale aus der lokalen Verteilung der Faserorientierung abzuleiten (z. B. fehlende Rovings, Faserbrüche, Fremdkörper). Die Orientierungsbestimmung kann aus Gründen der Steigerung der Rechengeschwindigkeit auch im Fourierraum durchgeführt werden. Die Auswertung der Orientierung des Leistungsdichtespektrums [129] ist äquivalent zum Strukturtensorverfahren.

Ausgangspunkt für die Weiterentwicklung der Orientierungsbestimmung ist somit der Strukturtensor S, der mit Gl. 3.1 (S. 51) eingeführt wurde. Anhand dieser Gleichung wird ausgeführt, wie dieser mathematische Zusammenhang als Bildverarbeitungsalgorithmus umgesetzt und an die Anforderungen der anisotropen CFK-Strukturen angepasst wird.

Die Faserorientierung wird aus lokalen Orientierungsinformationen der im Bild enthaltenen Textur abgeleitet. Hierbei sollen lediglich die lokalen Richtungen der Fasern/Rovings eingehen. Die Nähte (soweit im Halbzeug vorhanden) dürfen nicht berücksichtigt werden, da auch diese eine Textur darstellen, deren Richtungsinformation das Messergebnis verfälschen würde. Hier ist somit eine Segmentierung erforderlich, die eine Lokalisierung der Nähte erlaubt. Aus dem Segmentierungsergebnis kann eine Filtermaske abgeleitet werden, die die Richtungsinformation der Nähte und der Übergangsbereiche an ihren Rändern aus dem Prüfbild herausfiltert. Da es sich bei den CFK-Strukturen um keine ideale Textur handelt, müssen die für eine Pixelumgebung bestimmten lokalen Faserorientierungen in einem letzten Schritt über einen Messbereich integriert werden. Dieser ist gerade so groß zu wählen, dass eine Normalverteilung der Faserorientierung für diesen Bereich vorliegt, um eine robuste messtechnische Auswertung zu gewährleisten.

Um alle Schritte der Bildverarbeitungskette möglichst klar darstellen zu können, wird die folgende Ausdetaillierung des Algorithmus am Beispiel der Standardkonfiguration für das Konzept des Machine-Vision-Systems durchgeführt (nominale[2] Bildauflösung: 60 µm, Bildgröße: 512 × 512 Px) und dem Kohlenstofffasergelege *C-L-S-01* (s. Anhang A), welches eine komplexe Nahtstruktur und stark variierende optische Eigenschaften aufweist, die repräsentativ für CFK-Gelegestrukturen sind. Abbildung 4.3 zeigt ein solches Prüfbild als Ausgangspunkt der Bildverarbeitungskette.

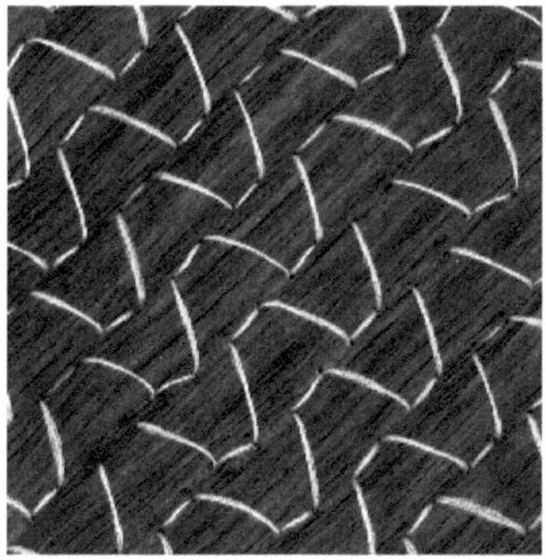

Abbildung 4.3: Prüfbild eines typischen Kohlenstofffasergeleges

Modellbasiertes Messen der Faserorientierung

Für die Nutzung und Erweiterung des Strukturtensorverfahrens für die Orientierungsmessung bei Faserverbundstrukturen wird ein Beschreibungsmodell der anisotropen Faserstruktur formuliert. Das Modell erwartet einen konstanten Grauwertverlauf in Richtung

[2] Die reale Bildauflösung ergibt sich stets nach der Kalibrierung des optischen Systems.

des Faserverlaufs und Grauwertänderungen im Bild orthogonal zum Faserverlauf, d. h. zwischen den Fasern. Diese Modellgrundlage kann analog zum Ansatz von JÄHNE als mathematischer Zusammenhang formuliert werden (vgl. [76], S. 375): Wird eine Achse des Koordinatensystems entlang der Richtung ausgerichtet, in der sich die Grauwerte ändern, hängt die Grauwertänderung nur noch von einer Koordinate (x) ab. Sie wird damit zu einer eindimensionalen Funktion $g(x)$. Die Richtung dieser Achse bzw. der Grauwertänderung wird mit dem Einheitsvektor n bezeichnet. Dieser steht damit senkrecht auf dem Verlauf der konstanten Grauwerte. Das quadrierte Skalarprodukt zwischen dem Gradientenvektor ∇g und dem Einheitsvektor n, der die Texturorientierung repräsentiert, ist ein geeignetes Maß, um die Faserorientierung lokal zu bestimmen. Das Skalarprodukt sorgt dafür, dass die Ableitung in Richtung der Grauwertänderung erfolgt. Abbildung 4.4 zeigt das Modell einer perfekt orientierten Bildnachbarschaft (a), in der die Orientierung der Gradienten und die Texturorientierung identisch sind. Da eine Faserstruktur keine perfekt orientierte Nachbarschaft aufweist, wird ihr Normalenvektor n als Eigenlösung des Strukturtensors einer Nachbarschaft bestimmt (b).

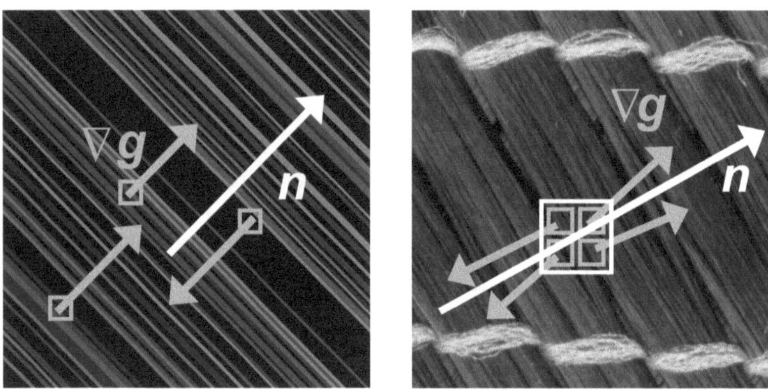

(a) *Ideale Orientierung (lineare Symmetrie)* **(b)** *Reale Orientierung bei CFK-Gelegen*

Abbildung 4.4: Modell zur Bestimmung der Faserorientierung

Vorverarbeitung des Prüfbildes

Für die folgenden Vorverarbeitungsschritte zur Merkmalsverstärkung der Faserorientierung wird eine Histogrammanalyse herangezogen. Diese bildet die Basis zur Untersuchung der Verteilung der Grauwerte der Bildmatrix und zur Ableitung allgemeiner Eigenschaften der Kohlenstofffaserstrukturen (Gelege, Gewebe).

Das Histogramm des Beispielgeleges (Abb. 4.3) ist in Abb. 4.5(a) dargestellt. Das Histogramm lässt sich qualitativ in die Bereiche der Zwischenräume (dunkle Grauwerte), Fasern/Rovings (mittlere Grauwerte) und Nähte (helle Grauwerte) aufteilen. Die ersten beiden Bereiche werden als Träger der Richtungsinformation der Faserstruktur identifiziert. Der Bereich der Nähte ist eine störende Richtungsinformation, die der Faserstruktur im Bild überlagert ist. Die Richtungsinformation der Nahtstruktur gilt es durch die Vorverarbeitung zu unterdrücken. Die Verteilung des Histogramms ist charakteristisch für Kohlenstofffaserstrukturen, die mithilfe der vorliegenden diffusen Beleuchtung aufgenommen werden.

Bei dieser Histogrammanalyse wird für jedes Prüfbild ein Schwellwert aus dem Grauwert-Peak des Rovingbereichs berechnet (s. Abb. 4.5), der festlegt, welcher Grauwertbereich den Rovings und Zwischenräumen einerseits und den Nähten andererseits zuzuordnen ist. Aus dem Vorwissen über die Struktur, dass die Kohlenstofffasern viel häufiger vorkommen als die Nähte, ist bekannt, dass der Peak des Rovingbereichs stets als das globale Maximum des Histogramms gefunden wird. Falls mit einer Überbelichtung des Bildes gearbeitet wird, mit dem Zweck, die Nahtinformation weitestgehend durch den Grauwert 255[3] zu repräsentieren, ist dieser Wert bei der Berechnung des globalen Maximums auszuschließen. Der Schwellwert für die Segmentierung der Nähte ergibt sich rechtsseitig des Grauwertmaximums als derjenige Grauwert, dessen Häufigkeit einem Fünftel der Häufigkeit im Grauwertmaximum am nächsten kommt.[4] Abbildung 4.5(b) zeigt das Ergebnis der Histogrammsegmentierung.

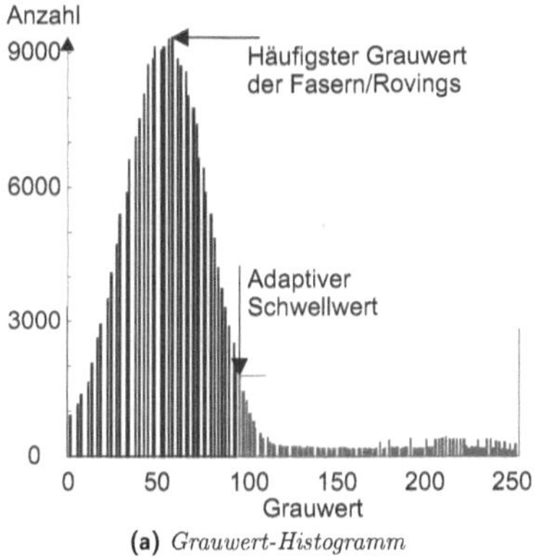

(a) *Grauwert-Histogramm*

(b) *Segmentierungsergebnis*

Abbildung 4.5: Segmentierungsergebnis der Nähte aus dem Grauwert-Histogramm

Aufgrund der komplexen optischen Materialeigenschaften wird es stets auch in den Faserbereichen helle Pixel (starke Reflexionen) sowie – wenn auch seltener – dunkle Pixel

[3] Anm.: bei einem Dynamikbereich der Kamera von 8 Bit

[4] Es handelt sich bei der Verteilung der Grauwerte, die die Fasern/Rovings repräsentieren, um eine Normalverteilung. Solange der Schwellwert für die Segmentierung zwischen der ein- bis zweifachen Standardabweichung der jeweils im Bild vorliegenden Verteilung gewählt wird, liegt eine robuste Segmentierung vor. Alternativ kann somit auch die Anpassung einer Gaußfunktion an die Histogrammwerte erfolgen, sodass der Schwellwert direkt aus Mittelwert und Standardabweichung berechnet werden kann.

im Nahtbereich geben. Mit dem Vorwissen über die Nahtstruktur, dass diese über mehrere Pixel zusammenhängende Bildregionen bilden, können einzelne Störungen durch morphologische Filteroperationen eliminiert werden. Abbildung 4.6 zeigt ein Beispiel für die robuste Segmentierung der Nähte: Hier werden Ausreißer durch *Closing* „geschlossen". Ein *Opening*-Filter „öffnet" den weißen Bereich – entweder bis zur originären Größe oder wahlweise darüber hinaus, da beabsichtigt ist, dieses Segmentierungsergebnis als Filtermaske zu verwenden. Mit einer Maske, die einen größeren Bereich abdeckt, werden auch Effekte am Übergang zwischen Rovings und Nähten ausgeblendet, bei denen die Integration der Bildorientierungen über die lokale Nachbarschaft sowohl von der Rovingorientierung als auch von der Nahtorientierung beeinflusst wäre.

(a) *Closing* (b) *Opening*

Abbildung 4.6: Segmentierungsergebnis der Nähte nach morphologischen Filtern

Zusammenfassend ist zur Vorverarbeitung zu sagen, dass der adaptive Schwellwert, der für jedes Bild separat berechnet wird, in Kombination mit morphologischen Filtern eine robuste Klassifizierung der Bereiche „Fasern/Rovings" und „Nähte" gewährleistet, und dies trotz der unterschiedlichen Grauwertverteilungen der betrachteten Gelege (s. Anhang A).

Merkmalsextraktion „Faserorientierung"

Der Schwerpunkt dieses Abschnittes liegt bei der Berechnung des Strukturtensors S für eine Pixelnachbarschaft W. Dazu werden in einem ersten Schritt die horizontalen und vertikalen Ableitungsgradienten D_x und D_y des Prüfbildes ermittelt. Diese partiellen Ableitungen werden durch diskrete Ableitungsoperatoren approximiert. Gängige Ableitungsfilter für die Bildverarbeitung sind in JÄHNE beschrieben [76]. Aufgrund der Forderung nach einem möglichst isotropen Verhalten[5] werden keine Standardfilter (wie „Sobel", „Laplaci-

[5] D. h. die Güte des Filterergebnisses soll möglichst wenig von der vorliegenden Faserorientierung abhängen.

an" etc.[6]) verwendet. Es folgt vielmehr ein Filterdesign auf Basis der Dichtefunktion der Normalverteilung, dessen Parameter Mittelwert, Streuung und Filterlänge für die Kohlenstofffasergelege optimiert werden (s. Abschn. 4.4). Die Ableitungsoperatoren ergeben sich damit aus der Dichtefunktion der Normalverteilung G_0 und ihrer ersten Ableitung G_1 zu:

$$G_0 = \frac{1}{\sigma\sqrt{2\pi}} \exp\left(-\frac{1}{2}\frac{(x-\mu)^2}{\sigma^2}\right) \tag{4.1}$$

$$G_1 = -\frac{x-\mu}{\sigma}\, G_0 \tag{4.2}$$

Vor der angesprochenen Optimierung werden die Filter auf Basis des Vorwissens über den geometrischen Materialaufbau der Kohlenstofffaserstrukturen und den Grundlagen der digitalen Signalverarbeitung ausgewählt. Nach dem Nyquist-Theorem der digitalen Signalverarbeitung ist die Abtastfrequenz mindestens doppelt so hoch wie die kleinste aufzulösende Frequenz zu wählen. Das betrachtete Spektrum der Rovings reicht bzgl. der Rovingbreite von 1 bis 4 mm und liegt für kleinste die Orientierung beschreibende Details in der Größenordnung von 0,5 mm (s. Anhang A).

Die Gleichungen 4.3 und 4.4 zeigen die Ergebnisse der digitalen Abtastung der Gaußfunktion und ihrer ersten Ableitung für Werte von $x = -3 \ldots 3$ bei einer Standardabweichung von $\sigma_\mathrm{D} = 1{,}75$ Px und einer Filterbreite von 7 Px ($4\sigma_\mathrm{D}$):

$$GD_0 = \begin{bmatrix} 0{,}0524 & 0{,}1186 & 0{,}1936 & 0{,}2280 & 0{,}1936 & 0{,}1186 & 0{,}0524 \end{bmatrix} \tag{4.3}$$

$$GD_1 = \begin{bmatrix} 0{,}0514 & 0{,}0775 & 0{,}0632 & 0 & -0{,}0632 & -0{,}0775 & -0{,}0514 \end{bmatrix} \tag{4.4}$$

Das zweidimensionale Ableitungsfilter für die X- und Y-Richtung resultiert aus Faltungen der Abtastergebnisse der Gaußfunktion und ihrer Ableitung:

$$D_\mathrm{x} = GD_0^\mathrm{T} * GD_1 \tag{4.5}$$

$$D_\mathrm{y} = GD_1^\mathrm{T} * GD_0 = D_\mathrm{x}^\mathrm{T} \tag{4.6}$$

Durch die Faltungsoperationen stehen nun die richtungsseparierten Ableitungsfilter D_x und D_y zur Verfügung. Zur Verdeutlichung insbesondere der Querglättung durch die Gaußfunktion 0. Ordnung ist jedes der beiden Filter in Abb. 4.7 graphisch dargestellt. Die Werte sind auf das erste Diagonalelement der jeweiligen Ableitungsmatrix normiert.

Die Frage, welches Filter für welche Struktur die besten Ergebnisse liefert, wird in Abschn. 4.4 untersucht. Die ersten Ableitungen des Prüfbildes ergeben sich nun durch Faltung des Prüfbildes I mit den Ableitungsfiltern D_x und D_y. Die Ergebnisse der Faltungen sind in Abb. 4.8 dargestellt.

[6] vgl. Jähne für eine Übersicht über die Standardfilter der industriellen Bildverarbeitung [76]

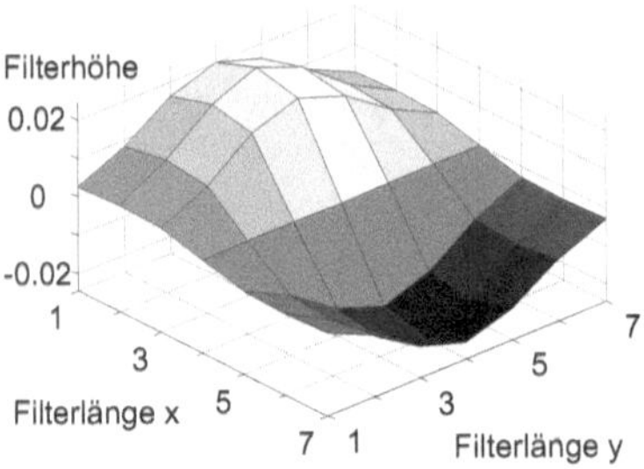

(a) X-Ableitungsfilter (7x7, $\sigma_\mathrm{D} = 1{,}5$)

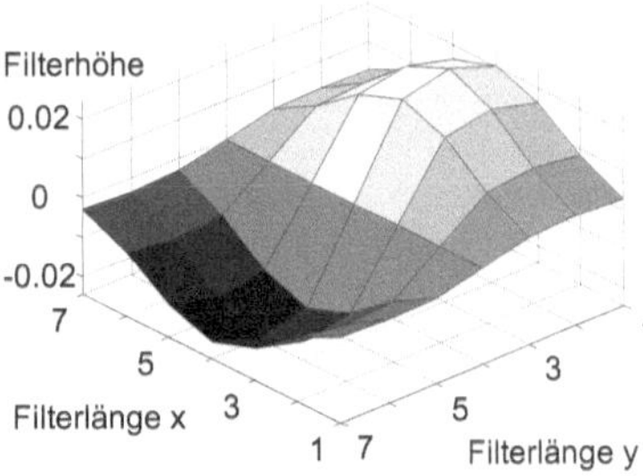

(b) Y-Ableitungsfilter (7x7, $\sigma_\mathrm{D} = 1{,}5$)

Abbildung 4.7: Diskrete 2D-Gauß-Ableitungsfilter mit Querglättung

$$I_\mathrm{x} = I * D_\mathrm{x} \tag{4.7}$$

$$I_\mathrm{y} = I * D_\mathrm{y} \tag{4.8}$$

(a) X-Ableitung: I_x

(b) Y-Ableitung: I_y

Abbildung 4.8: Ableitungen des Prüfbildes I

Mit der Rückbesinnung auf Gl. 3.2 (S. 51) wird im nächsten Schritt die mit der Fensterfunktion w gewichtete Integration über die „Einfache Nachbarschaft“ W durch eine diskrete

Faltung der quadrierten Ableitungselemente mit einem Glättungsfilter B ersetzt [76]. Für die Komponenten des Strukturtensors S folgt damit:

$$S_{11} = B * (I_x \cdot I_x) \tag{4.9}$$

$$S_{12} = B * (I_x \cdot I_y) = B * (I_y \cdot I_x) = S_{21} \tag{4.10}$$

$$S_{22} = B * (I_y \cdot I_y) \tag{4.11}$$

Zusammenfassend wird konstatiert, dass bei den vorangegangenen Berechnungen die Komponenten S_{ij} des Strukturtensors S durch eine separate Faltung des Bildes I mit den Ableitungsfiltern D_x und D_y, eine pixelweise Multiplikation der Ableitungsbilder und die anschließende Glättung der resultierenden Bilder mit dem Glättungsfilter B berechnet werden.

Für den vorliegenden Algorithmus wird als Glättungsfilter ein diskretes 2D-Gaußfilter verwendet, welches wiederum durch die Abtastung der Dichtefunktion G_0 entsteht. Zur Glättung über eine Umgebung ist die Filterlänge größer zu wählen als die Filterlänge der Ableitungsfunktion. Abbildung 4.9 zeigt das Glättungsfilter B für eine Filterlänge von 13 Px und einer Standardabweichung der Gaußfunktion von $\sigma_B = 3$.

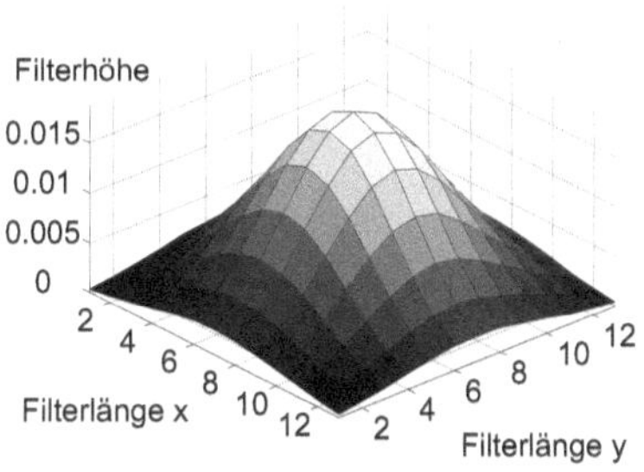

Abbildung 4.9: Glättungsfilter B (13x13 Px, $\sigma_B = 3$)

Abbildung 4.10 zeigt ergänzend die Komponenten des Strukturtensors in Bildform, in welcher die Werte des Tensors grauwertcodiert dargestellt sind. Die Abbildungen sollen verdeutlichen, dass der Strukturtensor S für jedes Pixel mit seiner Umgebung berechnet ist, sodass auch für jedes Pixel mit seiner Umgebung eine Orientierungsinformation abgeleitet werden kann.

Die Lösung des Eigenwertproblems (Gl. 3.5, S. 52) führt zu einem diagonalen Strukturtensor S', dessen Eigenvektor, der zum maximalen Eigenwert λ_1 gehört, die Orientierung der lokalen Umgebung W in Form ihrer Normalenrichtung angibt. Der Orientierungswinkel θ ergibt sich, wie in Abschn. 3.5 hergeleitet, für jedes Pixel des Prüfbildes aus der Orientierung θ_n des Normalenvektors n zu:

(a) S_{11}

(b) $S_{12} = S_{21}$

(c) S_{22}

Abbildung 4.10: Komponenten des Strukturtensors

$$\theta = \theta_{\mathrm{n}} + \frac{\pi}{2} = \frac{1}{2} \arctan\left(\frac{2S_{12}}{S_{22} - S_{11}}\right) + \frac{\pi}{2} \tag{4.12}$$

Das mittlere Betragsquadrat $S_{11} + S_{22}$ kann als rotationsinvarianter Parameter zur Unterscheidung konstanter Grauwertbereiche und isotroper Grauwertbereiche herangezogen werden. Im ersten Fall ist es null, im zweiten Fall ist nur der Betrag des Orientierungsvektors null. Daraus lässt sich nach JÄHNE das folgende Kohärenzmaß c_{c} für lokale Orientierungen ableiten (vgl. [76], S. 384):

$$c_{\mathrm{c}} = \frac{\sqrt{(S_{22} - S_{11})^2 + (2S_{12})^2}}{S_{11} + S_{22}} \tag{4.13}$$

Das Kohärenzmaß variiert zwischen null und eins. Es ist bei einer idealen Orientierung ($\lambda_1 > 0, \lambda_2 = 0$) eins, bei isotroper Grauwertstruktur ($\lambda_1 > 0, \lambda_2 = \lambda_1$) jedoch null.

Abbildung 4.11 zeigt die Ergebnisse des Algorithmus in Form des lokalen Orientierungswinkels θ und des zugehörigen Kohärenzmaßes für jedes Pixel des Prüfbildes. Der Orientierungswinkel wird in dieser Darstellung von der Horizontalen aus im Uhrzeigersinn für einen Winkelbereich zwischen 0° und 180° interpretiert.

Messergebnis Faserorientierung

Aufgrund von Stör- und Einflussgrößen variiert die Bildaufnahme und damit auch die Berechnung der lokalen Orientierungen. Dadurch dass die Ergebnisse einer Normalverteilung folgen, kann die Messunsicherheit beeinflusst werden, wenn nicht einzelne Orientierungen gewählt werden, sondern eine Mittelung der Ergebnisse über einen gewissen Bereich durchgeführt wird. Dies erhöht das Vertrauen in das Messergebnis, reduziert jedoch gleichzeitig die Ortsauflösung der Messung. Die Untersuchung der Einflüsse folgt in Abschn. 4.4, sodass eine bedarfsgerechte Abstimmung von Messunsicherheit und Ortsauflösung erfolgen kann.

Zur Ableitung des Messergebnisses, also der ortsaufgelösten Faserorientierung im Bildbereich, ist abschließend die Entscheidung zu treffen, ob eine gefundene Orientierung den Ro-

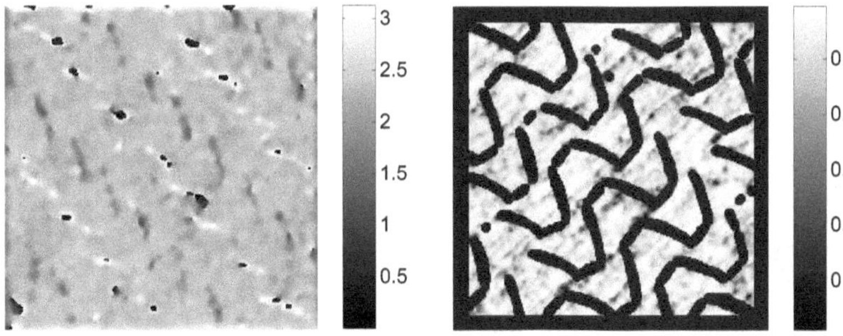

(a) Orientierungswinkel $\theta = 0 \dots \pi$ [rad] **(b)** Kohärenzmaß $c_c = 0 \dots 1$

Abbildung 4.11: Ergebnisse der lokalen Orientierungsbestimmung

vings oder den Nähten zuzuordnen ist. Hier hilft die Segmentierung der Nähte, die nach der Bildvorverarbeitung zur Verfügung steht. Abbildung 4.11 verdeutlicht, wie durch pixelweise Multiplikation der Kohärenzwerte mit der die Nahtstruktur ausblendenden Maske neue Kohärenzwerte entstehen, die im Bereich der Nähte zu null gesetzt sind und damit den Orientierungen der Nähte bei der Auswertung von Bildbereichen kein Gewicht einräumen. Auch die Bildränder sind über eine Breite, die der halben Filterbreite des Integrationsfilters entspricht, zu null gesetzt, da die dort vorliegenden Orientierungen nicht über eine vollständige Umgebung gebildet werden.

Mathematisch ist bei der Mittelung von Orientierungen über einen gewissen Bereich zu beachten, dass nicht das arithmetische Mittel der Orientierungswinkel gebildet werden kann.[7] Vielmehr ist eine kontinuierliche Skala zu wählen. Dazu ist zuerst eine Winkelverdoppelung vorzunehmen. Danach wird zu jedem lokalen Winkel ein Einheitsvektor gebildet, der den doppelten Winkel als Sinus- und Cosinusterm enthält. Zur Filterung der Nähte und zur Gewichtung der Orientierungsinformation im Allgemeinen ist zusätzlich der Einheitsvektor in seinem Betrag mit z. B. der Kohärenz zu gewichten. Eine einfache Vektoraddition führt von den lokalen Winkeln sodann zu einem globalen Winkel. Aufgrund der zuvor vorgenommenen Winkelverdoppelung ist dieser abschließend wieder zu halbieren.

4.3.2 Optische 3D-Geometrie-Messung

Eine Kamera bildet stets nur die Projektion einer Szene ab. Zur Bestimmung der Raumkoordinate, die zu einem Bildpunkt gehört, ist deren Oberfläche im Raum zu bestimmen. Ist die Geometrie erst bekannt, kann die 2D-Information des Kamerabildes über die optische Abbildung der Linse auf die Oberfläche zurücktransformiert werden. Neben der rein geometrischen Messung von CFK-Strukturen ist somit auch die Texturinformation der

[7]Bsp.: Die Orientierungswinkel 0,01° und 179,99° beschreiben prinzipiell eine Orientierung. Ihre arithmetische Mittelwertbildung würde zu dem falschen Ergebnis von 90° führen.

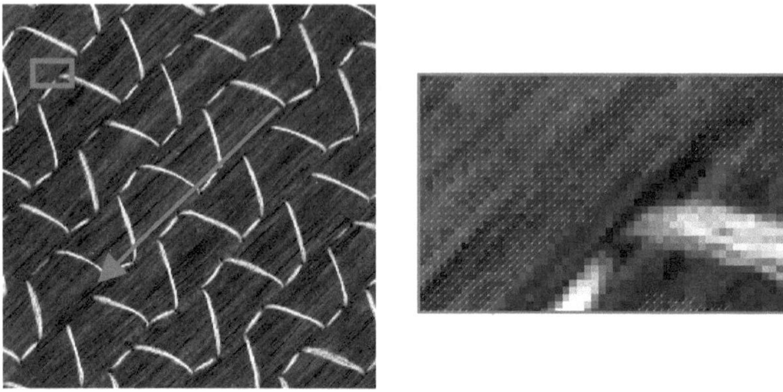

(a) Globale Orientierung **(b)** Lokale Orientierungen (Ausschnitt)

Abbildung 4.12: Globale Orientierungsbestimmung

Faserorientierung auf die wahre Oberfläche zurückrechenbar.

Bei der Messung der Geometrie der Oberfläche hat sich die Laserlichtschnittsensorik[8] als Mittel der Wahl erwiesen, um trotz der komplexen optischen Eigenschaften insbesondere der CFK- und GFK-Materialien die Konturen und Oberflächen von trockenen Zuschnitten und vorimprägnierten Tapes beim Laminataufbau zu messen. Die ausführliche Herleitung zur Qualifizierung der Laserlichtschnittsensorik hinsichtlich der optischen Materialeigenschaften ist bei ORTH dargelegt (vgl. [106], S. 85-98). Die Messungen basieren auf der Auswertung von Höhenprofilen, in denen die Zuschnittkante als Stufenprofil vorliegt. Das Stufenprofil wird durch eine Sigmoidfunktion interpoliert. Der Wendepunkt der Funktion beschreibt die Konturposition des Halbzeuges auf der Werkzeugform für jeden Lichtschnitt [133]. Durch die Messungen mehrerer Profile entlang der Kontur kann die Größe, Form und Lage des Halbzeuges auf der Form bestimmt werden [130]. Ein Beispiel für die Anpassung einer Sigmoid-Funktion ist in Abb. 4.13 dargestellt. Bei der Verwendung von Glasfasern dringt das Laserlicht in das Multiaxialgelege ein, sodass das Machine-Vision-System die Datenpunkte der oberen Lage von den Reflexionen aus unteren Lagen unterscheiden muss.

Neben der Auswertung von Kanten und Stufen zur Bestimmung der Lage textiler Zuschnitte auf Formen kann der Laserlichtschnittsensor als Modul des Machine-Vision-Systems natürlich auch zur direkten Digitalisierung eines Preforms eingesetzt werden. Abbildung 4.14 zeigt eine Sensor-Integration bei der aktuellen Entwicklung von Flugzeugspanten am DLR in Braunschweig. Das Machine-Vision-System bestimmt hier Höhenprofile, u. a. am inneren Gurtbereich (Abb. 4.14(a)). Über einen Messarm mit sechs Freiheitsgraden (Fa. ZettMess) werden die einzelnen Höhenprofile in das Weltkoordinatensystem zurückgerech-

[8]Die Grundlagen zur Laserlichtschnittsensorik sind z. B. in [80], S. 49-53, ausführlich dargelegt.

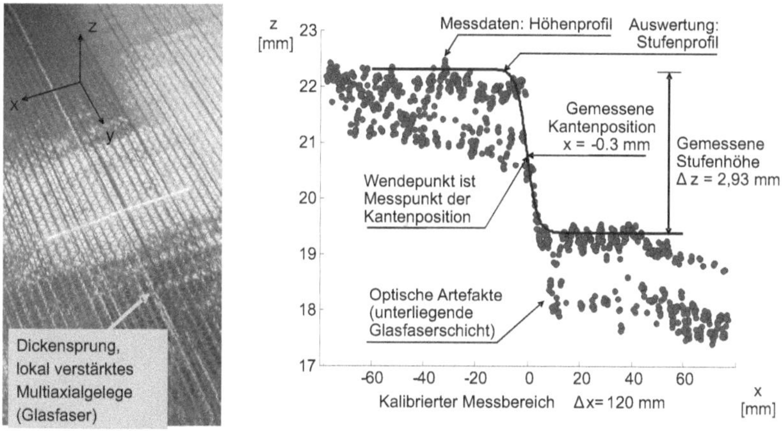

Abbildung 4.13: Positionsmessung eines Dickensprunges bei einem Glasfasergelege

net, sodass alle Lichtschnitte in einem gemeinsamen Koordinatensystem vorliegen (Abb. 4.14(b)). Nachdem aus der Punktewolke der Lichtschnitte die Oberfläche zurückgerechnet ist, können auch die gleichzeitig gemessenen lokalen Faserorientierungen in das Weltkoordinatensystem transformiert werden. Somit stehen alle Messungen zum Abgleich mit der Spezifikation in einem Koordinatensystem bereit. Ein ausführliches Integrationsbeispiel zur Spantmessung folgt im Kapitel der Fallstudien (s. Abschn. 5.2, S. 96).

Für die vorliegende Arbeit wurde die Geometriemessung mittels Laserlichtschnittsensorik zudem für das automatische Tapelegen und Fiber-Placement erweitert. Analog zu Abb. 4.13 erfolgt die Bestimmung des Wendepunktes zur Messung der Ablageposition von Prepreg-Bändern. Durch die Erweiterung des Modells unter Verwendung mehrerer überlagerter Sigmoidfunktionen sowie eines Terms zur Beschreibung der Makroform der Oberfläche (zumeist eine Regelgeometrie) können zum Beispiel Spalte und unerwünschte Überlappungen zwischen zwei Tapes aus dem Höhenprofil $h(x)$ abgeleitet und somit gemessen werden [127]. Die Parameter der Funktion beschreiben für jeden gefundenen Wendepunkt j die Steigung im Wendepunkte (a_{j}) sowie die relative Position des Wendepunktes (b_{j}) auf der X-Achse.

$$h(x) = \left(\sum_{j} \frac{1}{1 + exp(-a_{\mathrm{j}}(x - b_{\mathrm{j}}))} \right) + g(x) \tag{4.14}$$

Ein ausführliches Integrationsbeispiel zum Tapelegen folgt im Kapitel der Fallstudien (s. Abschn. 5.5, S. 116).

Nach der ausführlichen Herleitung der bildanalytischen Faserorientierungsbestimmung

(a) Laserlichtschnittsensor des MVS (b) Messarm als globale MVS-Referenz

Abbildung 4.14: Machine-Vision-System für die Spantentwicklung am DLR, Braunschweig

im vorangegangenen Abschnitt ist dieser Abschnitt als Ergänzung zu betrachten. Auf die Ausdetaillierung der Geometriemessung wird an dieser Stelle verzichtet. Auch die im nächsten Abschnitt für die Faserorientierungsmessung folgende Bestimmung der Messunsicherheit wird für die Geometriemessung hier nicht weiter ausgeführt. Sie folgt analog zum Vorgehen für die Faserorientierung durch eine Vergleichsmessung nach GUM [35], die im folgenden Abschnitt vorgestellt wird. Zur Detaillierung der eingesetzten Laserlichtschnittverfahren zur Geometriemessung und der zugehörigen Bestimmung der Messunsicherheit sei daher neben den Vorarbeiten von Orth [106] auf Veröffentlichungen des Autors verwiesen [124, 125, 127, 130, 131, 134].

4.4 Untersuchung der Messunsicherheit

Die Weiterentwicklung der Methoden zur Bildverarbeitung und optischen Messtechnik und deren Integration zu einem Machine-Vision-System für die Faserverbundproduktion kann nur als erfolgreich angesehen werden, wenn quantifiziert wird, mit welcher Messunsicherheit bei der Konfiguration und Integration eines solchen Messsystems zu rechnen ist. Für die technische Gestaltung des Messtechnikeinsatzes muss vor der Konfiguration des Machine-Vision-Systems bekannt sein, mit welcher Streuung und welchem systematischen Fehler die Messungen behaftet sind. Dazu sind Erkenntnisse über die Wirkung von Einflussgrößen bei der Machine-Vision-Konfiguration sowie die Wirkung von Störgrößen auf die Messung zu gewinnen. Im Anschluss folgt die Bestimmung der Messunsicherheit sowohl über den statistischen Versuch zu den Ursachen-Wirkungs-Zusammenhängen als auch über eine Referenzmessung. Die Referenzmessung dient dabei als Leitfaden für die Bestimmung der Messunsicherheit bei beliebigen anisotropen Materialien, sodass das MVS auch für weitere Materialien qualifiziert werden kann, die nicht Teil der statistischen Versuche dieser Arbeit waren.

4.4.1 Statistische Optimierung der Faserorientierungsmessung

Im Zuge der iterativen Entwicklung der Methoden (s. Abschn. 4.3) hat sich eine begrenzte Zahl an Einflussgrößen als die Haupteinflussgrößen auf die Variation der Messergebnisse und damit auf die Messunsicherheit gezeigt. Die Einflussgrößen werden im Folgenden durch einen statistischen Versuch mit einem vollfaktoriellen Design (*Design of Experiments – DoE*, vgl. [78]) untersucht, sodass eine Konfiguration mit ausreichend geringer Messunsicherheit gefunden werden kann.

Versuchsplanung

Ziel der Untersuchung ist es, den Ursachen-Wirkungs-Zusammenhang zu bestimmen, der beschreibt, welche Parameter die Messunsicherheit der Faserorientierungsmessung beeinflussen. Die Faserorientierung wurde als grundlegendes Merkmal aller Prüfungen gefunden, die auf Basis der anisotropen Oberflächentextur der CFK-Strukuren durchgeführt werden können. Es wird dazu insbesondere untersucht, wie die Messunsicherheit der Faserorientierungsmessung minimiert werden kann[9] und wie die Messunsicherheit quantitativ von den Systemparametern abhängt, um eine hinreichend geringe Messunsicherheit gezielt einstellen zu können. Grundlage ist – wie auch bei der verfolgten Industrialisierungstheorie dieser Arbeit – das Bestreben nach TAGUCHI robuste Prozesse[10] zu erreichen [139,140]. Hier sind es die Streuung der Messung und ihr systematischer Fehler, welche auf ein Minimum zu reduzieren sind.

Im Zuge der Algorithmusentwicklung wurde gelernt, dass bei der bildanalytischen Bestimmung der Faserorientierung die Lage des Mittelwertes des Messergebnisses weniger problematisch als dessen Streuung ist. Die Streuung bestimmt maßgeblich die zu erwartende Messunsicherheit. Soll die Streuung reduziert werden, so ist die Standardabweichung von mehreren Versuchsrealisierungen eine geeignete Zielgröße. Die Lage des Mittelwertes der Abweichung soll dabei zur Absicherung auch bestimmt werden.

Die Parameter des Messprozesses bzw. des Machine-Vision-Systems sind derart festzulegen, dass trotz zufälliger Streuungen dieser Größen um ihren Sollwert und trotz der Streuung von Störgrößen (z. B. Fasermaterialeigenschaften, Umgebungsbedingungen) die Werte der Zielgröße (Faserorientierung) nur wenig streuen.

Durch systematische Beobachtungen und einfache Versuche (nach SHAININ, vgl. hierzu [78], S. 57) während der Algorithmusentwicklung und bei ersten Messungen wurden die Prozessparameter mit dem Haupteinfluss auf die Streuung der Messergebnisse identifiziert (s. Abb. 4.15).

Die Auswahl der Faktoren erfolgte nach KLEPPMANN in zwei Schritten (vgl. [78], S. 20-24). Zunächst wurden möglichst viele Einflussfaktoren gesammelt. Dabei wurde zwischen Steuergrößen und Störgrößen unterschieden. Die Sammlung erfolgte durch Brainstorming und ist in [106] dokumentiert. Die Vielzahl der gefundenen möglichen Einflussgrößen wurde bewertet (vgl. [78], S. 21) mit dem Ergebnis, dass vier Faktoren zur Untersuchung

[9] zur Maximierung des Prozessfensters; Langzeitziel ist eine gemeinsame Konfiguration für alle (relevanten) technischen Textilhalbzeuge

[10] Prozesse sind robust, wenn das Prozessergebnis möglichst wenig von unvermeidbaren Schwankungen der Prozessparameter, Materialeigenschaften, Umgebungsbedingungen u. ä. abhängt, vgl. auch [78], S. 17; sowie Abschn. 2.1.2 zur Definition robuster Prozesse nach TAGUCHI.

ausgewählt wurden, für die signifikante Abhängigkeiten zur Messung der Faserorientierung erwartet wurden.

Die gewählten Faktoren „Gradient", „Integration", „Auflösung" und „Material" drücken das Folgende aus:

- *Gradient*: Die Messunsicherheit hängt maßgeblich davon ab, welche Filter bei der Bildverarbeitung genutzt werden. Das Filterdesign des Ableitungsfilters (s. Abschn. 4.3.1) hängt maßgeblich von der Wahl der Standardabweichung des Gaußfilters 1. Ordnung ab. Den Effekt dieses Faktors gilt es zu untersuchen.
- *Integration*: Analog zur Bestimmung der Bildgradienten erfordert auch die bereichsweise Integration ein komplexes Filterdesign, über das auf theoretischer Basis nur unzureichende Kenntnisse vorliegen.
- *Auflösung*: Die Auflösung ist derart feinstufig zu wählen, dass die Texturelemente der Faserstruktur aufgelöst werden können und somit einer Texturanalyse zugänglich werden. Gleichzeitig ist die Auflösung möglichst grob zu wählen, um mit einem Bild einen möglichst großen Messbereich erfassen zu können.
- *Material*: Es wird erwartet, dass die Messunsicherheit signifikant von der Materialart abhängt. Für die Untersuchung werden acht Gelegetypen herangezogen, deren optische und textiltechnische Eigenschaften das Spektrum der trockenen CFK-Verstärkungsstrukturen für Strukturbauteile repräsentieren (glänzend, matt, Rovingbreite, Zwischenraumbreite)[11]. Die Variation des Materials soll diesen Effekt zeigen, sodass geklärt werden kann, ob der Einfluss toleriert werden kann oder ob für jedes Material eine eigene Machine-Vision-Konfiguration benötigt wird. Wünschenswert wäre es, eine Robustheit des Systems hinsichtlich des Materialeinflusses zu finden.

Die Wahl dieser vier Faktoren wird plausibel, sobald eine Rückbesinnung auf die Modellgrundlage des Strukturtensorverfahrens erfolgt. Die Gleichung 3.3 (S. 51) enthält eben diese Parameter sowie abhängige Parameter, die aus Plausibilitätsgründen nicht in die Versuchsplanung aufgenommen werden.

Zur Verdeutlichung wird die grundlegende Gleichung des Strukturtensorverfahrens nochmals aufgeführt und die zu untersuchenden Faktoren markiert.

$$\underbrace{\int_W w(x-x')\,(\underbrace{\nabla g(x')}_{\text{„Gradient"}}\;\nabla g(x')^{\mathrm{T}})\;\underbrace{dx'}_{\text{„Auflösung"}}}_{\text{„Integration"}} \tag{4.15}$$

Abbildung 4.15 zeigt neben den Faktoren auch die gewählten Faktorstufen. Die Anzahl der Faktorstufen impliziert einen hohen Versuchsaufwand. Bis auf die Zuführung der Materialproben und die Änderung der Auflösung[12] konnte der Versuch jedoch vollständig automatisiert und daher auch mit der vollfaktoriellen Versuchsplanung zugelassen werden.

[11]Die für den Versuch ausgewählten CFK-Gelege repräsentieren das mögliche Materialspektrum hinsichtlich der gewöhnlicherweise vorkommenden Texturen (s. Anhang A).

[12]Dies betrifft den manuellen Wechsel der Objektive des MVS.

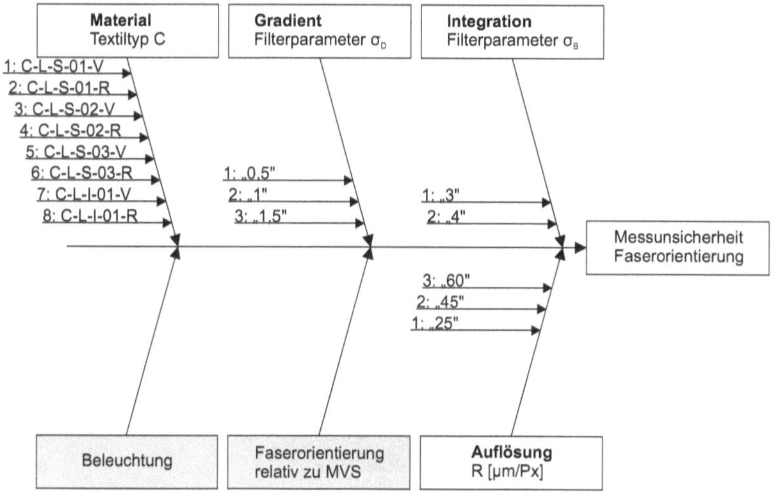

Abbildung 4.15: Auswahl der Faktoren und Faktorstufen

Zusätzlich zu den Steuergrößen sind in Abb. 4.15 noch die Hauptstörgrößen berücksichtigt. Als Hauptstörgröße wurden Reflexionen auf der Bauteiloberfläche durch Fremdlicht identifiziert. Die Orientierung der Fasern bestimmt dabei die Stärke der Reflexion. Die Bauweise des Machine-Vision-Systems schirmt durch die Beleuchtung in Form eines Domes oder eines diffusen Auflichtes das Fremdlicht weitgehend ab. Die Faserorientierung wird bei dem Versuch in einem Bereich über 180° variiert, sodass ihr Einfluss als Störgröße auf die Messunsicherheit bekannt ist.

Abbildung 4.16 zeigt den Aufbau des für den Versuch verwendeten Machine-Vision-Systems. Für den Aufbau wurden die Komponenten des Machine-Vision-Basissystems verwendet (s. Abschn. 4.2). Die Beleuchtung wird durch eine diffuse Dome-Beleuchtung realisiert. Die Probe befindet sich auf einem Rotationsdrehtisch[13], auf den die flächige Materialprobe aufgelegt wird. Die Optik wurde zur Realisierung unterschiedlicher Auflösungen der Materialprobe variiert. Der Arbeitsabstand zwischen Kamera und Materialprobe ($d = 500$ mm) und das Sichtfeld (FOV[14] $= 23 \times 23$ mm) werden dabei konstant gehalten. Bei konstantem Sichtfeld ändert sich mit der Auflösung auch die Bildgröße (d. h. die Bildgröße in Pixel). Abbildung 4.17 zeigt jeweils ein Prüfbild zu den sich ergebenden Bildgrößen. Die Einstellung der Brennweite, der Arbeitsabstand und das Sichtfeld sind daher als abhängige Parameter der Auflösung zu sehen. Zur Beeinflussung der Auflösung wurden Megapixel-Objektive verschiedener Brennweiten verwendet, wobei f für die Brennweite in den Herstel-

[13] Präzisionsdrehtisch M-037.00 der Firma PI – Physik Instrumente
[14] *FOV: field of view*, deutsch: Sichtfeld

lerangaben der Objektive steht. Alle anderen Einflüsse auf die Auflösung wurden konstant gehalten. Die Berechnung der notwenigen Objektive ergibt sich aus der Modellgleichung zur „ideal dünnen, bikonvexen Linse“, sodass vor der eigentlichen Durchführung eine Kalibrierung[15] des jeweiligen Versuchsaufbaus notwendig ist, die die tatsächlich realisierte Auflösung ermittelt. Angestrebt sind die folgenden Konfigurationen für die Auflösung R, die durch die Wahl der folgenden Objektive realisiert werden:

1. $R_1 = 25$ µm/Px, Brennweite $f_1 = 50$ mm; nach Kalibrierung: $R_1^* = 26{,}31$ µm/Px.
2. $R_2 = 45$ µm/Px, Brennweite $f_2 = 35$ mm; nach Kalibrierung: $R_2^* = 45{,}17$ µm/Px.
3. $R_3 = 60$ µm/Px, Brennweite $f_3 = 25$ mm; nach Kalibrierung: $R_3^* = 60{,}81$ µm/Px.

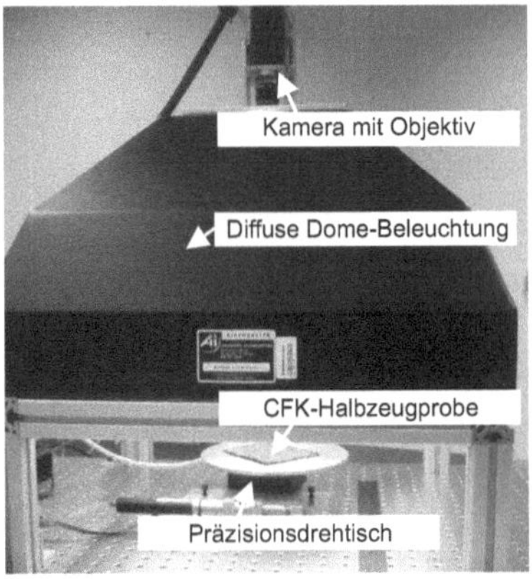

Abbildung 4.16: Prüfstand mit MVS für den statistischen Versuch

Für die Parameter des Bildverarbeitungsalgorithmus „Gradient“ und „Integration“ sei auf die Darlegungen im ersten Abschnitt dieses Kapitels verwiesen. Die nicht untersuchten Einflussgrößen werden möglichst konstant gehalten, um so die Zufallsstreuung zu minimieren. Je kleiner die Zufallsstreuung ist, desto kleinere Effekte der Faktoren können noch erkannt werden (vgl. [78], S. 24). Dies reduziert auch die Anzahl der erforderlichen Einzelversuche (quadratische Abhängigkeit). Je genauer der Effekt der Faktoren bestimmt werden soll und je stärker die Versuchsergebnisse aufgrund zufälliger Unterschiede streuen (Maßzahl σ), desto mehr Einzelversuche sind erforderlich.

Der vollfaktorielle Versuchsplan sieht damit m Versuche vor, die durch die Rotationsposition fünfmal wiederholt werden ($n = 5$). Insgesamt ergeben sich so $N = m \cdot n$ Einzelversuche. Die Anzahl der Einzelversuche N ist somit weit höher als nach KLEPPMANN

[15] Die Kalibrierung erfolgte unter Einsatz der *Camera Calibration Toolbox for MATLAB* [14].

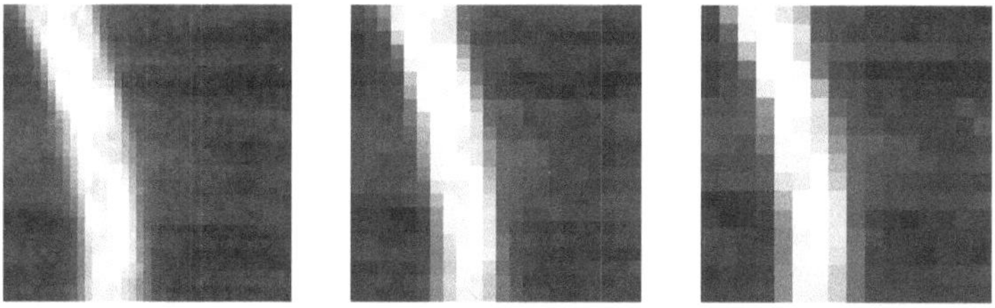

(a) Auflösung: 25 µm/Px **(b)** Auflösung: 45 µm/Px **(c)** Auflösung: 60 µm/Px

Abbildung 4.17: Texturbilder bei unterschiedlichen Auflösungen und konstantem Sichtfeld

vorgeschlagen (vgl. [78], S. 24) und sichert ab, dass trotz der Prozessstreuung Effekte von $\delta\mu = 0{,}1°$ erkannt werden.

$$N = m \cdot n = 144 \cdot 65 = 9360 \tag{4.16}$$

Derselbe Bediener führt alle Einzelversuche in derselben Anlage durch. Alle Einzelversuche werden in möglichst kurzem zeitlichen Abstand durchgeführt, und dasselbe Machine-Vision-System wird für alle Messungen eingesetzt.

Da der „wahre Wert" der Faserorientierung im Weltkoordinatensystem θ_{W} nicht bekannt ist, sondern nur der vom Machine-Vision-System angezeigte Wert θ_{MVS}, ist eine geeignete Referenz zu finden, mit der die Ergebnisse des MVS verglichen werden können.

Abbildung 4.18 illustriert die Vergleichsmessung nach GUM [35] als Blockschaltbild (a). Als Referenz wird ein Präzisionsdrehtisch eingeführt, dessen Positionsunsicherheit vernachlässigbar gering im Vergleich zur erwarteten Messunsicherheit des Machine-Vision-Systems ist. Die Auflösung eines Drehinkrementes des Tisches beträgt 0,589 µrad. Die Drehung zwischen zwei Messpositionen beträgt, wie eingeführt, $\Delta\theta_{\mathrm{REF}} = 15°$ (b). Die Faserorientierung wird für jede der angefahrenen Positionen des Tisches gemessen (c). Nach der nächsten Drehung wird die dann aktuelle Faserorientierung $\theta_{\mathrm{MVS,j}}$ mit der zuvor gemessenen Orientierung $\theta_{\mathrm{MVS,j\text{-}1}}$ verglichen.

$$\Delta\theta_{\mathrm{MVS,j}} = \theta_{\mathrm{MVS,j}} - \theta_{\mathrm{MVS,j\text{-}1}} \ (j = 1 \ldots 13) \tag{4.17}$$

Bei der Vergleichsmessung werden die Differenzen $\Delta\theta_{\mathrm{MVS,j}}$ mit der Referenzdifferenz $\Delta\theta_{\mathrm{REF}} = 15°$ verglichen. Die Differenz $\delta\theta_{\mathrm{MVS,j}}$ drückt die Abweichung zwischen der Drehung des Rotationstisches und der durch das Machine-Vision-System gemessenen Differenz aus.[16]

[16]Grundsätzlich liegen die Ergebnisse der Faserorientierungsberechnung im Bildkoordinatensystem B vor (Abb. 4.18(a)). Nach der Kalibrierung des MVS erfolgt die Transformation der Bildinformationen über die extrinsischen Kameraparameter von der Bildebene auf die Tischebene, sodass die Faserorientierung im Referenzkoordinatensystem des Drehtisches angegeben werden kann. Dies ist erforderlich, da

$$\delta\theta_{\mathrm{MVS,j}} = \Delta\theta_{\mathrm{REF}} - \Delta\theta_{\mathrm{MVS,j}} \tag{4.18}$$

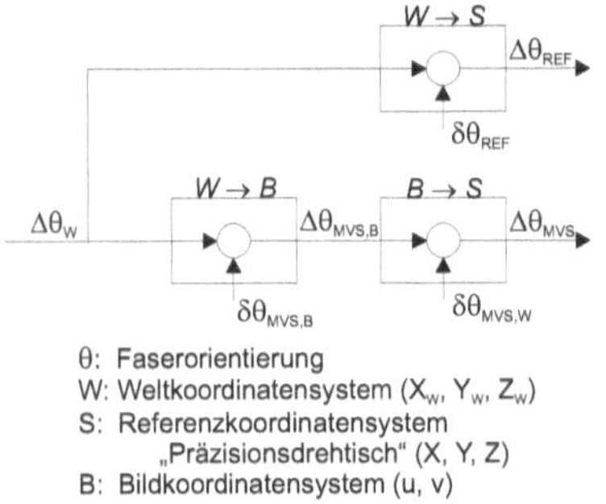

(a) Modell der Vergleichsmessung nach GUM

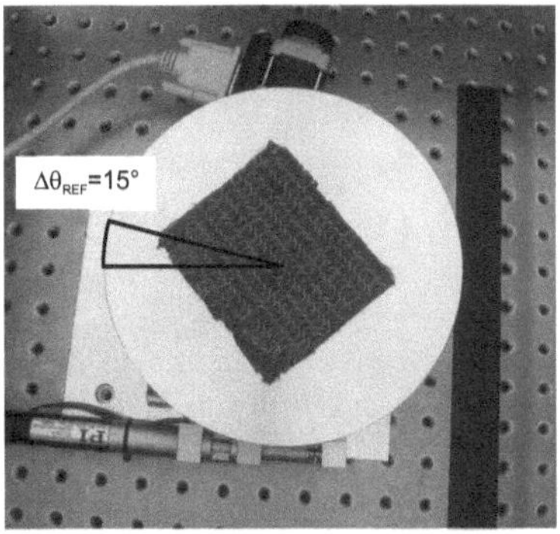

(b) Rotationstisch als kalibrierte Referenz

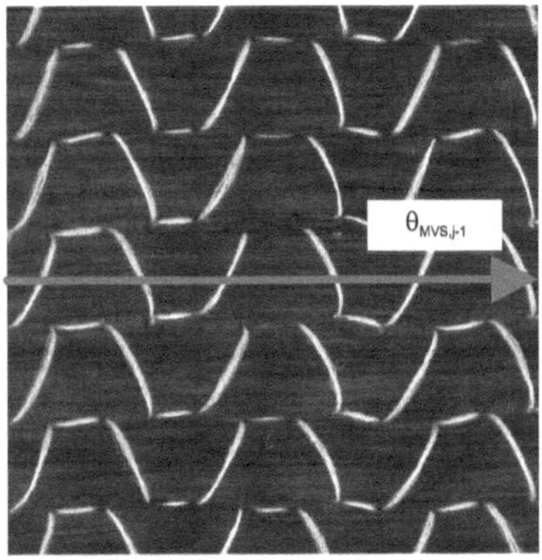

(c) Orientierung vor Rotation

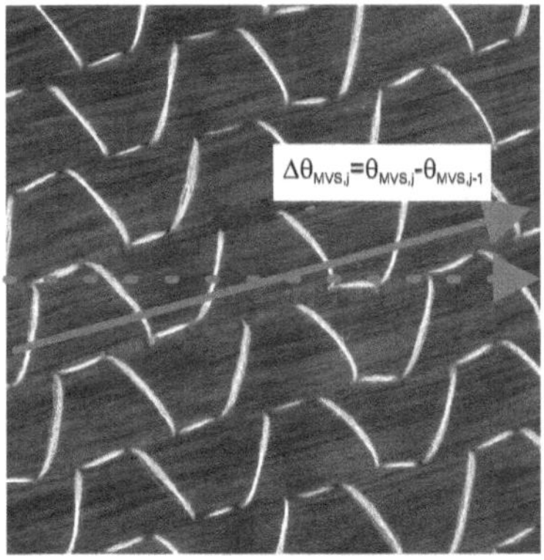

(d) Orientierung nach Rotation

Abbildung 4.18: Vergleichsmessung zur Bestimmung der Messunsicherheit

eine perfekt parallele Ausrichtung von Detektor (Kamerachip) und Tischebene nicht hinreichend genau justiert werden kann. Die Differenz $\delta\theta_{\mathrm{MVS}}$ fasst dabei die durch die Bildverarbeitung verursachte Abweichung $\delta\theta_{\mathrm{MVS,B}}$ mit der durch die Transformation verursachten Abweichung $\delta\theta_{\mathrm{MVS,S}}$ zusammen. Der Abweichungsbetrag des Rotationstisches $\delta\theta_{\mathrm{REF}}$ wird, wie eingeführt, als vernachlässigbar gering eingestuft.

Versuchsdurchführung

Die Versuche wurden in drei Teilen durchgeführt. Für jeden Teil wurde ein Wechsel des Objektives des Machine-Vision-Systems durchgeführt, sodass der Faktor „Auflösung“ variiert werden konnte. Vor der eigentlichen Versuchsdurchführung ist das MVS bei jedem Wechsel des Objektives zu kalibrieren. Durch die Kalibrierung werden sowohl die intrinsischen als auch die extrinsischen Kameraparameter bestimmt [14]. Hierdurch ist zudem eine Koordinatentransformation bekannt, die die Umrechnung der Messergebnisse aus dem Bild in die reale Welt ermöglicht. Aufgrund der aufwendigen Kalibrierung wurde für die optischen Eigenschaften auf die Randomisierung des Versuchsplanes für den Faktor „Auflösung“ verzichtet.

Die Versuchsreihe begann mit der Messung der Faserorientierung analog zum Versuchsplan. Die erste der acht Materialproben wurde dazu eingelegt. Die übrigen Schritte des Versuchs wurden automatisiert abgearbeitet. Bei jeder Messung der Faserorientierung wurden fünf Bilder als Wiederholmessung aufgenommen. Zwischen jeder dieser Wiederholmessungen wurde der Rotationstisch um 15° gedreht[17]. Mit 13 Rotationen war damit ein Bereich von 0° bis 180° abgedeckt. Somit wurden insgesamt 1.560 Bilder[18] aufgenommen. Auch hier wurde auf die Randomisierung des Versuchs verzichtet, da die automatische Auswertung der Bilder deterministisch ablief und die Reihenfolge der Auswertungen keinen Einfluss auf ihr Ergebnis hatte.

Zur Bestimmung der systematischen Abweichung der Faserorientierungsmessung wurden die Messergebnisse der Versuche mit dem Drehinkrement des Rotationsdrehtisches verglichen. Dabei wurde stets die Differenz aufeinander folgender Messungen bei der Rotation des Tisches betrachtet. Für jeden der m Versuche standen daher zwölf Differenzwerte mit je 5 Wiederholmessungen für eine Auswertung zur Verfügung.

Zur Bestimmung des zufälligen Fehlers der Faserorientierungsmessung wurden die Messergebnisse der Versuche nicht in Differenzen umgewandelt. Vielmehr wurde die Standardabweichung $\sigma_{\theta,\mathrm{MVS}}$ über die 5 Wiederholmessungen gebildet. Dies wurde bei jeder Position des Drehtisches für jede der m Faktorstufenkombinationen durchgeführt, sodass zu jeder Messung zwölf Standardabweichungen vorlagen.

Versuchsergebnisse

Abbildung 4.19 zeigt die Ergebnisse des statistischen Versuchs zur systematischen Abweichung der Faserorientierung. Es wird deutlich, dass die Effekte der Faktoren und Wechselwirkungen gering sind. Um diese subjektive und relative Bewertung zu überwinden, werden die Ergebnisse einer Varianzanalyse[19] unterzogen. Für die Durchführung der Analyse wird auf die Implementierung der ANOVA-Methode der *Stastistics Toolbox* des Softwareprogrammes MATLAB der Firma MATHWORKS[20] zurückgegriffen. Tabelle 4.1 zeigt die Ergebnisse der Varianzanalyse. Aus dem Gesamtstichprobenumfang wird die totale Qua-

[17]Dies geschah zum einen, um eine Vergleichsmessung zu ermöglichen, zum anderen sollten damit mögliche Einflüsse der Faserorientierung relativ zur Kamerapose berücksichtigt werden.
[18]Das Produkt folgt aus der Multiplikation: 3 optische Konfigurationen, 8 Materialtypen (CFK-Gelege), 5 Wiederholmessungen, 13 Drehpositionen.
[19]ANOVA – *Analysis of Variance*, vgl. TAGUCHI [139], S. 146-148
[20]MathWorks MATLAB, http://www.mathworks.com/products/matlab/

dratsumme (*Sum Sq., total*) berechnet. Sie ergibt sich aus den anteiligen Quadratsummen (*Sum Sq*), die sich aus den Stichproben der einzelnen Faktorkombination (*Source*) ergeben. Die eigentlichen Varianzen bzw. die Varianzanteile (*Mean Sq.*) werden aus den Quotienten der anteiligen Quadratsummen (*Sum Sq*) und der zugehörigen Anzahl der Freiheitsgrade (*d.f.*) abgeleitet.

Mithilfe dieser Ergebnisse wird dann überprüft, ob sich die Faktoren bzw. die Faktorkombinationen signifikant auf die abhängige Variable[21] auswirken. Das bedeutet, dass ein Zusammenhang zwischen der abhängigen und den unabhängigen Variablen nicht allein auf zufällige Einflüsse zurückzuführen ist. Für den Signifikanznachweis werden sogenannte „F-Werte" über das Verhältnis der Varianzen zur Fehlervarianz ermittelt. Diese werden mit empirisch ermittelten F-Werten verglichen, die für ein bestimmtes Signifikanzniveau stehen. Es ist üblich (vgl. [78], S. 77) die 95 %, 99 % und 99,9 %-Vertrauensbereiche zu berechnen und danach die Signifikanz zu beurteilen: Ist danach die Irrtumswahrscheinlichkeit (s. Tab. 4.1: $Prob > F$) kleiner oder gleich 0,001 wird von hoher Signifikanz (***) gesprochen. Des Weiteren sind folgende Abstufungen üblich:

- Irrtumswahrscheinlichkeit größer 0,001 und kleiner/gleich 0,01: Signifikanz (**)
- Irrtumswahrscheinlichkeit größer 0,01 und kleiner/gleich 0,1: Indifferenz[22] (*)
- Irrtumswahrscheinlichkeit größer als 0,1: keine Signifikanz (-)

Die Auswertung der Ergebnisse ergibt für den vorliegenden Fall, dass die systematische Abweichung der Faktoren „Integration", „Auflösung" und „Material" sowie die Faktorkombinationen, an denen ausschließlich diese Faktoren beteiligt sind, einen hochsignifikanten Einfluss darstellen. Der Faktor „Gradient" ist nicht signifikant für den systematischen Fehler. Letzteres gibt einen ersten Hinweis auf den Erfolg des anisotropen Filterdesigns. Die aus den Ergebnissen abgeleitete Maßnahme ist die Entscheidung, sowohl auf die Faktorstufe 1 des Faktors „Integration" als auch auf die Faktorstufe 3 des Faktors „Auflösung" bei der Konfiguration des Machine-Vision-Systems zu verzichten. Die hohe Signifikanz des Faktors „Material" wird zur Kenntnis genommen. Aufgrund des geringen absoluten Effektes auf den systematischen Fehler wird jedoch versucht, die Konfiguration des Messsystems unabhängig vom Materialtyp zu gestalten.

Nachdem die systematischen Einflüsse analysiert wurden, folgt nun die Auswertung des Versuchs hinsichtlich der Streuung der Faserorientierungsmessung. Diese ist genau wie die systematische Abweichung durch eine geeignete Wahl der einzelnen Faktorstufen zu minimieren.

Analog zum vorhergehenden Abschnitt zeigt Abb. 4.20 die Ergebnisse des statistischen Versuchs zur zufälligen Abweichung der Faserorientierung. Die Effekte der Faktoren und Wechselwirkungen werden wiederum durch eine Varianzanalyse hinsichtlich ihrer Signifikanz bewertet. Tabelle 4.2 zeigt die Ergebnisse. Deren Auswertung liefert für den vorliegenden Fall, dass für die zufällige Streuung der Faserorientierungsmessung die Faktoren „Gradient", „Auflösung" und „Material" einen hochsignifikanten Einfluss darstellen. Wenn

[21] hier: systematische Abweichung der Faserorientierung

[22] keine statistisch abgesicherte Aussage möglich, möglichst mehr Daten sammeln (vgl. [78], S. 77)

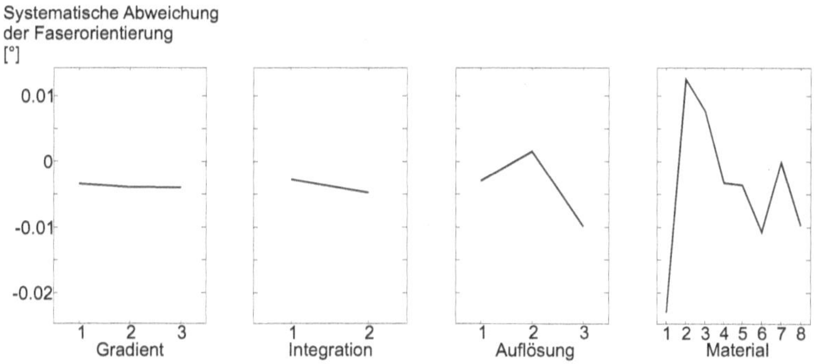

(a) Haupteffekte der Faktoren

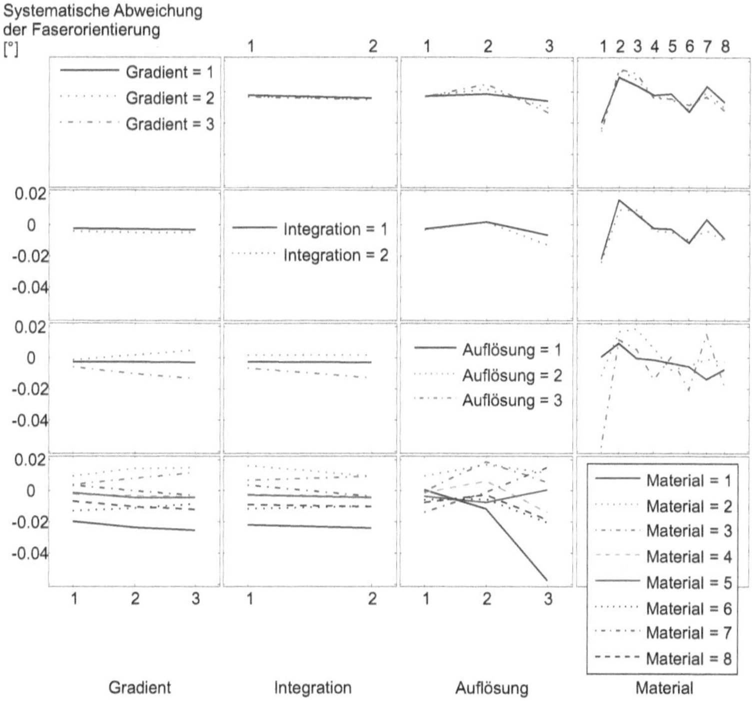

(b) Wechselwirkungen der Faktoren

Abbildung 4.19: Ergebnisse des Versuchs zur systematischen Messabweichung

vom Faktor „Material“ und seinen Wechselwirkungen abgesehen wird, um die Unabhängigkeit des Systems vom Materialtyp beizubehalten, sind keine weiteren Faktorkombinationen signifikant bzw. hoch signifikant.

Ergänzend zu den Entscheidungen aus der Analyse der systematischen Abweichung wird nun auch der Faktor „Gradient“ betrachtet. Aufgrund seiner hohen Signifikanz wird dessen Faktorstufe mit dem höchsten Effekt auf die Streuung, d. h. Faktorstufe 1, nicht weiter für das Machine-Vision-System berücksichtigt.

Damit bleiben für den Faktor „Gradient“ die Faktorstufen 2 und 3 und für den Faktor „Auflösung“ die Faktorstufen 1 und 2. Für die durch den Faktor „Gradient“ bestimmte Faltungsoperation wird ein minimaler Rechenaufwand angestrebt. Daher wird die Faktorstufe 1 gewählt, die zu einer geringeren Größe des Faltungskernels führt. Für die Auflösung wird die geringere und damit die Faktorstufe 2 gewählt, um mit einem Bild einen möglichst großen Messbereich abdecken zu können.

Der statistische Versuch zur optimalen Konfiguration des Machine-Vision-Systems hinsichtlich der untersuchten Parameter führt daher zu folgender optimaler Konfiguration:

- „Gradient“: isotropes Gaußfilter 1. Ordnung, $\sigma_{\mathrm{D}} = 1$ mit der resultierenden Filtergröße 5 x 5 Pixel (Faktorstufe 2)
- „Integration“: isotropes Gaußfilter 0. Ordnung, $\sigma_{\mathrm{I}} = 1$ mit der resultierenden Filtergröße 9 x 9 Pixel (Faktorstufe 1)
- „Auflösung“: 45 µm/Pixel (Faktorstufe 2) mit der sich daraus ergebenden minimalen Ortsauflösung von 23 x 23 mm bei 512 x 512 Px
- „Material“: CFK-Gelegetypen nach Anhang A (alle Faktorstufen)

Tabelle 4.1: Varianzanalyse zur systematischen Abweichung

Source	Sum Sq.	d.f.	Mean Sq.	F	Prob > F
Gradient	0,070854	2	0,035427	1580,8028	0
Integration	9,52e-005	1	9,52e-005	4,248	0,048694
Auflösung	0,52281	2	0,2614	11664,2774	0
Material	0,08237	7	0,011767	525,0689	0
Gradient *Integration	2,4582e-005	2	1,2291e-005	0,54844	0,58393
Gradient *Auflösung	0,086877	4	0,021719	969,1409	0
Gradient *Material	0,012789	14	0,00091349	40,7611	7,1054e-015
Integration *Auflösung	2,0992e-005	2	1,0496e-005	0,46835	0,63085
Integration *Material	0,00051625	7	7,375e-005	3,2908	0,011107
Auflösung *Material	0,11611	14	0,0082939	370,0864	0
Gradient *Integration *Auflösung	5,8233e-005	4	1,4558e-005	0,64961	0,6319
Gradient *Integration *Material	0,00027381	14	1,9558e-005	0,87269	0,59345
Gradient *Auflösung *Material	0,014357	28	0,00051274	22,8793	6,0973e-013
Integration *Auflösung *Material	0,0003243	14	2,3164e-005	1,0336	0,45126
Error	0,0006275	28	2,2411e-005		
Total	0,90811	143			

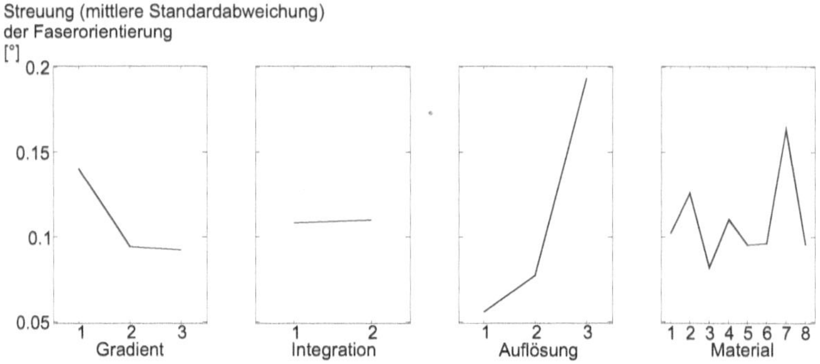

(a) Haupteffekte der Faktoren

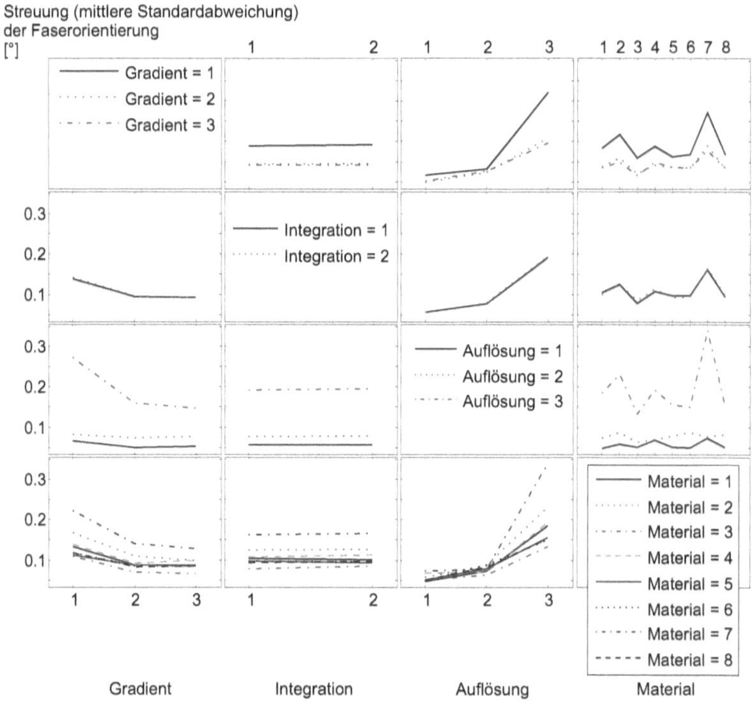

(b) Wechselwirkungen der Faktoren

Abbildung 4.20: Ergebnisse des Versuchs zur Streuung der Messungen

Tabelle 4.2: Varianzanalyse zur zufälligen Abweichung (Streuung)

Source	Sum Sq.	d.f.	Mean Sq.	F	Prob > F
Gradient	1,1223e-005	2	5,6113e-006	0,71308	0,49882
Integration	0,00014434	1	0,00014434	18,3419	0,00019606
Auflösung	0,0031801	2	0,00159	202,0601	0
Material	0,015528	7	0,0022183	281,8936	0
Gradient *Integration	4,6548e-006	2	2,3274e-006	0,29576	0,74626
Gradient *Auflösung	0,00073382	4	0,00018345	23,3132	1,4427e-008
Gradient *Material	0,00069005	14	4,9289e-005	6,2636	1,9854e-005
Integration *Auflösung	0,00026693	2	0,00013347	16,9607	1,4943e-005
Integration *Material	0,00036413	7	5,2019e-005	6,6105	0,00011734
Auflösung *Material	0,01486	14	0,0010614	134,8808	0
Gradient *Integration *Auflösung	3,1048e-005	4	7,762e-006	0,98639	0,43101
Gradient *Integration *Material	0,00013616	14	9,7257e-006	1,2359	0,30549
Gradient *Auflösung *Material	0,0026461	28	9,4503e-005	12,0094	1,9201e-009
Integration *Auflösung *Material	0,0010255	14	7,3251e-005	9,3087	3,8559e-007
Error	0,00022034	28	7,8691e-006		
Total	0,039842	143			

4.4.2 Bestimmung der Messunsicherheit

Die Ermittlung der Messunsicherheit mit der zugehörigen Prüfung, ob ein definiertes Verhältnis aus Unsicherheit und Toleranz eingehalten wird, wird als Eignungsnachweis bezeichnet (vgl. [29,38]). Vor der Messtechnikintegration ist es sinnvoll, die Messunsicherheit abzuschätzen, sodass ein nicht geeignetes Messsystem gar nicht erst integriert wird.

Messunsicherheit der optimalen Machine-Vision-Konfiguration

Die Studien zum modularen Machine-Vision-System aus den vorhergehenden Abschnitten lassen bereits eine Abschätzung der Messunsicherheit aus den ermittelten Ursachen-Wirkungs-Zusammenhängen zu. Für die gefundene optimale Konfiguration ist mit einer systematischen Abweichung von unter 0,01° und mit einer zufälligen Streuung von unter 0,2° zu rechnen. Für einen Vertrauensbereich von $1 - \alpha = 95\,\%$ wird ein Erweiterungsfaktor von $k_\text{p} = 2$ gewählt, sodass für die erweiterte Messunsicherheit U nach GUM [35] bei Vernachlässigung des systematischen Fehlers folgt:

$$U = 0^\circ \pm k_\text{p} \cdot 0{,}2^\circ = \pm 2 \cdot 0{,}2^\circ = \pm 0{,}4^\circ \tag{4.19}$$

Eine ausführlichere Herleitung der Messunsicherheit für das Machine-Vision-System auf Basis der statistischen Versuchsplanung und einer Vergleichsmessung nach GUM ist in [128] dargelegt.

Messunsicherheitsbestimmung mit einem Referenzkörper

Für Integrationslösungen, bei denen andere Materialien verwendet werden, wie z. B. Glasfasern oder einfach ein Kohlenstofffaserhalbzeug, das nicht Teil des untersuchten Spektrums war (s. Anhang A), ist ein Referenzbauteil zu erstellen, das ein „ideales Faserhalbzeug" mit einem definierten Koordinatensystem bereitstellt, sodass die Ergebnisse der Faserorientierungsmessung hinsichtlich der Messunsicherheit bewertet werden können. Für die Faserorientierungsmessung existiert kein rückgeführtes Referenzmesssystem, mit dem die Messungen des neu entworfenen Machine-Vision-Systems direkt verglichen werden können (s. Kap. 3). Da auch kein „ideales Faserhalbzeug" als kalibrierte Referenz am Markt verfügbar ist, ist dieses zu erstellen.

Abbildung 4.21 zeigt den entwickelten Referenzkörper und das Machine-Vision-System. Der Referenzkörper enthält CFK-Rovings, die – über ein Bohrbild geführt – parallel nebeneinander platziert sind, sodass sie im vorliegenden Beispiel eine Annäherung an die ideale Textur eines CFK-Geleges repräsentieren. In der gleichen Ebene befindet sich ein Kalibrier- und Referenzmuster (Schachbrettmuster), mit dem das Messergebnis des Machine-Vision-Systems in das Werkstückkoordinatensystem des Referenzkörpers transformiert werden kann.

Auch bei dem hier verwendeten Ansatz zur Bestimmung der Messunsicherheit der Faserorientierungsmessung wird eine Vergleichsmessung nach GUM durchgeführt [35]. Die

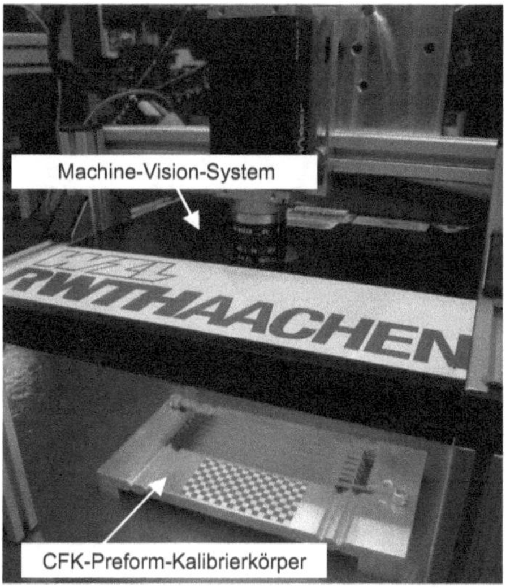

Abbildung 4.21: Bestimmung der Messunsicherheit durch Vergleichsmessungen

Modellierung vergleicht die Faserorientierungsmessung θ_{REF} eines Messmikroskops[23], das einen besseren Schätzer für die „wahre Faserorientierung" liefert, mit dem Machine-Vision-System. Abbildung 4.22(a) zeigt die zugehörige Modellierung als Blockschaltbild.

Die Faserorientierung der Referenzfasern wird dazu mithilfe des Messmikroskops ermittelt. Die mittlere Referenz-Faserorientierung beträgt 0,31° relativ zur X-Achse (Rotation um die Z-Achse bei mathematisch positiver Drehrichtung). Abbildung 4.22(b) markiert die im begrenzten Messbereich des Mikroskopes gemessenen Punkte. Die Punkte repräsentieren zum einen die Lage der X-Achse (grün) und zum anderen die mikroskopisch gemessenen Faserorientierungen (blau).

Abbildung 4.22(c) zeigt die Messung des Orientierungswinkels in Bildkoordinaten für eine an den Messbereich des Mikroskopes angenäherte Rasterung des Bildes. In einem letzten Schritt (d) wird der Orientierungswinkel mithilfe der extrinsischen Kameraparameter in die Ebene des Schachbrettmusters transformiert.

Die gemessene Faserorientierung durch das Machine-Vision-System beträgt im Mittel nach fünf Wiederholmessungen 1,65°. Da auch die Lage des Schachbrettmusters auf dem Referenzkörper mit dem Mikroskop gemessen wurde, ist bekannt, dass die Koordinatensysteme der Kamera und des Referenzkörpers (Schachbrettmusterkoordinaten) in der X-

[23]Für die Messung des Referenzkörpers für diese Arbeit wurde ein Universal Werkstatt Messmikroskop der Firma Leitz Meßtechnik GmbH, Wetzlar, verwendet, das laut aktuellem Kalibrierschein eine Messunsicherheit von 3,5 µm aufweist. Bei dem Messmikroskop handelt es sich damit um ein kalibriertes, rückgeführtes Messsystem mit geringerer Messunsicherheit als beim Machine-Vision-System.

Y-Ebene um $-1{,}31°$ im Referenzkoordinatensystem verdreht sind.

Für die Vergleichmessung ist die Transformation analog zu Gl. 4.18 auf die Projektionsebene beschränkt. Die vollständige Transformation erfolgt als Zentralprojektion für den dreidimensionalen Fall und wird typischerweise in homogenen Koordinaten beschrieben (vgl. [134]):

$$\delta\theta_{\mathrm{MVS}} = \theta_{\mathrm{REF}} - \theta_{\mathrm{MVS}} = 0{,}31° - (1{,}65° - 1{,}31°) = -0{,}03° \qquad (4.20)$$

Da wiederum die gefundene Abweichung im Bereich der Streuung des Messsystems liegt, bestätigt sich die Erkenntnis, dass das Machine-Vision-System keinen signifikanten systematischen Fehler in die Messung einbringt. Die Streuung der Wiederholmessungen ist mit 0,09° zudem sehr gering. Damit ergibt sich analog zu Gl. 4.19 die erweiterte Messunsicherheit zu:

$$U = \pm k_{\mathrm{p}} \cdot 0{,}09° = \pm 2 \cdot 0{,}09° = \pm 0{,}18° \qquad (4.21)$$

Eine hinreichend geringe Messunsicherheit bei der Messung der Faserorientierung als Merkmal der Anisotropie des Werkstoffes ist die Voraussetzung für die erfolgreiche Integration einer Messung in einen Fertigungsprozess. Der Eignungsnachweis des Prüfprozesses „Faserorientierung“ nach DIN EN ISO 10012-1 [38] kann daher nur für das System unter Berücksichtigung seiner Integration erbracht werden. Der Eignungsnachweis erfolgt nach der Integration des Machine-Vision-Systems für einen konkreten Prüfprozess zum Beispiel nach den Richtlinien MSA [102] und VDA 5 [150]. Hierzu sei auf die im folgenden Kapitel präsentierten Studien zur Machine-Vision-Integration in der Praxis verwiesen. Die für den Eignungsnachweis geforderten Berechnungen der Fähigkeiten der Machine-Vision-Messprozesse werden für jede Integrationslösung mit den Kennzahlen der Prüfprozessfähigkeit c_{g} und c_{gk} beschrieben [29]. Nur ein geeigneter Messprozess im Sinne der Prüfprozessfähigkeit liefert die für die Industrialisierung notwendigen validen Informationen über den Fertigungsprozess.

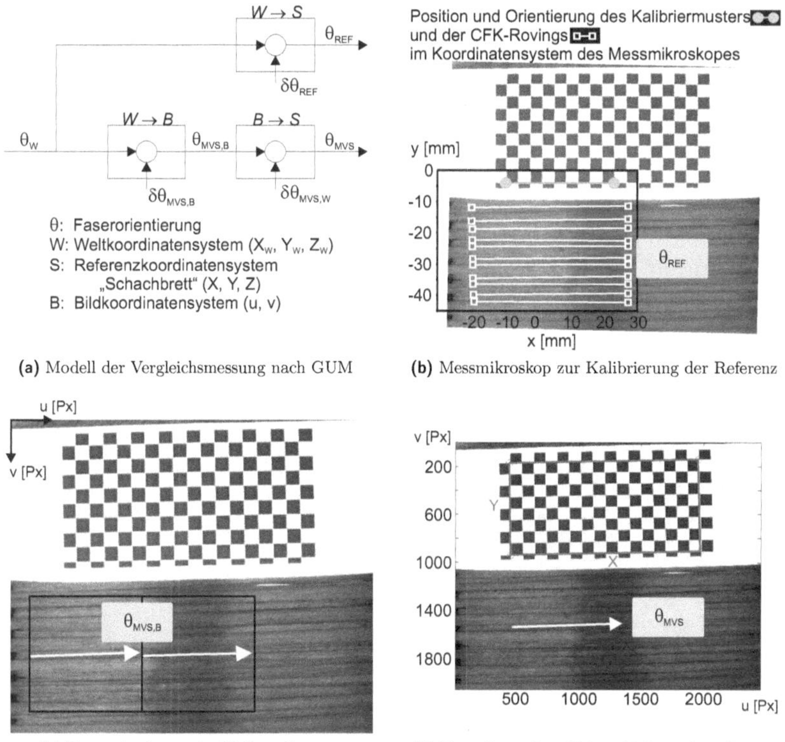

(a) Modell der Vergleichsmessung nach GUM

(b) Messmikroskop zur Kalibrierung der Referenz

(c) Faserorientierung in Bildkoordinaten

(d) Transformation Bild- zu Referenzkoordinaten

Abbildung 4.22: Vergleichsmessung zur Bestimmung der Faserorientierung

4.5 Zwischenfazit zur technischen Machine-Vision-Gestaltung

Mit dem vorliegenden Kapitel steht die Messtechnik als konfigurierbares Machine-Vision-System bereit, welche für den fertigungsintegrierten Einsatz benötigt wird, um in den frühen Fertigungsschritten der Faserverbundproduktion Aussagen zur Prozessfähigkeit tätigen zu können. Mit dem Fokus auf der Faserorientierung als das zentrale Qualitätsmerkmal beziehen sich die Aussagen zur Prozessfähigkeit auf Merkmale, die aus der Analyse der Anisotropie des Werkstoffes auf Basis der Faserorientierung abgeleitet werden können.

Aufbauend auf den Anforderungen an die benötigte fertigungsintegrierte Messtechnik wurde ein Machine-Vision-System konzipiert (Abschn. 4.1) und damit ein weiterer Teil der Forschungsfrage beantwortet (hier: „Welche konstitutiven Bestandteile bilden die Grundlage des Machine-Vision-Systems?“, s. Abschn. 1.2).

Mit der Ausdetaillierung des Konzeptes wurde das Machine-Vision-System mit einem neuen modellbasierten Algorithmus zur Messung der Faserorientierung versehen. Durch einen statistischen Versuch konnten die Ursachen-Wirkungs-Zusammenhänge zur Messunsicherheit des Systems bestimmt werden. Dies führte zu einer ersten Abschätzung der Messunsicherheit, sodass eine hinsichtlich der Messunsicherheit optimale Machine-Vision-Systemkonfiguration gefunden wurde. Die abschließende Untersuchung und Bestimmung der Messunsicherheit wurde mittels eines neuen Ansatzes zur Vergleichsmessung, basierend auf dem GUM [35], durchgeführt. Nicht zuletzt durch die erklärenden Elemente der gefundenen Ursachen-Wirkungs-Zusammenhänge konnte in diesem Kapitel somit die Teilforschungsfrage dieser Arbeit („Wie stellt sich das konkrete Aussehen des Machine-Vision-Systems dar?“) umfassend beantwortet werden.

Das Machine-Vision-Messsystem steht nun als Werkzeug bereit, um auf dem Weg zu einer Industrialisierungstheorie der Faserverbundproduktion der nächsten Teilforschungsfrage nachzugehen und zu fragen: „Kann der Einsatz des Machine-Vision-Systems in Qualitätsregelkreisen der Praxis die Prozessfähigkeit bzgl. der entscheidenden Prozessparameter sicher messen und über die Rückkoppelung in Qualitätsregelkreisen verbessern?“.

Der methodische Zugang zur Beantwortung dieser Frage erfolgt im nächsten Kapitel mit der Integration des Machine-Vision-Messsystems in ausgewählte Fertigungsschritte in den frühen Phasen der Faserverbundproduktion.

5 Fallstudien zur Machine-Vision-Integration

Nachdem mit dem Machine-Vision-System eine geeignete[1] Messtechnik bereitsteht, werden im Folgenden Fälle analysiert, bei denen diese Messtechnik zur Bestimmung der Prozessfähigkeit hinsichtlich des kritischen Merkmals der Faserorientierung integriert wurde. Nur durch die Quantifizierung der Prozessfähigkeit können Verbesserungen und damit der Erfolg industrialisierender Maßnahmen gemessen werden. Im Zusammenhang mit dem dieser Arbeit zugrunde liegenden explorativen Forschungsansatz strebt die Fallstudienanalyse gleichzeitig mit den Untersuchungen der Prozessfähigkeiten einen Erkenntnisgewinn an, wie diese zu verbessern wären.

5.1 Auswahl der Fallbeispiele

Die Methode zur Auswahl der Fallbeispiele für diese Arbeit ist eng mit der strategischen Ausrichtung des Lehrstuhls für Fertigungsmesstechnik und Qualitätsmanagement am Werkzeugmaschinenlabor WZL der RWTH Aachen verknüpft. Der Lehrstuhl für Fertigungsmesstechnik und Qualitätsmanagement des WZL beschäftigt sich dabei zentral mit der Fragestellung der Industrialisierung von Produktionsprozessen. Das der strategischen Ausrichtung zugrunde liegende Modell ist das Aachener Qualitätsmanagement Modell (vgl. [132], S. 123), das einen Ordnungsrahmen für die Gestaltung und Übertragung des unternehmerischen Qualitätsverständnisses und der geschilderten Stellhebel (s. Abschn. 1.4) auf die zur Leistungserstellung notwendigen Prozesse liefert.

Als Basis für alle nachfolgenden Schritte kommt der Auswahl der untersuchten Fälle bei dem gewählten explorativen Forschungsansatz eine zentrale Rolle zu. Die konkrete Auswahl ist nicht zufällig zu treffen, sondern sollte möglichst breit gestreut werden. Die ausgewählten Fälle sollten wertvoll für die Entwicklung der Theorie sein (vgl. [44], S. 533). Der insgesamt qualitative Forschungsansatz wird durch die in den Fallstudien erhobenen Daten durch quantitative Elemente gestützt. Die Auswahl der Fälle selbst wurde mithilfe einer umfassenden Literaturanalyse und zahlreichen Expertengesprächen auf Konferenzen und Fachmessen vorgenommen, auf deren Basis Forschungsanträge platziert wurden.[2]

Für die folgenden Fallstudien werden deshalb Prozesse in den frühen Phasen der Faserverbundproduktion gewählt, bei denen es gilt, die manuellen Schritte hinsichtlich des Erreichens reproduzierbarer Qualitäten im Sinne der Prozessfähigkeit zu verbessern und

[1]Geeignet im Sinne der Prüfmittelfähigkeit. Der norm- bzw. richtlinienkonforme Eignungsnachweis des jeweiligen Prüfprozesses ist unter den industriellen Randbedingungen des Einsatzes zu erbringen.

[2]Theoretisch sollte das Hinzufügen weiterer Fallstudien gestoppt werden, wenn der inkrementelle Lernfortschritt eine Sättigung erreicht. Pragmatisch gesehen grenzen Geld und Zeit den Umfang der Fallstudien ein und zwingen den Forscher zur Planung der Fallstudien im Voraus (vgl. [44], S. 545).

für eine Automatisierung zu qualifizieren. Die Auswahl wird darüber hinaus auf Verfahren eingeschränkt, die auf eine in Zukunft roboterbasierte Fertigung setzen. Der Ersatz von schweren, langsamen Portalanlagen durch kooperierend arbeitende Roboter zielt in diesem Zusammenhang auf die Erhöhung der Produktivität und Wandlungsfähigkeit im Faserverbundleichtbau. Die Verschiebung des Produktionsfokus vom handwerklichen in den industriellen Bereich geht einher mit dem Anspruch, die Faserverbundtechnologie, insbesondere für Strukturbauteile aus CFK, von den begrenzten Anwendungen in der Luftfahrt für einen größeren Markt wie den des Automobils für eine Massenfertigung zu qualifizieren.

Daher wird auch die Fallstudienauswahl derart fokussiert, dass nur solche Prozesse untersucht werden, deren Eignung für die Anwendung in der (Groß-)Serie aus der jetzigen Sicht wenigstens theoretisch infrage kommt. Die Beschränkung erfolgt allerdings auch auf Primärstrukturen mit hohen Toleranzanforderungen hinsichtlich der Faserorientierung.[3]

Gegenstand der Untersuchungen sind damit Verfahren zur Herstellung endlosfaserverstärkter Bauteile. Aufgrund dieser Fokussierung und den Analyseergebnissen aus Kap. 2 wird das textile Preforming in den Vordergrund der Untersuchung gerückt. Es wurde ausführlich diskutiert, was eine industrialisierte Produktion kennzeichnet und wie der Industrialisierungserfolg für die Realisierung des vollen Leichtbaupotenzials über die Kennwerte der Prozessfähigkeit gemessen werden kann. Die Prozessfähigkeit der Faserorientierung wurde dabei als zentraler Erfolgsindikator identifiziert. Neben den beschriebenen (Kosten-)Vorteilen gegenüber der Ablage von Prepreg lassen sich hier die Prozesse hoher Fertigungstiefe in automatisierbare Fertigungsketten abbilden, sodass fähige Automatisierungslösungen gefunden werden können, die die manuellen Schritte ablösen.

Die Fallbeispiele entstammen den überwiegend öffentlich geförderten Forschungsprojekten „FALCON – Fiber Automatic Live Control“ [151], „3DFaserForm – Integrierte 3D-Geometrie- und -Texturmessung für die Faserverbundproduktion“ [129], „AutoPreforms – Wirtschaftliche Herstellung von Faserverbundbauteilen mit Hilfe automatisiert hergestellter textiler Preforms“ [61] und „AutoBraid – Wirtschaftliche Serienfertigung textiler Preforms durch Umflechtverfahren mittels automatisiertem Handling und online Qualitätsüberwachung“ [95] sowie bilateralen Projekten mit Industrieunternehmen und Forschungseinrichtungen. Die Fertigungsanlagen für CFK-Preforms wurden in diesen Projekten mit den anforderungsgerecht konfigurierten Machine-Vision-Systemen ausgerüstet und in Pilotprojekten in Betrieb genommen. Die Fertigungsintegration der Machine-Vision-Systeme wurde von einem Expertenteam unter Führung des Autors vor Ort bei den teilnehmenden Firmen und Forschungsinstituten durchgeführt. Entsprechend dem Forschungsansatz wurde parallel mit der Analyse der Fälle begonnen und die gewonnenen Erkenntnisse diskutiert und aufgearbeitet.

Im Forschungsprojekt „FALCON“ wurde ein Inline-Prüfsystem zur automatisierten Konfektion faserverstärkter Kunststoffstrukturen aufgebaut. Eine abschließende Pilotphase bei der CTC GmbH (Airbus, Stade) zeigt die Übertragbarkeit der Machine-Vision-Integration auf die Fertigung eines komplex gekrümmten Bauteils am Beispiel eines Flugzeugrumpfspantes, der hohe Anforderungen an die Drapierung des Fasermaterials stellt. Die Drapierung konnte bisher noch nicht prozessfähig umgesetzt werden. Der „textile Spant“ mit

[3] Für „Sichtcarbon“ sind die mechanischen Anforderungen an Steifigkeit und Festigkeit der Bauteile natürlich geringer. Ein konsequenter Strukturleichtbau wird dabei aber nicht vorangebracht.

veränderlichem Querschnitt ist ein hervorragendes Beispiel für ein komplexes Bauteil, wie es auch für die Automobilindustrie interessant wäre. Die Möglichkeiten zur Industrialisierung dieser ersten prototypischen Ablageversuche, die Gegenstand dieser Arbeit sind, werden hinsichtlich ihres Automatisierungspotenzials untersucht.

In Zusammenarbeit mit dem Institut für Textiltechnik (ITA) der RWTH Aachen werden aktuell Greifsysteme für biegeschlaffe Textilzuschnitte bei der Handhabung und Drapierung von Multiaxialgelegen qualifiziert, indem die Prozessfähigkeit bei der Einlage in ein RTM-Formwerkzeug untersucht und durch zustandsbasiertes Messen und Regeln verbessert wird. Die Arbeiten bauen auf dem gemeinsamen Verbundforschungsprojekt „AutoPreforms" auf.

Im Forschungsprojekt „AutoBraid" wird versucht, das hohe Automatisierungspotenzial des Umflechtens für die CFK-Serienfertigung zu realisieren. Die Machine-Vision-Integration zielt hier auf eine Regelung des Flechtprozesses.

Insgesamt wurden für diese Arbeit somit drei Preformingprozesse detailliert analysiert. Ergänzend wurde eine Studie zur Messtechnikintegration beim Tapelegen von Prepregmaterial durchgeführt. Im bilateralen Projekt „Sensorintegration Tape Layer" mit der Firma MAG Europe GmbH wurde dazu ein Machine-Vision-System in einen Legekopf integriert, sodass die Möglichkeiten einer Online-Prozessüberwachung und -regelung beim automatischen Tapelegen untersucht werden konnten.

Die Integrationen der Machine-Vision-Systeme werden als Fallbeispiele im Folgenden entsprechend strukturiert und ausführlich beschrieben. Tabelle 5.1 gibt einen Überblick über die Fallstudien und ihre Auswahlkriterien.

Tabelle 5.1: Ausgewählte Fallstudien

Fallstudie (Prozess)	**Auswahlkriterium**	**Machine-Vision-Integration**
Drapieren (Umformen)	komplexe Drapierung, hoher Automatisierungsbedarf	inline
Handhaben (Greifen, Ablage)	einfach gekrümmte Drapierung, hohes Automatisierungspotenzial	inline u. in-Prozess
Flechten	komplexe Drapierung, hohes Automatisierungspotenzial	inline u. in-Prozess
Tapelegen/Fiber-Placement	einfach gekrümmte Drapierung, aktuell höchster Automatisierungsgrad	inline u. in-Prozess

Die Aktionen innerhalb der Fallstudien zielen auf eine Integration der konzipierten Machine-Vision-Systeme, um die Kenntnisse über die Prozessfähigkeiten zu erlangen.

5.2 Komplexe Drapierung von CFK-Halbzeugen

5.2.1 Ausgangssituation

Der Flugzeugtyp Airbus A350 XWB besitzt mit ca. 53 % des Strukturgewichtes einen hohen Anteil an kohlenstofffaserverstärkten Kunststoffen. Die CFK-Rumpfstruktur wird neben den Versteifungen in Längsrichtung („Stringer") in Umfangsrichtung durch sogenannte „Spante" verstärkt.

Bei der Entwicklung der CFK-Spante für den A350 wurden verschiedene Bauweisen und Fertigungsverfahren erprobt. Für dieses Fallbeispiel wurde eine textile Spantfertigung am Composite Technology Center (CTC) in Stade gewählt. Es handelt sich um ein komplexes Bauteil, das mit geplanten Stückzahlen von ca. 40.000 Spanten pro Jahr unter wirtschaftlichen Gesichtspunkten nur automatisiert herzustellen ist. Der Automatisierungsdruck und die hohen Stückzahlen nähern sich hier den Anforderungen der Automobilindustrie. Zum Aufbau der automatischen Spantproduktion wird in einem ersten Schritt das Industrialisierungspotenzial des Prozesses anhand einer manuellen Prozessführung getestet. Hierbei werden die besonderen Herausforderungen – insbesondere beim textilen Preforming – deutlich, die bei der Ablage bzw. der materialumformenden Drapierung von CFK-Halbzeugen auf komplexen Formgeometrien entstehen.

Für eine Pilotanwendung einer Spantfertigung mit Messtechnikeinsatz hat die CTC GmbH im Rahmen des Forschungsprojektes „FALCON – Fiber Automatic Live Control" [151] eine Fertigungszelle und Fasermaterial für die Fertigung von Demonstrator-Spanten zur Verfügung gestellt. Insbesondere von den Mitarbeitern der Fertigung und Entwicklung wurden die Untersuchungen unterstützt.

Ausgangspunkt der Fallstudien war die Erwartungshaltung, dass die Drapierung biegeschlaffer, textiler Faserhalbzeuge in komplexe Formgeometrien nur mit geringer Reproduzierbarkeit möglich ist.

Die untersuchten Teilschritte des textilen Preformings bestehen aus einer weitgehend manuellen Halbzeugablage. Aktuell entstehen erste Prototypen, die die manuelle Ablage automatisiert abbilden sollen. Die Prozessfähigkeit ist bei den untersuchten Abläufen aufgrund der starken Prozessstreuung nicht gegeben, was eine hohe Nacharbeits- und Ausschussquote verursacht. Da die vorhandene Messtechnik lediglich die fertigen Bauteile sinnvoll prüfen kann, werden viele Fehler erst bei der Endkontrolle erkannt und verursachen dementsprechend hohe Fehlleistungen. Es werden weiterhin Ressourcen durch das Bauteil belegt, ohne einen wirtschaftlichen Nutzen daraus ziehen zu können. Ausschussteile, die nicht erkannt und weitergegeben werden, beanspruchen natürlich die Anlagenkapazität im Folgeschritt, was zusätzlich die Fertigungskosten im Sinne einer Blindleistung erhöht. Da die Qualität der umgeformten Decklagen während der Fertigung wegen zurzeit noch fehlender Messtechnik nur unzureichend aufgenommen wird und somit keine Beurteilung möglich ist, werden viele Potenziale zur Verbesserung der Fertigungsprozesse nicht ausgeschöpft.

Die Spante werden erst am Ende der Fertigung hinsichtlich ihrer Geometrie mittels Lasertrackern, Laserscannern und Photogrammetriesystemen gemessen. Festgestellt wird zumeist ein Einfallen der Schenkel (lokale „Spring-in"-Effekte) sowie ein systematisch verringerter Spantradius (globale „Spring-in"-Effekte) bei den Stegen. Erste Untersuchungen des DLR [157, 158] schließen u. a. darauf, dass der Verzug neben thermischen und chemischen

Einflüssen auch auf Unsymmetrien und Inhomogenitäten beim Laminat- bzw. Preformaufbau zurückzuführen sein könnte. Aktuell wird sowohl am CTC in Stade als auch am DLR in Braunschweig an prozessfähigen Automatisierungslösungen gearbeitet.

Bei der im Anschluss an den Aushärtevorgang vorgenommenen Endprüfung wird davon ausgegangen, dass Fehler immer an der Oberfläche sichtbar werden oder (zum Beispiel durch Ultraschallverfahren) detektiert werden können. Wie sich die Verformung der Halbzeuge darstellt oder ob es im Inneren zwischen den Lagen Falten oder Welligkeiten gibt, kann mit diesem Ansatz nicht festgestellt werden. Auch lassen sich keine objektiven Messwerte erfassen, welche eine Charakterisierung und Einordnung möglicher Fehler erleichtern könnten. Bei späteren Bauteiltests wird so mit einer unbekannten Qualität der Bauteile getestet, was die Interpretation der Ergebnisse erschwert und somit zu hohen Sicherheitszuschlägen führt. Dies beeinflusst die Bauteilauslegung und führt zu einer Überdimensionierung, die den Prinzipien eines konsequenten Leichtbaus direkt widerspricht. Eine Bestimmung der erreichten Bauteilqualität und der Aufbau einer Wissensbasis mit Werten, die physikalisch möglich und auch zu fertigen sind, ermöglicht einen großen Fortschritt für die Herstellung von Faserverbundkunststoffen.

Der in dieser Fallstudie betrachtete Prozess basiert auf dem generativen Aufbau der textilen Verstärkungsstruktur (Preform) eines CFK-Spantes. Die finale Preformstruktur besteht aus drei Subpreforms (zwei S-Preforms und ein U-Preform) mit jeweils mehreren Lagen, welche auf einem mehrteiligen Werkzeug drapiert und mittels eines thermoplastischen Binders in ihrer umgeformten Position fixiert werden. Nach dem Drapieren wird das Werkzeug zur Vorbereitung des folgenden RTM-Prozesses geschlossen und damit die Bauteilgeometrie festgelegt. Abbildung 5.1 zeigt die Prozesskette vom textilen Zuschnitt der Halbzeuge bis hin zum fertigen Preform.

Die Fertigung des Spantes ist durch Arbeits- und Prüfpläne festgelegt. Sie besteht aus mehreren Schritten, an deren Ende der ausgehärtete Spant als Ergebnis steht, welcher dann in weiteren Prozessschritten spanend nachbearbeitet und montiert wird. Die einzelnen Schritte zur Herstellung der (Sub-)Preforms sind die folgenden, wobei am Anfang der Zuschnitt der einzelnen Lagen und am Ende das Zuschneiden der kompletten Preform steht:[4]

1. Lagenverbund von UD- und Biaxial-Gelegen herstellen
2. Lagenverbund auf Werkzeug drapieren und Einspannen
3. Binder schmelzen
4. nächste Lage fertigen

Insgesamt wurden bei der Herstellung der Versuchsbauteile zehn Schichten übereinander drapiert. Es kamen 6 Biaxial-Gelege (Typ Saertex V98490, s. Anhang A: C-L-S-03) und 4 UD-Tapes (Typ Saertex V98490) zum Einsatz. Entscheidend für die Bauteilqualität ist die Halbzeug-Ablage und die damit einhergehende Drapierung bei der Herstellung der Subpreforms. Eine Korrektur ist nach diesem Prozessschritt nicht mehr möglich, da die Fixierung

[4]Dem Lagenaufbau liegt ein komplexer Arbeits- und Prüfplan zugrunde, der ohne Beschränkung der Allgemeinheit hier nur verkürzt wiedergegeben werden kann.

mittels des aufgeschmolzenen Binders kein Verschieben der Halbzeuge mehr erlaubt. Da die dem Preforming nachfolgende Aushärtung durch teure Anlagentechnik einen Großteil der Bauteilkosten verursacht, müssen für eine wirtschaftliche Fertigung der Spante die beim Preforming entstehenden Fehler auch an dieser Stelle erkannt werden.

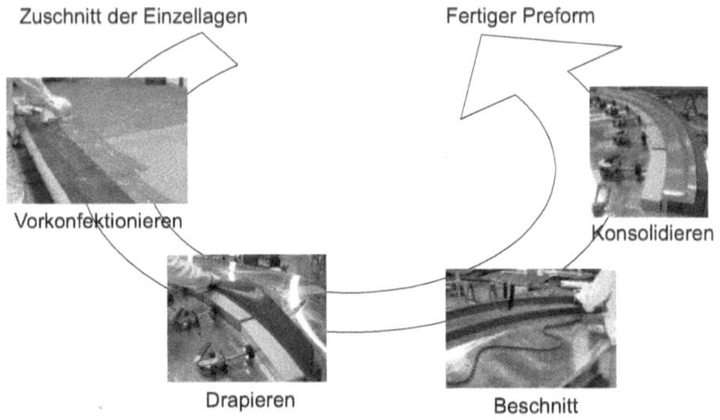

Abbildung 5.1: Fertigungsablauf zum Aufbau eines CFK-Spantes (Grafik: CTC GmbH)

5.2.2 Zielsetzung

Aufgrund des Defizits, dass bei der Endprüfung komplexer CFK-Bauteile starke Schwankungen bei der Bauteilqualität festgestellt werden (z. B. durch Ultraschalluntersuchungen) und dies zu hohen Kosten durch Nacharbeit und verringerte Anlagenkapazitäten führt, soll die Fertigung in den frühen Phasen (textiles Preforming) auf ihre Prozessfähigkeit hin untersucht werden. Ziel dieser Fallstudie ist es daher, durch den Einsatz von fertigungsintegrierter Messtechnik einen Prozess zur Halbzeugablage und -drapierung von Prefoms anhand der Messung der oberen Decklage zu untersuchen. Durch abzuleitende Verbesserungsmaßnahmen kann so eine dauerhafte Sicherstellung der Prozessfähigkeit erreicht und damit eine für diesen Prozess dringend benötigte Automatisierungslösung erfolgreich umgesetzt werden. Textile Spante wurden im Forschungsprojekt FALCON [151] als Werkstücke mit hohem Interesse an einer wirtschaftlichen Fertigung sowohl für die Luftfahrt- als auch für die Automobilindustrie identifiziert und als Beispielbauteil für diese Fallstudie herangezogen.

Für das vorliegende Beispiel wird ein Spant als Demonstrator-Bauteil während seines schichtweisen Aufbaus untersucht. Dabei wird die Prozessfähigkeit der Halbzeug-Drapierung für das Merkmal Faserorientierung als Haupteinflussfaktor für die Steifigkeit und Festigkeit dieses Strukturbauteils gemessen. Darüber hinaus werden geometrische Merkmale des Preforms während seines generativen Aufbaus gemessen, da die Einhaltung der spezifizierten Preformgeometrie essenziell für das Gelingen der nachfolgenden Fertigungsschritte ist.

Bei der Ablage bzw. Drapierung der textilen Halbzeuge sind folgende Toleranzen einzuhalten:

- Faserorientierung $T_\theta = \pm 5°$
- Geometrie, Form und Lage $T_G = 1\ mm$ (Eckenwinkel, Lagendicke, Halbzeuganzahl, Eckenradius, Bogenzentrum, Zuschnittbreite)

5.2.3 Aktion: Machine-Vision-Integration

Das Machine-Vision-System wurde als Endeffektor („Messkopf") für die robotergestützte Anwendung in einer Preform-Fertigungszelle konzipiert und umgesetzt (Abb. 5.2). Das Machine-Vision-System besteht neben dem „Kamera-Modul" zur Messung der In-Plane-Effekte (hier: Faserorientierung) aus einem Laserlichtschnittsensor zur Messung geometrischer Parameter. Die Konfiguration des Systems erfolgt nach den Untersuchungsergebnissen aus Kap. 4.

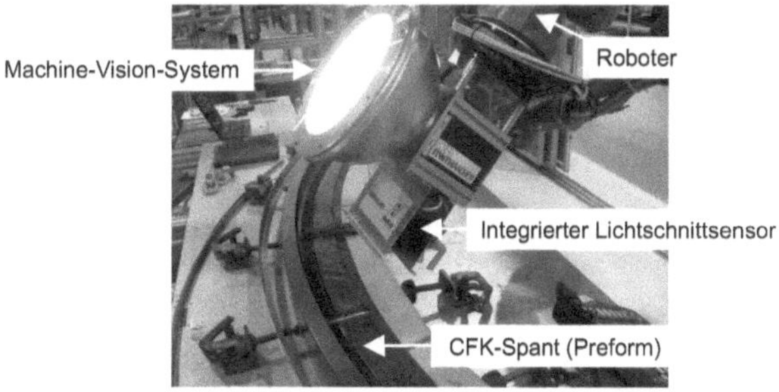

Abbildung 5.2: Machine-Vision-Integration in die Spantfertigung bei der CTC GmbH

Die Fertigungszelle besteht aus einem KR125-Roboter der Firma KUKA, welcher in hängender Position an einer Lineareinheit (KL1500) angebracht ist. Der Arbeitsraum beträgt 12 Quadratmeter. Der Roboter wird als Handhabungssystem für den Prüfkopf verwendet und wurde für die Einhaltung der geforderten Toleranzen hinsichtlich seiner Positionsgenauigkeit nach DIN EN ISO 9283 untersucht [34]. Tabelle 5.2 zeigt die Ergebnisse der Untersuchung. Sie zeigen, dass die Absolutgenauigkeit des Roboters nicht für eine unüberwachte automatische Sensorführung geeignet ist. Die lokalen Messungen können jedoch nur für den Ist-Soll-Vergleich herangezogen werden, wenn ihre Registrierung unabhängig von der Roboterposition in einem globalen Koordinatensystem erfolgt, z. B. dem Werkstückkoordinatensystem.

Zur fertigungsintegrierten Prüfung scannt das Machine-Vision-System jede drapierte Lage hinsichtlich der Geometrie mit dem Laserlichtschnittsensor und danach mit der Kamera, sodass die Faserorientierung der Decklage gemessen werden kann. Abbildung 5.3 zeigt einen Ausschnitt aus dem Bildaufnahmezyklus in der Aufsicht entlang des Spant-Preforms.

Tabelle 5.2: Positionsgenauigkeit des Robotersystems

Positionsgenauigkeit	Roboter	Linearachse
Absolutgenauigkeit	1097,1 µm	233,4 µm
Wiederholgenauigkeit	70,1 µm	26,1 µm

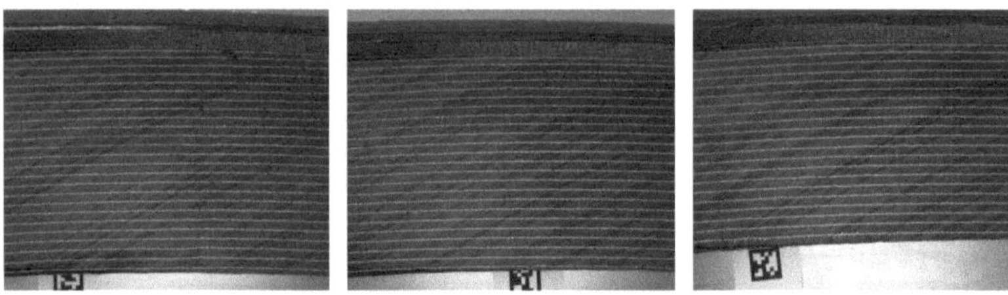

Abbildung 5.3: Prüfbilder der Sektionen 13, 14 und 16 einer Spant-Decklage

Da die Bahngenauigkeit in der Größenordnung der Absolutgenauigkeit des Roboters liegt, müssen die Abweichungen der Lasermessungen kompensiert werden. Dazu wird die Werkzeugform noch vor der Ablage der ersten Halbzeuge gemessen. Mit den Ergebnissen erfolgt eine absolute Kalibrierung des Roboters für den Messbereich, die die Werkzeugform als Kalibrierkörper nutzt. Die weiteren Ausführungen in diesem Abschnitt beschränken sich auf die Faserorientierungsmessung. Zur weiteren Ausdetaillierung der Geometriemessung sei auf [126, 133] verwiesen.

Zur globalen Referenzierung der lokalen Faserorientierungsmessungen werden Marker[5] verwendet, die auf die Werkzeugform aufgeklebt werden. Die Marker definieren jeweils eine Pose im Raum. Wird anhand der Marker die Lage des Formwerkzeuges eingemessen, können die lokalen Messergebnisse zu den auf dem Werkzeug abgelegten Faserhalbzeugen im Koordinatensystem des Werkzeuges angegeben werden. Die lokalen Messungen sind damit unabhängig von der Roboterposition, und der Ist-Soll-Abgleich des entstehenden Bauteils mit den CAD-Daten wird ermöglicht.

Vor der Untersuchung der Prozessfähigkeit ist zu klären, ob das Machine-Vision-System in der gewählten Konfiguration auch nach der Fertigungsintegration als Endeffektor eines Roboters hinreichend genau messen kann. Hierzu wurde für den Prüfprozess „Messung der Faserorientierung" eine erweiterte Messunsicherheit von $U = 0{,}5°(k_\mathrm{p} = 2)$ ermittelt. Die umfassende Beschreibung dieses Eignungsnachweises ist, wie die Machine-Vision-Integration selbst, in SCHMITT ET AL. dargelegt [134].

[5]Als Marker zur Posebestimmung wurde das „ARToolKit" der Firma „ARToolworks" [152] verwendet (s. Abb. 4.1, S. 61, „Morphologie zum Aufbau des Machine-Vision-Systems").

Zur Untersuchung der Prozessfähigkeit wurden bei dieser Fallstudie die Decklagen des Demonstrator-Spantes hinsichtlich der realisierten Faserorientierung gemessen, um den Aufbau der Struktur fertigungsintegriert abzusichern. Es handelt sich daher um eine Inline-Messung, die alle Decklagen im Fertigungstakt ihrer schichtweisen Ablage betrachtet.

Dieser Einsatz dient aktuell einem Lernen über den komplexen Prozess der Drapierung, um Aussagen über die Automatisierbarkeit des Verfahrens treffen zu können. Eine fertigungsintegrierte Aufnahme der Prozessparameter ist in den aktuellen Arbeits- und Prüfplänen nicht vorgesehen und wird vom Werker durch eine qualitative Sichtprüfung ersetzt. Nach der Injektion im RTM-Verfahren wird der Spant wiederum einer Sichtkontrolle unterzogen. Die hier geprüften Fehlermerkmale können teilweise schon während des Preformaufbaus durch das Machine-Vision-System auf Basis der Geometrie- und Faserorientierungsmessung erkannt werden.[6]

Entspricht das Bauteil bei der Endprüfung nicht dem Arbeits- und Prüfplan, wird es verschrottet. Falls eine Nacharbeit möglich erscheint, wird es bis zu einer abschließenden Bewertung durch einen Berechtigten gesperrt. Die Ergebnisse der Untersuchungen zur Prozessfähigkeit sind im folgenden Abschnitt zusammengefasst.

5.2.4 Ergebnisse

Abbildung 5.4 zeigt beispielhaft eine farblich codierte Darstellung der Messergebnisse als Qualitätslandkarte. Für alle Schichten liegt die obere Toleranzgrenze OT jeweils 5° über dem Nennmaß. Die untere Toleranzgrenze UT liegt 5° darunter.

Die Streuung der Faserorientierung σ beträgt für dieses Beispiel 3,06°. Sie weicht im Mittel um $\mu = -2{,}35°$ von der spezifizierten Faserorientierung ab. Für die Prozessfähigkeit ergeben sich damit die folgenden Werte:

$$c_\mathrm{p} = \frac{OT - UT}{6\sigma} = \frac{10°}{6 \cdot 3{,}06°} = 0{,}545 \tag{5.1}$$

$$c_\mathrm{pk} = \min\left(\frac{|OT - \mu|\,;\,|UT - \mu|}{3\sigma}\right) = \frac{-2{,}35° - (-5°)}{3 \cdot 3{,}06°} = \frac{2{,}65°}{3 \cdot 3{,}06°} = 0{,}29 \tag{5.2}$$

Auf der Radiusinnenseite ist die Faserorientierung entsprechend der Vorgabe eingehalten. Die Abweichung der Faserorientierung von der Spezifikation ist kleiner als 5°. Allerdings wird ein Abfall der Orientierung mit zunehmendem Radius deutlich. Am äußeren Radius liegt die Orientierung außerhalb der Vorgaben. Der Prozess ist mit einer mittleren Orientierung von 27,4° nicht zentriert, die Spezifikation sieht hier 30° vor. Der systematische Abfall der Orientierung über den Verlauf des Radius wurde zu 5,98°/100 mm bestimmt. Bei dem 72 mm breiten Bauteil fällt der Faserorientierungswinkel damit um 4,3° ab. Werden diese Abweichungen als Rechteckverteilung angenommen, ergibt sich eine Standardunsicherheit

[6] Beispiele, die mit hoher Wahrscheinlichkeit auf Fehler beim Preforming zurückzuführen sind: Entformungsschäden, nicht geschlossene Harzoberflächen, drucklose Bereiche, abnormale Farbänderungen am Faserverbundbauteil (Rückschluss auf innere Fehler), Faltenfreiheit am ausgehärteten Laminat, Vertiefungen in der äußeren Gewebelage, klebrige nicht ausgehärtete Bereiche, Oberflächendelamination, Ondulationen, Welligkeiten etc.

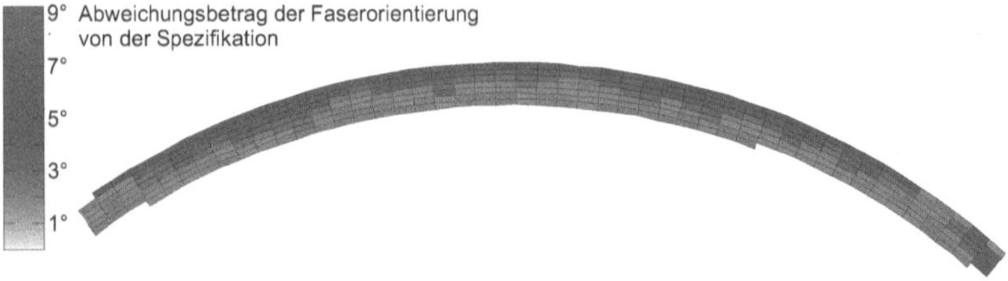

Abbildung 5.4: Qualitätslandkarte der Faserorientierungsmessung einer Spant-Decklage

und damit auch eine maximal erreichbare Prozessfähigkeit bei Nichtbeachtung aller anderen Einflüsse allein durch den Abfall der Faserorientierung. Die Prozessstreuung σ_{sys} ergibt sich für die Rechteckverteilung zu:

$$\sigma_{\text{sys}} = \frac{a}{\sqrt{3}} = \frac{4{,}3^\circ}{\sqrt{3}} = 2{,}48^\circ \tag{5.3}$$

Aufgrund der systematisch bedingten Streuung σ_{sys} und den zugehörigen Spezifikationsgrenzen ergeben sich die potenzielle Prozessfähigkeit $c_{\text{p,sys}}$ und die tatsächliche Prozessfähigkeit $c_{\text{pk,sys}}$ zu:

$$c_{\text{p,sys}} = \frac{OT - UT}{6\sigma_{\text{sys}}} = \frac{10^\circ}{6 \cdot 2{,}48^\circ} = 0{,}67 \tag{5.4}$$

$$c_{\text{pk,sys}} = \min\left(\frac{|OT - \mu|\,;|UT - \mu|}{3\sigma_{\text{sys}}}\right) = \frac{27{,}4^\circ - 25^\circ}{3 \cdot 2{,}48^\circ} = \frac{2{,}4^\circ}{3 \cdot 2{,}48^\circ} = 0{,}32 \tag{5.5}$$

Es wird deutlich, dass der Fertigungsprozess des Spant-Preforms allein aufgrund des systematischen Abfalls der Faserorientierung nicht fähig[7] ist, wobei die zufälligen Einflüsse noch gar nicht berücksichtigt sind[8]. Die Abweichung der Faserorientierung lässt sich bei einer visuellen Kontrolle ohne Vorwissen über die Abweichung nur unzureichend quantifizieren.

Würde die systematische Abweichung im Sinne einer gegebenen physikalischen Randbedingung bei der Konstruktion in der Spezifikation des Spantes berücksichtigt werden, wäre eine Steigerung der potenziellen Prozessfähigkeit direkt möglich (Gl. 5.6).

[7] im Sinne der Prozessfähigkeit

[8] Neben der eigentlichen Prozessführung existieren noch weitere systematische Störeinflüsse: Im vorliegenden Beispiel ist in Abb. 5.4 auf der rechten Seite zu sehen, dass am Bauteilende höhere Werte für den Abweichungsbetrag der Faserorientierung vorliegen. Diese sind auf den manuellen Fertigungsprozess zurückzuführen, weil in diesem Fall der Zuschnitt der Halbzeuge nicht stimmte. Es war zu wenig Material am Ende des Bauteils vorhanden. Um den Spant trotzdem fertigen zu können, wurde das Material am Bauteilende an die Kante gezogen und dort fixiert.

$$c_{\mathrm{p}} = \frac{10^\circ}{6 \cdot \sqrt{(3{,}06^\circ)^2 - (2{,}48^\circ)^2}} = \frac{10^\circ}{6 \cdot 1{,}79^\circ} = 0{,}931 \tag{5.6}$$

Als Datenbasis der Versuchsauswertung wurden zehn Spant-Preforms erstellt. Bei den zugehörigen Drapierversuchen konnte bereits ein Lerneffekt auf Basis der Messungen erzielt werden, mit der Folge, dass die zufällige Prozessstreuung für jede Decklage reduziert werden konnte. Hierzu wurde das Einspannen und Fixieren der abgelegten Halbzeuge derart durchgeführt, dass vor allem Stauchungen des Materials in den Gurtbereichen, die zu Faltenbildung – und damit zu Materialverzug beim Ausstreichen dieser Falten – führten, reduziert werden konnten. Auch das Verbot, Schneidvorrichtungen auf den abgelegten Halbzeugschichten beim Beschnitt des Preforms abzustützen, führte bereits zu weniger Materialverzug und damit zu einer geringeren Prozessstreuung. Im Verlauf der Versuchsreihen konnte die zufällige Streuung durch die ergriffenen Maßnahmen auf $\sigma = 1{,}2^\circ$ reduziert werden.

5.2.5 Erkenntnisse zum Industrialisierungspotenzial

Der Prozess zur Herstellung der Preforms soll für die wirtschaftlichere Fertigung automatisiert werden. Die durchgeführten Messungen zeigen, wie hoch das Automatisierungspotenzial im Sinne der Prozessfähigkeit dieses manuell ausgeführten Prozesses ist. Gleichzeitig stehen mit den Messergebnissen Informationen bereit, mit denen der Werker in der aktuellen Situation vermeiden kann, dass er Ausschussbauteile weiter bearbeitet. Für die Automatisierungslösung stehen diese Informationen als Regelgrößen bereit, die eine direkte Regelung des Drapier- und Spannprozesses derart absichern, dass Ausschuss gar nicht erst entsteht. Bei der manuellen Fertigung wird bisher das drapierte Faserhalbzeug mittels eines Binders fixiert, sodass eine Korrektur der Drapierung nicht möglich ist. Im aktuellen Fall wird das Machine-Vision-System daher zur Inline-Qualitätssicherung auf Basis der Messung der Ablagequalität jeder Schicht im Fertigungstakt eingesetzt.

Auch wenn die systematisch bedingte Streuung eliminiert werden kann und von groben Abweichungen vom Fertigungsplan durch manuelle Eingriffe abgesehen wird (s. Randproblematik zum Formschluss), ist beim manuellen Spantaufbau weiterhin eine Prozessstreuung hinsichtlich der Faserorientierung von $\sigma = 1{,}2^\circ$ zu beobachten. Mit dieser Streuung und der verbleibenden systematischen Abweichung durch den rechteckigen Lagenzuschnitt ergeben sich die potenzielle Prozessfähigkeit c_{p} und die tatsächliche Prozessfähigkeit c_{pk} zu:

$$c_{\mathrm{p}} = \frac{OT - UT}{6\sigma} = \frac{10^\circ}{6 \cdot 1{,}2^\circ} = 1{,}39 \tag{5.7}$$

$$c_{\mathrm{pk}} = \min\left(\frac{|OT - \mu|\,;\,|UT - \mu|}{3\sigma}\right) = \frac{2{,}65^\circ}{3 \cdot 1{,}2^\circ} = 0{,}74 \tag{5.8}$$

Für die Faserorientierung ist dies schon ein sehr gutes Ergebnis. Auch wenn der geforderte c_{pk}-Wert von 1,33 nicht erreicht wird (s. Abb. 5.5), heißt dies doch, dass eine Schicht (hinsichtlich der Faserorientierung der Decklage des Biaxialgeleges) mit einer Wahrscheinlichkeit von 97,49 % innerhalb der Toleranzgrenzen gefertigt werden kann[9]. Insbesondere die systematische Abweichung führt dazu, dass die Erwartung für den Erfolg einer Schicht derart gering ausfällt. Der Benchmark für die erfolgreiche Drapierung einer textilen Schicht in bzw. auf eine gekrümmte Form liegt nach den gesammelten Erfahrungen des Autors bei 60 % (mäßig erfahrener Werker) bzw. 90 % (sehr erfahrener Werker). Neben der Faserorientierung sind hier noch die Geometrie der Preform sowie weitere Fehlereinflüsse zu berücksichtigen.

Abschließend ist zu konstatieren, dass die Messtechnik bei der Einrichtung komplexer Drapierungsprozesse hilfreich ist. Sie verhindert, dass die Konstruktionen fertigungstechnische Fehler enthalten bzw. dass die Berechnungen der Drapier-Simulationen blind übernommen werden, da eine Validierung der Simulationsergebnisse für das Preforming ohne eine fertigungsintegrierte Messtechnik bisher nicht möglich war. Mit der Messtechnik-Integration kann stets die Frage geklärt werden, wie sich die Faserhalbzeuge wirklich verhalten und mit welchen Herausforderungen beim schichtweisen Aufbau der Bauteile zu rechnen ist. So können bei steigender Bauteilqualität durch den Nachweis der Konformität die Faktoren Zeit und Kosten durch eine geringere Ausschussproduktion deutlich reduziert werden.

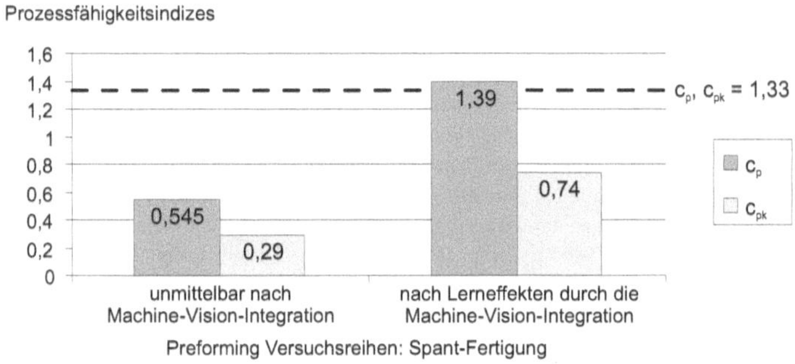

Abbildung 5.5: Untersuchungsergebnisse zur Prozessfähigkeit des Spant-Preformings

5.3 Automatisierte Handhabung von GFK-Halbzeugen

5.3.1 Ausgangssituation

Ein weiteres Beispiel für einen aktuellen Industrialisierungsbedarf ist die Serienfertigung von Großbauteilen. Gegenstand dieser Fallstudie ist daher die textilbasierte Fertigung von Rotorblättern für Windkraftanlagen. In den frühen Phasen des Herstellungsprozesses für

[9] Bem.: Es lag ein normalverteilter Prozess vor.

die Ober- und Unterschalen werden Rollen von Glasfasergelegen in die großen Formwerkzeuge manuell eingelegt und abgerollt. Während die Werker beim Aufbau großer, schalenförmiger Strukturen für den Flugzeugbau über der zu bearbeitenden Fläche in einem Trapez gehalten werden (s. Abb. 1.1, S. 3), stehen sie hier oftmals direkt auf den schon abgelegten Glasfasermatten.

Am Institut für Textiltechnik der RWTH Aachen werden aktuell Automatisierungslösungen entwickelt, die die manuellen Arbeitsschritte beim Handhaben und Drapieren der Faserhalbzeuge ersetzen sollen. Die Studie für diese Arbeit widmet sich der Frage, wie robust der untersuchte Preforming-Prozess hierbei ist.

5.3.2 Zielsetzung

Um eine prozessfähige Automatisierung zu erreichen, soll die roboterbasierte Handhabung der Halbzeuge – als ein vielversprechender Automatisierungsansatz – bei ihrem Greifen und Ablegen auf ihre Prozessfähigkeit hin untersucht werden.

Ziel dieser Fallstudie ist es daher, durch den Einsatz von fertigungsintegrierter Messtechnik einen Prozess zur Halbzeugablage von Glasfaser-Preforms anhand der Messung der oberen Decklage zu untersuchen und durch abzuleitende Verbesserungsmaßnahmen eine dauerhafte Sicherstellung der Prozessfähigkeit zu erreichen, sodass eine für diesen Prozess dringend benötigte Automatisierungslösung erfolgreich umgesetzt werden kann.

Für das vorliegende Beispiel wird eine Rotorblatt-Unterschale als Demonstrator-Bauteil während seines schichtweisen Aufbaus untersucht. Dabei wird die Prozessfähigkeit der Halbzeugablage für das Merkmal Faserorientierung als Haupteinflussfaktor für die Steifigkeit und Festigkeit dieses Strukturbauteils gemessen. Darüber hinaus werden geometrische Merkmale (Ablageposition) während des generativen Aufbaus gemessen.

Mit dem Ziel, die aktuelle Überdimensionierung der Bauteile zu reduzieren, werden zur Bewertung des Automatisierungsansatzes die Toleranzen bei der Ablage der textilen Halbzeuge folgendermaßen definiert:

- Faserorientierung: $T_\theta = \pm 5°$
- Geometrie, Form und Lage: $T_G = 1\ mm$ (hier: Ablageposition)

5.3.3 Aktion: Machine-Vision-Integration

Das Machine-Vision-System wird dazu als Aktion dieser Fallstudie in einen Endeffektor zur Handhabung und Drapierung von Fasergelegezuschnitten integriert (Abb. 5.6). Die roboterbasierte Fertigungszelle ist baugleich mit der im vorhergehenden Fallbeispiel vorgestellten Zelle.

Auch werden wieder die in der vorangegangenen Fallstudie eingeführten Marker [152] zur globalen Referenzierung der Messungen verwendet. Da die Auswertung der Prüfbilder sowohl zur Bestimmung der Faserorientierung als auch zur Bestimmung der Markerpositionen auf jeweils demselben Bild basiert, wird der Einfluss des Roboters auf die Unsicherheit der Messungen ausgeschlossen. Abbildung 5.7 zeigt ein Schema zur beschriebenen Bildauswertung.

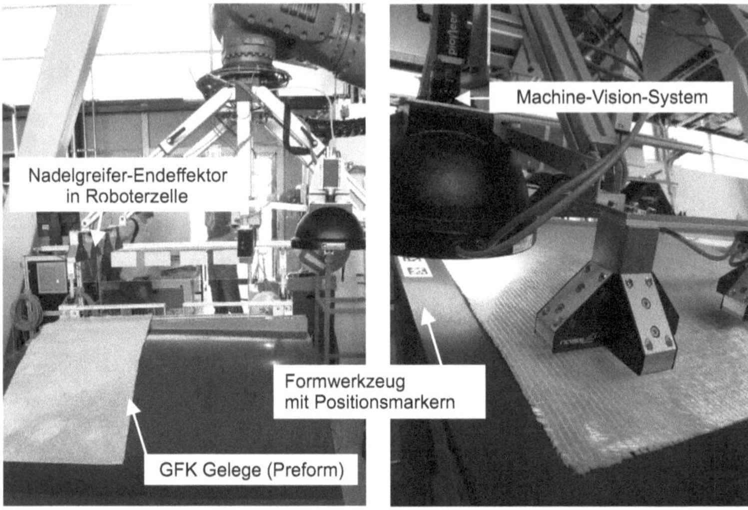

Abbildung 5.6: Machine-Vision-Integration beim roboterbasierten Preformingprozess

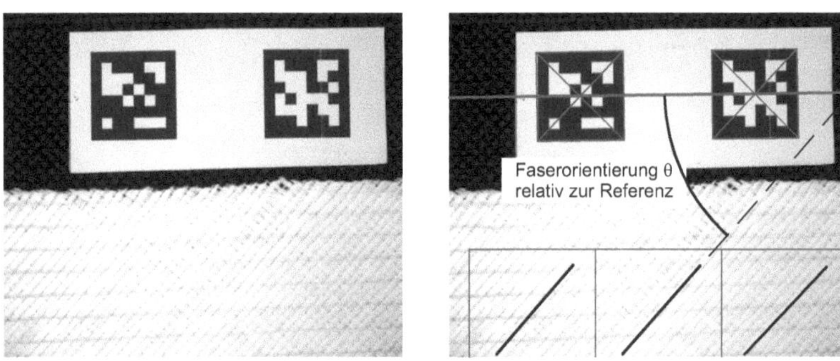

(a) Eingangsbild **(b)** Visualisierung der Bildauswertung

Abbildung 5.7: Bildverarbeitung zur Bestimmung und Referenzierung der Faserorientierung

Der hinsichtlich seiner Prozessfähigkeit zu untersuchende Prozess besteht aus folgenden fünf Schritten:

1. Greifen des textilen Halbzeuges auf dem Cuttertisch
2. Messung des gegriffenen Halbzeuges relativ zu Markern auf dem Cuttertisch
3. roboterbasierte Handhabung vom Cuttertisch zur Werkzeugform
4. Ablage des textilen Halbzeuges auf der Werkzeugform
5. Messung des abgelegten Halbzeuges relativ zu den Markern auf der Werkzeugform

Für die Untersuchung der Prozessfähigkeit wird dieser Prozess zehnmal wiederholt. Im ersten Schritt wird der Zuschnitt gegriffen. Der Zuschnitt wird dabei manuell auf eine für den Werker markierte Position auf den Cuttertisch gelegt. Auch auf dem Cuttertisch ist ein Markerpaar für das Machine-Vision-System aufgebracht. So kann zusätzlich zum roboterbasierten Prozess die Ablagegüte eines Zuschnittes durch einen Menschen vom MVS bewertet werden. Im zweiten Schritt wird dazu gleichzeitig mit der Bewertung der manuellen Ablage auf dem Cuttertisch die Ausgangslage für den Roboter gemessen (Stichwort: definiertes Greifen). Der Roboter befördert den Zuschnitt sodann auf die Form und legt ihn ab. Danach wird im fünften Schritt gemessen, wie die Ablageposition relativ zu den Markern auf der Werkzeugform ist. Wird die erreichte Ablageposition mit der Greifposition verglichen, kann nun bestimmt werden, wie wiederholgenau und damit wie robust der Roboter einen Zuschnitt auf der Form platzieren kann.

5.3.4 Ergebnisse

Aus den Messdaten der zehn Prozessuntersuchungen konnten drei Ergebnisse abgeleitet werden: die Prozessfähigkeit der manuellen Ablage[10], die Prozessfähigkeit der erreichten roboterbasierten Ablage des gegriffenen Faserhalbzeuges auf dem Formwerkzeug sowie die Wiederholgenauigkeit des Roboters. Mit der Prozessfähigkeit der erreichten roboterbasierten Ablage ist die Differenz zwischen der Greif- und der Ablageposition gemeint, die realisiert werden kann, wenn die Bereitstellung des Zuschnittes auf dem Cuttertisch bzw. dem Stack, von dem der Roboter den Zuschnitt abhebt, ideal und ohne Streuung oder systematische Fehler wäre. Ist die Bereitstellung wie im vorliegenden Fall mit einer Abweichung behaftet, so kann das Machine-Vision-System die vorliegende Position messen und den Zuschnitt bei der Ablage um die Abweichung beim Greifen korrigieren. Somit wäre ein Qualitätsregelkreis als direkte Regelung des Roboters realisiert.

Tabelle 5.3 zeigt die Ergebnisse der jeweiligen Fälle für die zehn gemessenen Prozessabläufe für das im Fokus liegende Merkmal der Faserorientierung.

Zur Bestimmung der Wiederholgenauigkeit des Roboters wurde die Messung der Markerposition separat ausgewertet: Wird die gemessene Distanz zwischen zwei Markern in einem Bild betrachtet und mit der kalibrierten Distanz verglichen, kann festgestellt werden, dass die Marker mit einem Erwartungswert von 0,068 mm von ihrer wahren Position abweichen. Die Streuung der Messung einer Markerposition beim wiederholten Anfahren dieser Position durch den Roboter liegt bei 0,013 mm.

Aus den Messergebnissen lassen sich die Prozessfähigkeitsindizes ermitteln. Die Prozessfähigkeit der manuellen Ablage ist durch die Bewertung des Machine-Vision-Systems

[10] abgeleitet aus der manuellen Ablage des Faserhalbzeuges auf einem markierten Bereich des Cuttertisches

Tabelle 5.3: Messergebnisse zum Greifen (G) und Ablegen (A)

Nr.	θ_A [°]	θ_G [°]	$\theta_A - \theta_G$ [°]
1	46,83	46,55	0,28
2	49,15	50,89	-1,74
3	45,65	46,48	-0,83
4	46,35	46,72	-0,37
5	49,77	50,76	-0,99
6	47,94	49,33	-1,39
7	47,77	48,36	-0,58
8	46,09	46,75	-0,66
9	44,24	44,54	-0,30
10	44,90	46,28	-1,38
μ	46,87	47,67	-0,80
σ	1,79	2,09	0,60

möglich. Dazu wird die Faserorientierung des Halbzeuges gemessen, das durch einen Werker auf eine definierte Position abgelegt wurde (Gl. 5.9 und 5.10). Da die Ablage relativ zu den Markern gemessen werden kann, kann somit die Prozessfähigkeit der Ablage bestimmt werden. Danach erst erfolgt der Greifvorgang durch den Roboter.

$$c_p(\theta,\text{Greifen}) = \frac{OT - UT}{6\sigma} = \frac{10°}{6 \cdot 2{,}09°} = 0{,}8 \tag{5.9}$$

$$c_{pk}(\theta,\text{Greifen}) = \min\left(\frac{|OT - \mu|\,;|UT - \mu|}{3\sigma}\right) = \frac{50° - 47{,}67°}{3 \cdot 2{,}09°} = \frac{2{,}4°}{3 \cdot 1{,}2°} = 0{,}37 \tag{5.10}$$

Wird die Differenz zwischen der Ausrichtung des textilen Halbzeuges vor dem Greifen mit der Ausrichtung nach dem Greifen und der Ablage auf dem Formwerkzeug durch den Roboter betrachtet, kann die Prozessfähigkeit für den roboterbasierten Handling- und Drapierprozess berechnet werden. Diese Prozessfähigkeitsindizes geben an, wie fähig eine Ablage bzw. Drapierung erfolgt, wenn sie vollständig von einem Roboter ausgeführt wird.

$$c_p(\theta,\text{Ablegen-Greifen}) = \frac{OT - UT}{6\sigma} = \frac{10°}{6 \cdot 0{,}6°} = 2{,}76 \tag{5.11}$$

$$c_{pk}(\theta,\text{Ablegen-Greifen}) = \frac{5° - 0{,}8°}{3 \cdot 0{,}6°} = \frac{4{,}2°}{3 \cdot 0{,}6°} = 2{,}33 \tag{5.12}$$

Abschließend kann noch die Wiederholgenauigkeit der Roboterbewegung aus der Markerposition geschätzt werden. Bei einem perfekt wiederholgenauen Roboter würde der Marker immer an derselben Position beim Greifen und Ablegen gefunden werden. Der reale Roboter erreicht die Position nur mit einer gewissen Streuung, die durch die Messung der Markerposition und die damit verbundene Streuung bei den zehn Wiederholungen abgeschätzt werden kann. Sie lag für die vorliegende Roboterbewegung bei 0,22 mm.

5.3.5 Erkenntnisse zum Industrialisierungspotenzial

Die manuellen Schritte beim Aufbau der Faserstruktur führen zu hohen Streuungen des Parameters „Faserorientierung". Für einen konsequenten Leichtbau sind robuste Prozesse zur Faserablage anzustreben, sodass die Überdimensionierung der Bauteile reduziert werden kann, ohne auf die geforderten Steifigkeiten und Festigkeiten verzichten zu müssen.

Bei den relativ geringen Toleranzanforderungen – wie sie für diese Untersuchung angesetzt wurden – ist die Lösung der roboterbasierten Ablage über Steuerketten ausreichend, um Prozessfähigkeiten größer 1,33 zu erreichen (Abb. 5.8). Das wiederholte Abfahren eines festen Roboterprogrammes berücksichtigt dabei jedoch nicht die Eigenschaften eines textilen Halbzeuges und kann auch nicht auf Abweichungen in vorgelagerten Schritten reagieren. Abweichungen der Geometrie und Lage eines Halbzeuges, das z. B. von einem Stapel von Zuschnitten abgenommen wird, werden nicht berücksichtigt.

Ist die Messtechnik erst integriert, können diese Parameter zustandsbasiert gemessen werden und als Stellgrößen an die Robotersteuerung rückgekoppelt werden. Für die aktuelle Fallstudie wäre somit ein definiertes Greifen und ein qualitätsgesichertes, definiertes Ablegen durch das Schließen von Regelkreisen möglich.

Die Rotorblattproduktion ist mit ca. 22,2 % an den Kosten einer Windkraftanlage[11] beteiligt. Ein ressourceneffizienterer Leichtbau, der durch einen robusten und damit fähigen Produktionsprozess beim Preforming erreicht werden kann, leistet einen signifikanten Beitrag zur Kostensenkung.

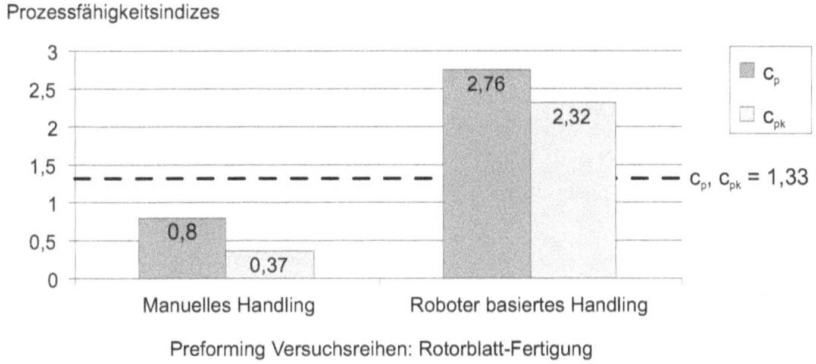

Abbildung 5.8: Untersuchungsergebnisse zur Prozessfähigkeit beim Drapieren

[11] vgl. [101], S. 37: Die Zahlen basieren auf einer Kostenanalyse der Windkraftanlage „REpower MM92" mit einer Rotorblattlänge von 45,3 m und einer Turmhöhe von 100 m.

5.4 Automatisiertes Flechten von CFK-Preforms

5.4.1 Ausgangssituation

Ein fortschrittliches Verfahren zur automatisierten Herstellung von Preforms als endkonturnahe, komplexe textile Verstärkungsstrukturen von schlanker Geometrie für Faserverbundbauteile ist das Umflechtverfahren. Mit moderner Maschinentechnik hat dieses Verfahren sein Potenzial zum Einsatz als Fertigungsverfahren für Serienbauteile bewiesen. So wurden bereits Stoßfängerträger des BMW M6 mit einem im Umflechtverfahren hergestellten Preform realisiert (Abb. 5.9(a)). Jedoch beschränkt sich der bisherige Einsatz von CFK in der Automobilindustrie auf Kleinserien und hochwertige Sportwagen. Die Fertigungstechniken wurden für den Rennsport (z. B. Formel 1) entwickelt. Aktuell werden weitere Bauteile für die Automobilindustrie qualifiziert (z. B. CFK-Längsträger für LKW, vgl. [6]). Insbesondere das Energieaufnahmevermögen geflochtener Faserverbundcrashboxen steht hier im Vordergrund des Interesses.

Beim Umflechtverfahren werden die Verstärkungsfäden in vordefinierter Orientierung direkt auf einem konturierten Kern abgelegt (Abb. 5.9(b)). Da sich die Fäden wechselseitig verkreuzen, entsteht eine in sich stabile textile Struktur (Geflecht), die in einem folgenden Arbeitsschritt mit einem reaktiven Kunststoffharz imprägniert werden kann (vgl. [118], S. 278).

(a) Stoßfängerträger BMW M6 (Quelle: BMW AG)

(b) Längsträger Mercedes SLR (Quelle: Daimler)

Abbildung 5.9: Beispiele zum Radialumflechten aus der Automobilindustrie

Der Abzug des Geflechts erfolgt über die Kernbewegung. Der Kern kann beispielsweise von einem Roboter geführt werden, was die Integration in eine automatisierte Fertigungszelle ermöglicht (Abb. 5.10(a)). Die Fertigungszeiten für ein Bauteil liegen hierbei, je nach Komplexität und Größe, unterhalb von 10 Minuten. Unter Nutzung des Umflechtverfahrens als Fertigungstechnologie zur automatisierten Herstellung textiler Preforms können die notwendigen Taktzeiten im Bereich weniger Minuten realisiert werden. Insbesondere bei der Betrachtung einfacher Geometrien hat die moderne Umflechttechnologie das Potenzial, sechsstellige Stückzahlen pro Jahr zu erreichen.

Der wichtigste Parameter bei der Herstellung geflochtener Strukturen ist der Flechtwinkel. Der Flechtwinkel definiert die spätere Faserorientierung im Bauteil. Er wird über das Verhältnis von Abzugs- zu Flechtgeschwindigkeit gesteuert (Abb. 5.10(b)). Ein System zur Überwachung des Flechtwinkels und damit der Faserorientierung ist derzeit nicht verfügbar.

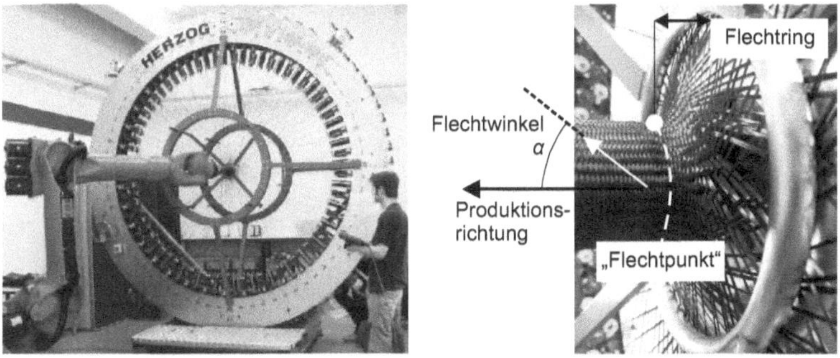

(a) Flechtmaschine (Herzog GmbH) am ITA **(b)** Prozessparameter beim Umflechten

Abbildung 5.10: Flechtmaschine und -prozessparameter

5.4.2 Zielsetzung

Ziel der Fallstudie ist die Bestimmung der Prozessfähigkeit des Umflechtprozesses durch Integration eines Machine-Vision-Systems, um einen Lernprozess anzustoßen, der einen Erkenntnisgewinn anstrebt, wie der Umflechtprozess durch das Schließen von Qualitätsregelkreisen weiter zu industrialisieren ist. Beim Flechten der textilen Preforms sind folgende Toleranzen einzuhalten:

- Faserorientierung $T_\theta = \pm 5°$

5.4.3 Aktion: Machine-Vision-Integration

Das Machine-Vision-System wird in seiner Basiskonfiguration mit der Option „Laserlichtschnittsensor" erweitert (Abb. 5.11), um von der Projektion des Kamerabildes auf die 3D-Geometrie der Oberfläche rückschließen zu können. Mit der Kamera wird dabei ein zweidimensionales Bild des dreidimensionalen Geflechtes aufgenommen. Durch die Messung mittels Laserlichtschnittsensorik wird die Geflechtgeometrie als Höhenprofil erfasst. Durch die stetige Kernkontur, die ein fasergerechtes Bauteildesign fordert, ist die mathematische Abwicklung der Geometrie in eine Ebene möglich, sodass auch die Bildprojektion durch eine partielle Breitenskalierung des Bildes in eine Ebene gelingt. Der durch die Projektion zunächst verzerrt dargestellte Faserverlauf und der sich daraus ergebende

Flechtwinkel werden durch die Transformation entzerrt und für die Auswertung durch den in dieser Arbeit erarbeiteten Algorithmus zugänglich.

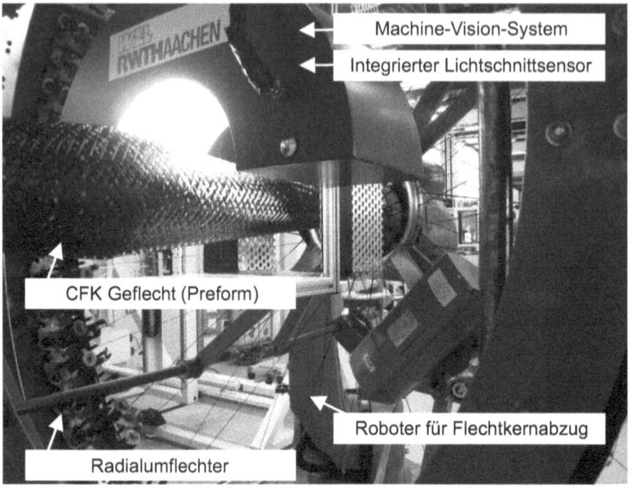

Abbildung 5.11: Integration des Machine-Vision-Systems in den Umflechtprozess

Das MVS kann während des Flechtprozesses in zwei verschiedenen Modi ausgeführt werden: ein reiner Überwachungsmodus sowie ein Regelungsmodus. Im Regelungsmodus wird der aktuell gemessene Flechtwinkel ausgewertet, um „online" über die Stellgröße „Abzugsgeschwindigkeit" Einfluss auf den sich ausbildenden Flechtwinkel zu nehmen. Zur Bewertung der Prozessfähigkeit des Flechtprozesses sind verschiedene Untersuchungen durchgeführt worden. Zunächst sind die Fähigkeiten für bereits bestehende, manuell erstellte Flechtprogramme bestimmt worden, indem diese gestartet und mit dem MVS beobachtet wurden. In einer zweiten Versuchsreihe wurde untersucht, welche Auswirkung eine Online-Regelung auf die Prozessfähigkeit hat. Hierzu war es jedoch zunächst notwendig die Übertragungsfunktion des Flechtprozesses zu bestimmen. Zur Modellierung des Regelkreises wird die Beziehung zwischen dem sich ausbildenden Flechtwinkel α und den geometrischen Parametern, die diesen Winkel hauptsächlich bestimmen, hergeleitet. Modelliert wird dazu ein Roving, der sich in einem bestimmten Winkel relativ zur Produktionsrichtung um einen Kern wickelt (Abb. 5.10(b)), je nachdem mit welchem Geschwindigkeitsverhältnis gearbeitet wird. Das Verhältnis ergibt sich aus der Flechtgeschwindigkeit[12] und aus der Abzugsgeschwindigkeit v_A, mit der der Roboter den Formkern durch die Maschine bewegt.

[12]Winkelgeschwindigkeit ω der Fäden beim Umflechten des Kernes multipliziert mit dem Radius des Flechtkernes $D_K/2$

$$\alpha = \arctan\left(\frac{\omega \cdot D_\mathrm{K}}{2 \cdot v_\mathrm{A}}\right) \tag{5.13}$$

Die Linearisierung des Zusammenhangs für den Arbeitspunkt der Abzugsgeschwindigkeit $v_{\mathrm{A},0} = 0{,}005\,m/s$ führt zu folgender Übertragungsfunktion:

$$\alpha(v_\mathrm{A}) \approx \arctan\left(\frac{\omega \cdot D_\mathrm{K}}{2 \cdot v_{\mathrm{A},0}}\right) + \frac{\left(\frac{\omega \cdot D_\mathrm{K}}{2}\right)}{v_{\mathrm{A},0}^2 + \left(\frac{\omega \cdot D_\mathrm{K}}{2}\right)^2} \cdot (v_\mathrm{A} - v_{\mathrm{A},0}) \tag{5.14}$$

Die Winkelgeschwindigkeit ω der Fäden beim Umflechten des Kernes hängt von Parametern ab, die für die Untersuchung zur Prozessregelung konstant gehalten werden. Dies sind die Drehzahl der Flügelräder $\omega_\mathrm{F} = 50\,\mathrm{U/min}$ sowie der effektive Innendurchmesser der Flechtmaschine $D_\mathrm{F} = 2860\,\mathrm{mm}$ und des Stichmaßes $S = 100\,\mathrm{mm}$[13]:

$$\omega = \frac{\omega_\mathrm{F} \cdot 2S \cdot 2}{60 \cdot D_\mathrm{F}} = \frac{1}{429}\omega_\mathrm{F} \approx 0{,}1166\frac{1}{s} \tag{5.15}$$

Für einen konstanten Kerndurchmesser $D_\mathrm{K} = 70\,\mathrm{mm}$ folgt für die linearisierte Gleichung des Flechtwinkels:

$$\alpha(v_\mathrm{A}) \approx \arctan\left(\frac{\omega \cdot 70}{2 \cdot v_{\mathrm{A},0}}\right) + \frac{\left(\frac{\omega \cdot D_\mathrm{K}}{2}\right)}{v_{\mathrm{A},0}^2 + \left(\frac{\omega \cdot D_\mathrm{K}}{2}\right)^2} \cdot (v_\mathrm{A} - v_{\mathrm{A},0}) \tag{5.16}$$

Mit der vorliegenden Übertragungsfunktion kann der Regelkreis geschlossen werden. Aufgrund der Annahme eines linearen Verhaltens wurde ein Proportionalregler (kurz: P-Regler) entworfen. Dieser stellt die Abzugsgeschwindigkeit (Stellgröße) proportional zu der gemessenen Regelabweichung ein. Die Regelabweichung ist die Differenz zwischen aktuellem Flechtwinkel (Regelgröße) und dem vorgegebenen Sollwinkel (Führungsgröße). Abbildung 5.12 zeigt Flechtversuche für einen Kern mit einem konstanten Durchmesser von $D_\mathrm{K} = 70\,\mathrm{mm}$. Drei Flechtwinkel galt es auf dem Kern zu realisieren ($\alpha = 30°$,$\alpha = 45°$,$\alpha = 60°$). Für jeden Prozesslauf wurde der Preform ohne den Einsatz der Messtechnik durch einen erfahrenen Bediener hergestellt, dabei aber mit dem Machine-Vision-System bewertet. Deutlich zeigt sich die systematische Abweichung bei der Umflechtung für den angestrebten 60°-Winkel. Nach den manuellen Testläufen wurde der Regelkreis geschlossen und die bestehenden Flechtprogramme mithilfe der Regelung erneut gestartet.

5.4.4 Ergebnisse

Die Ergebnisse der Untersuchungen zum Radialumflechten sind in Abb. 5.13 in Form der Prozessfähigkeitsindizes zusammenfassend dargestellt. Obwohl die Prozessstreuung die Anforderungen an die Prozessfähigkeit erfüllt ($c_\mathrm{p} > 1{,}33$), erreicht die Prozesszentrierung nicht die angestrebte Fähigkeit ($c_\mathrm{pk} < 1{,}33$).

[13] Distanz zwischen den Achsen zwei sich im Flügelrad gegenüberstehender Klöppel

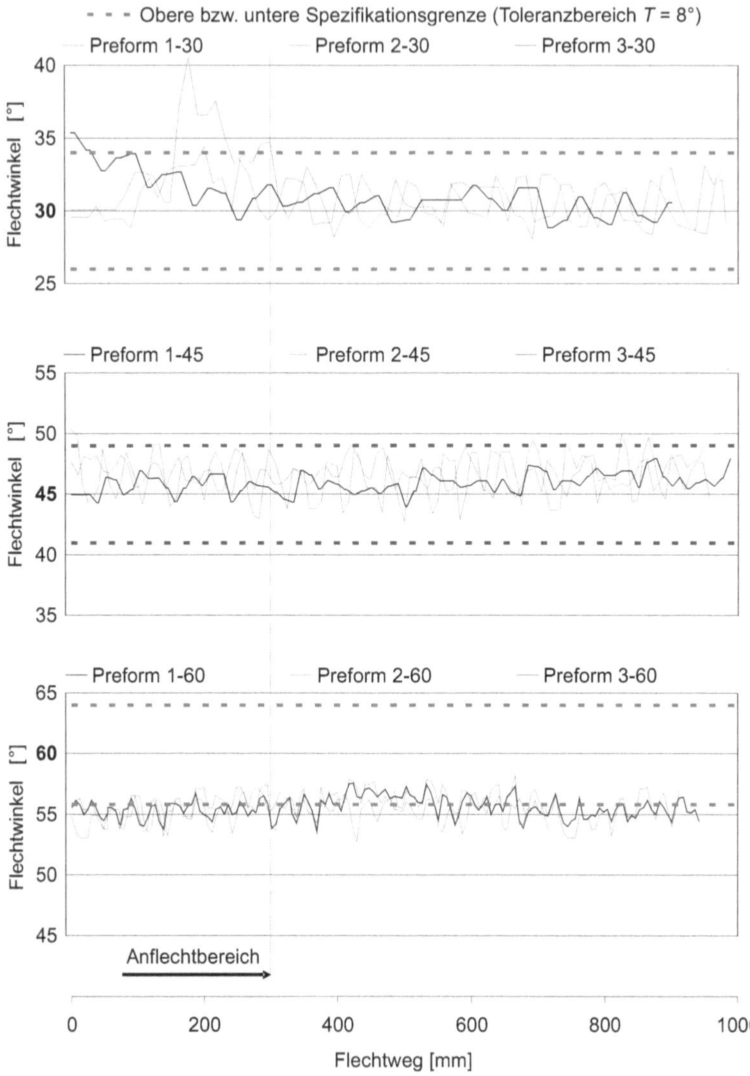

Abbildung 5.12: Flechtversuche (Sollwinkel oben: 30°; mittig: 45°; unten: 60°)

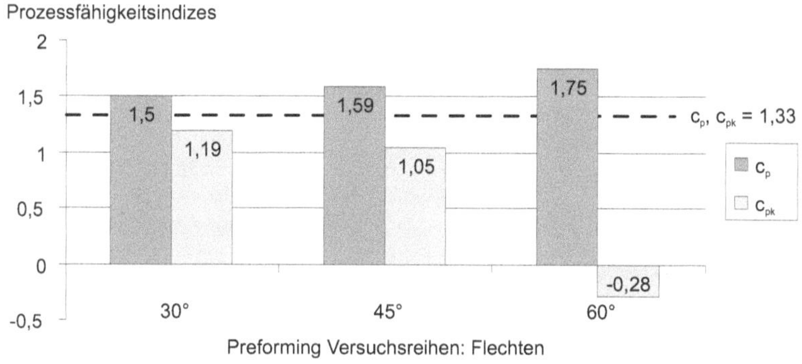

Abbildung 5.13: Untersuchungsergebnisse zur Prozessfähigkeit des Radialumflechtens

Mit der Regelung konnte die Prozessfähigkeit (c_{pk}) verbessert werden. Für die extreme systematische Abweichung der Faserorientierung, die das Flechtprogramm für die angestrebten Flechtwinkel von 60° erzeugte, reichte die Dynamik des P-Reglers nicht aus, um innerhalb des Anflechtbereichs die Abweichung auszuregeln. Dies ist nicht zuletzt in den Totzeiten des Regelkreises begründet, die sich vorrangig aus der Bauweise der Flechtmaschine ergeben und an dieser Stelle nicht weiter betrachtet werden sollen.

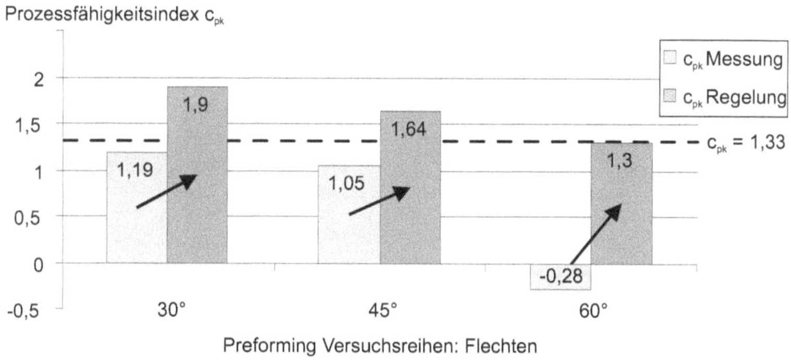

Abbildung 5.14: Verbesserung der Prozessfähigkeit durch Prozessregelung

5.4.5 Erkenntnisse zum Industrialisierungspotenzial

Die Ergebnisse zeigen, dass aus den Versuchen eine Übertragungsfunktion abgeleitet werden konnte, die mit den Ergebnissen von Voruntersuchungen am Institut für Textiltechnik übereinstimmt. Mit der Übertragungsfunktion, d. h. mit Kenntnissen über den Flechtprozess, konnte das Prozessmodell erweitert werden und der Zusammenhang zwischen dem Verhältnis von Abzugs- zu Flechtgeschwindigkeit und dem resultierenden Flechtwinkel ermittelt werden.

Für eine verbesserte Programmerstellung für konturierte Flechtkerne sind weitere Kenntnisse über den Parameter Kerndurchmesser bei konturiertem Flechtkern zu ermitteln. Die Einflüsse sind vielfältig.[14] Zum Schließen des Regelkreises bei erhöhter Stabilität und Dynamik ist die Totzeit des Systems weiter zu minimieren. Hierzu ist das MVS integrierter zu gestalten und möglichst nah am Flechtpunkt einzusetzen (s. Abb. 5.10(b)). Der Flechtpunkt ist abhängig von weiteren Parametern (Flechtringdurchmesser) und verschiebt sich je nach Kerndurchmesser axial auf dem Flechtkern. Damit verschiebt sich auch der Messpunkt, was durch das MVS erkannt werden muss, um die Totzeit der bisherigen Anordnung weiter zu minimieren. Die Untersuchungen zeigen insgesamt, dass nach der Machine-Vision-Integration objektive Aussagen zum Flechtprozess getroffen werden können. Die bisherige nachgeschaltete „Qualitätskontrolle durch Sachkundige", die mithilfe eines Geometrie-Dreieckes oder einfachen Schablonen die Decklage der fertigen Preforms prüfen, kann durch die In-Prozess-Messung der Faserorientierung ersetzt werden. Davon profitiert nicht nur die Qualitätssicherung. Durch die Regelung können lange Rüstzeiten, die aufgrund komplexer Kernformen bisher langwierige und kostenintensive Versuche erforderten, nun reduziert werden, da so die Faserorientierung unabhängig von der verwendeten Kerngeometrie direkt realisiert wird.

5.5 Automatisches Tapelegen

5.5.1 Ausgangssituation

Die Prepreg-/Autoklavtechnik wurde bereits als das von der Luftfahrttechnik favorisierte Herstellungsverfahren eingeführt (s. Abschn. 2.4.1). Auch die ersten Automatisierungslösungen basierend auf Tapelege- und Fiber-Placement-Anlagen wurden diskutiert und mit den trockenfaserbasierten Verfahren verglichen. Trotz ihrer genannten Nachteile, die nicht zuletzt die hohen Fertigungskosten verursachen, erzeugen sie unidirektional verstärkte Laminate mit hohem Faservolumengehalt (bis zu ca. 60 %), sodass hochfeste und hochsteife Schalenbauteile abbildbar sind (z. B. Flügel- und Rumpfschalen). Für die Serienfertigung größerer Stückzahlen sind Lösungen denkbar, bei denen im Tapelegeverfahren lokale Verstärkungen als unidirektionale Lagen auf Bauteile aufgebracht werden, die wiederum selbst mit alternativen Verfahren hergestellt wurden, die eine höhere Produktivität aufweisen. Ein interessantes Vorgehen stellt hier die lokale Verstärkung von sogenannten Organoblechen (endlosfaserverstärkte Thermoplastplatten) dar.

[14] u. a. die Fadenspannung in Abhängigkeit des effektiven Spulendurchmessers; der Durchmesser des Flechtringes, an dem die Fasern zur Geflechterzeugung unter einem Schwingungseinfluss übereinander abgleiten, etc.

Aufgrund des Kostendrucks geht die Tendenz in der Fertigung weg von den steifen Portalanlagen, die die Faserbänder mit nur einem Legekopf ablegen, hin zu flexiblen Roboterlösungen, bei denen mehrere Roboter ein Bauteil bearbeiten. Als ein Beispiel wurde das „GroFI"-Projekt genannt (s. Abschn. 2.4.3). Nicht zuletzt sollen auch die Roboter mit ihrer flexiblen Kinematik für Ablageprozesse auf komplexeren Formen qualifiziert werden.

Für die Zukunft wird hierbei erwartet, dass der Ablageprozess aufgrund der geringeren Maschinensteifigkeiten (Robotereinsatz) und der komplexeren Werkzeugformen – für den Fall, dass die aktuellen Bahnplanungs- und Steuerungskonzepte beibehalten werden – weniger robust sein wird.

Es stellt sich demnach die Frage, ob mittels Machine-Vision-Integration die Prozessfähigkeit bei der Tapeablage bewertet werden kann.

Für die Untersuchungen und Experimente zur Machine-Vision-Integration in den Tapelegeprozess hat die Firma MAG Europe GmbH eine Tapelegemaschine des Typs „Small Flat Tape Layer" (Abb. 5.15(a)) im MAG-Technologiezentrum in Göppingen zur Verfügung gestellt und die Machine-Vision-Integration aktiv unterstützt. Das Bauteilspektrum dieser Maschine umfasst unter anderem Holme, Stringer, Balken, Rahmen, Schalen und Verkleidungen.

Der Tapelegeprozess beginnt mit dem Aufsetzen des Legekopfes auf dem Formwerkzeug. Für ebene Ablagen ist dies der Maschinentisch. Der Maschinentisch wird vor jedem Laminataufbau mit einer Folie überzogen, die mittels eines Vakuums an die Oberfläche des Tisches angesaugt wird. Die Folie dient zum einen dazu, dass die erste Lage Prepregmaterial einen Haftgrund vorfindet[15] und zum anderen dazu, dass sich das Bauteil nach Fertigstellung vom Maschinentisch lösen lässt, ohne dass es beschädigt wird.

Nachdem der Tapelegekopf auf dem Maschinentisch aufgesetzt wurde, wird das Tape während des Legeprozesses durch eine Vorschubeinrichtung von der Halbzeugspule abgespult und über Führungsschuhe bis zur Andruckrolle gefördert. Zur Erhöhung der Klebrigkeit sind die Führungsschuhe beheizt. In der Kompaktiereinheit wird das Tape auf den Maschinentisch mit der Folie oder das zuvor abgelegte Tape gepresst. Hierbei löst sich das Prepreg von seiner Trägerfolie, welche auf einer weiteren Spule aufgespult wird. Da die Konsolidierung des CFK-Bauteils erst in einem dem Ablegeprozess nachfolgenden Autoklavprozess erfolgt, ist eine Kompaktierung des Prepregmaterials ausreichend. Zum Ende einer Bahn wird das Tape durch eine Schneidvorrichtung (Cutter) durchtrennt und der Tapelegekopf vom Maschienentisch abgehoben.

Auf diese Weise wird aus vielen einzelnen Bahnen und Schichten von Prepregmaterial ein Laminat aufgebaut (Abb. 5.15(b)). Durch eine weitere Schneidvorrichtung (Cutter) wird aus diesem Laminat das finale Bauteil ausgeschnitten, das im Anschluss mit einer Folie überzogen wird und in einem Autoklaven unter Druck und Temperatur aushärtet. Durch Anlegen eines zusätzlichen Vakuums wird die Luft zwischen den einzelnen Prepreglagen entzogen und das Bauteil durch den im Autoklaven herrschenden Überdruck gleichmäßig verdichtet.

[15] Die Haftkraft der Folie muss dazu größer sein als die Haftkraft der Prepreg-Trägerfolie.

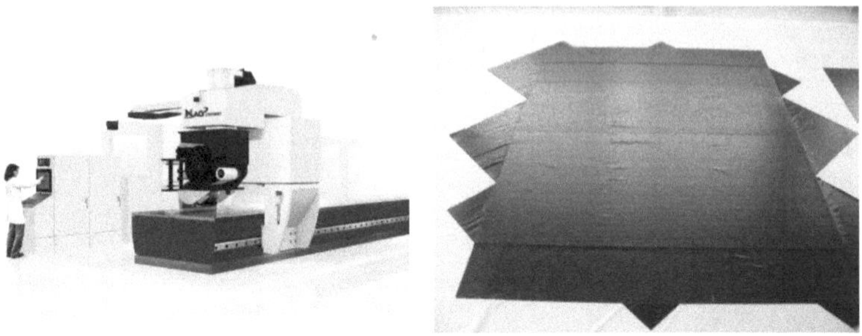

(a) Small Flat Tapelayer (MAG Europe GmbH) (b) Versuchsreihe Tapeablage

Abbildung 5.15: MAG Tapelegemaschine und Beispiel eines Laminataufbaus

5.5.2 Zielsetzung

Um eine prozessfähige Automatisierung abzusichern und die Stellgrößen für eine zukünftige roboterbasierte Tapeablage vorzubereiten, soll die Spaltbreite zwischen zwei nebeneinander abgelegten Tapes als Qualitätsgröße gemessen werden, sodass diese zukünfig auch der Maschinensteuerung als Regelgröße übergeben werden kann. Mit der Spaltbreite als zentrale Qualitätskennzahl kann die Prozessfähigkeit des Laminataufbaus bewertet werden.

Für das vorliegende Beispiel wird die Ablage von Kohlenstofffaser-Prepreg-Tapes in der Ebene untersucht. Dabei wird die Prozessfähigkeit der Halbzeugablage für das Merkmal Spaltbreite zwischen zwei abgelegten Tapes gemessen (s. Abb. 5.16). Durch die Messung und Regelung sollen zu große Spalte und Überlappungen als ein wesentlicher Einflussfaktor für die Einbußen der Steifigkeit und Festigkeit dieses Strukturbauteils verhindert werden. Die Toleranzvorgabe für die Spaltbreite zwischen zwei Tapes beträgt:

- Spaltbreite $B = 0$ bis 1,5 mm

Eine gewisse Spaltbreite ist bei duroplastischer Matrix zulässig und erwünscht. Der Spalt schließt sich dann vollständig bei der anschließenden Konsolidierung im Autoklavprozess. Das Nennmaß für die Spaltbreite variiert zwischen 0,5 und 1 mm, da es bei der Bahnplanung der Tapeablage automatisch generiert wird.

5.5.3 Aktion: Machine-Vision-Integration

Die bisher im Vordergrund stehende bildanalytische Auswertung der Faserorientierung bzw. der Textur ist beim Tapelegen nicht zielführend. Die Bildszene nach der Ablage ist „schwarz" (aufgrund der Kohlenstoff-Prepreg-Bänder) und die Kontrastunterschiede sind derart gering, dass Kontraständerungen auf einem Band von denen zwischen zwei Bändern bildanalytisch nicht robust unterschieden werden können.

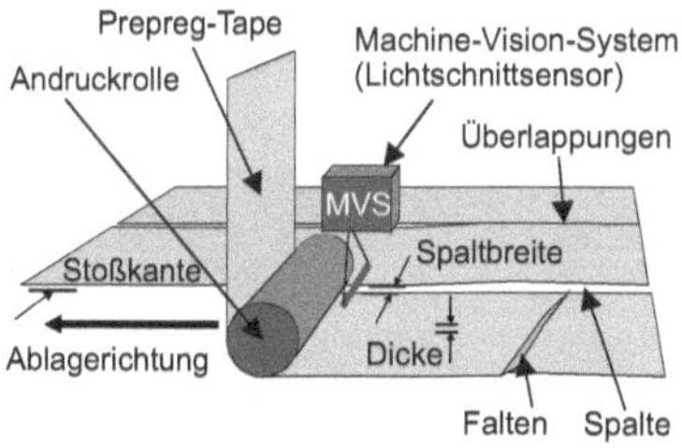

(a) Herausforderungen und Lösungskonzept

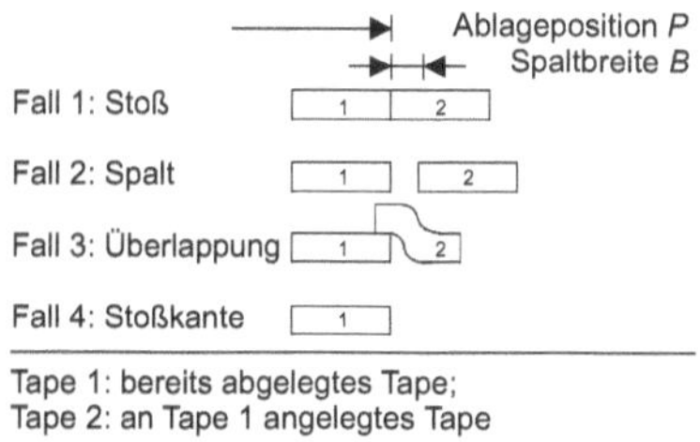

(b) Anforderungen/Fallunterscheidung

Abbildung 5.16: Lösungsansatz zur Messung der Prozessfähigkeit

Die Unterscheidung gelingt mithilfe der aktiven Beleuchtung, in diesem Fall durch die Beleuchtung mit einer Laserlinie, die das Höhenprofil zwischen zwei Tapes sichtbar werden lässt. Die Vermessung des Spaltes erfolgt damit durch Triangulation. Das Machine-Vision-System wird für die vorliegende Integration derart gestaltet, dass es Höhenprofile der abgelegten Bänder aufnimmt und daraus die Spaltbreite ableitet.

Die Auswertung einzelner Höhenprofile erfolgt jeweils für die vier in Abb. 5.16(b) genannten Fälle. Mit einer Doppelsigmoidfunktion, überlagert mit einem linearen Anteil, können die vier Fälle approximiert werden (s. Abschn. 4.3.2, S. 71). Für die Stoßkante würde der Fit ein Stufenprofil liefern, das durch die Funktion mit der Lage eines Wendepunktes, für den gleichzeitig eine hohe Steigung der Funktion in diesem Punkt vorliegt, beschrieben wird. Für die Messung der Stoßkante wäre das MVS allerdings vorlaufend vor der Prepreg-Ablage zu integrieren. Die vorliegende Untersuchung fokussiert den nachlaufenden Sensor.[16]

5.5.4 Ergebnisse

Abbildung 5.18 zeigt die Ergebnisse von 13 Legeversuchen. Die Messungen stammen vom nachlaufenden Machine-Vision-System. Die Prozessfähigkeit c_{pk} ist für alle durchgeführten Messungen gegeben. Die Messungen weisen eine geringe systematische Abweichung bei der Ablage auf ($c_{pk} < c_p$), die bei den durchgeführten Messungen auf eine vergrößerte Spaltbreite (bezogen auf das Nennmaß) zurückzuführen ist. Überlappungen von Tapes konnten nicht beobachtet werden.

5.5.5 Erkenntnisse zum Industrialisierungspotenzial

Die Integration des Machine-Vision-Systems in den Tapelegeprozess zeigt, dass mit der nachlaufenden Messung eine fertigungsintegrierte Qualitätssicherung ermöglicht wird. Es

[16] Alternativ zum nachlaufenden Sensor in dieser Fallstudie kann durch einen vorlaufenden Sensor eine adaptive Bahnplanung realisiert werden. Dazu ist die Ablageposition des bereits abgelegten Tapes zu messen und die Bahnplanung für das aktuelle Tape nachzuregeln.

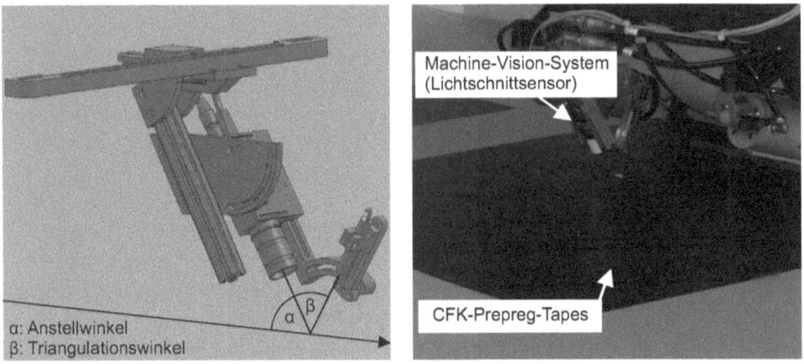

(a) Flexibler Laserlichtschnittsensor **(b)** Sensorintegration in Tapelegemaschine

Abbildung 5.17: Machine-Vision-Integration für das Tapelegen von Prepreg-Bändern

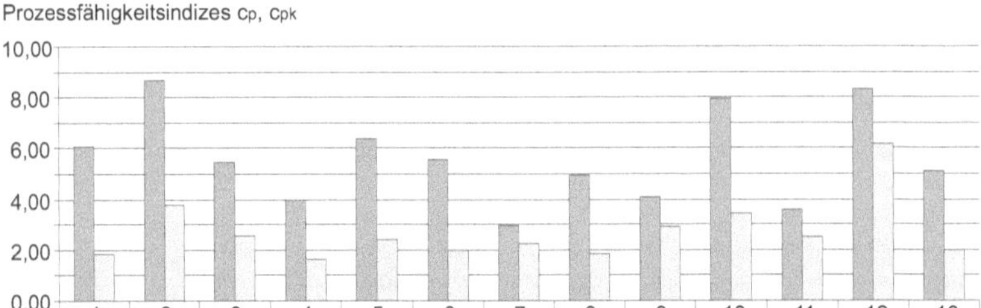

	1	2	3	4	5	6	7	8	9	10	11	12	13
Cp	6,06	8,69	5,46	3,99	6,37	5,54	2,95	4,97	4,09	7,95	3,57	8,32	5,09
Cpk	1,82	3,76	2,55	1,62	2,42	2,00	2,24	1,84	2,89	3,44	2,52	6,17	1,98

Abbildung 5.18: Prozessfähigkeitskennwerte bei Spaltmessungen

kann sowohl die Ablageposition als auch die Spaltbreite quantitativ erfasst werden. Zudem kann aus den aufgenommenen Höhenprofilen auf das Vorliegen von Fehlern bei der Ablage rückgeschlossen werden (z. B. kann die Bildung größerer Falten bei der Materialablage dadurch erkannt werden, dass die Anpassung der Sigmoidfunktion an die Messdaten entartet).

Um trotz auftretender Schwankungen der Geometrie der verwendeten Prepreg-Tapes sowie weiterer Störgrößen eine robuste und prozessfähige Ablage zu erreichen, ist die Integration eines Messsystems zur fertigungsintegrierten Qualitätssicherung unabdingbar. Die aktuelle Maschinentechnik mit ihrer steifen Portalbauweise erreicht eine hohe Prozessfähigkeit für große, flache Bauteile, solange Prepreg-Tapes von hoher Qualität verwendet werden.

Zur Produktivitätssteigerung, zur Kostenreduzierung und zur Flexibilisierung des Tapelegens und des Fiber-Placements setzen zukünftige Anlagenkonzepte auf flexible Fertigungszellen, in denen mehrere kooperierende Standardindustrieroboter mit Ablegeköpfen gleichzeitig ein Bauteil bearbeiten, wobei zusätzlich auch komplexere Bauteilgeometrien realisiert werden sollen.

Der Verlust an Steifigkeit und daraus resultierend der Verlust an absoluter Positionsgenauigkeit, der mit dem Ersatz der Portale durch Standard-Knickarm-Roboter einhergeht, wirkt sich direkt auf die Ablagegenauigkeit der Tapes aus. Es ist also fraglich, ob die aktuellen Prozessfähigkeiten auch in zukünftigen Szenarien beibehalten werden können.

Die Machine-Vision-Integration schafft hier zunächst einmal die Bewertungsgrundlage. Mit den Messgrößen ist hier jedoch auch ein direktes Schließen von Regelkreisen möglich: Abweichungen der Tapeablage von der Bahnplanung können gemessen und über die Robotersteuerung korrigiert werden.

Die vorlaufende Integration des Machine-Vision-Systems kann die Ablagebahn zustandsbasiert korrigieren. Der nachlaufende Sensor kann dies prinzipiell auch leisten. Hier ist der Trend in der Entwicklung der Spaltbreite zu berücksichtigen. Es ist nachzuregeln, wenn der Spalt bestimmte Eingriffsgrenzen überschreitet. Zudem dient er der In-Prozess-Qualitätssicherung. Mit der Machine-Vision-Integration wird die zurzeit vorherrschende manuelle Sichtprüfung abgelöst.

6 Industrialisierungstheorie zur Machine-Vision-Integration

Das vorliegende Kapitel legt die Theoriebildung[1] als Ergebnis des in dieser Arbeit beschriebenen iterativen Lernprozesses dar. Auf der Grundlage der Entscheidungstheorie wird eine Industrialisierungstheorie begründet, die auf Basis des neu erlangten Wissens über die Möglichkeiten der Machine-Vision-Systeme ein Modell[2] zu deren Integration in die generativen Schritte der Faserverbundproduktion beinhaltet. Das Modell enthält deskriptive und erklärende Elemente zum Nutzen der Messtechnikintegration in den Fertigungsprozess. Mit der Erweiterung des Modells zu einem Entscheidungsmodell schließt die Theoriebildung. Kapitel 7 legt die Ableitung der Handlungsempfehlungen aus dieser Theorie für die Praxis dar.

6.1 Fallübergreifende Analyse der Integration

Die Analyse wurde bereits während der Fallstudien und den begleitenden Aktionen zur Machine-Vision-Integration begonnen (s. Kap. 5), um das immense Volumen der gesammelten Daten überschaubar zu halten. Kern der Analyse ist die Suche nach fallübergreifenden Mustern. Das taktische Vorgehen hierzu erfolgte nach EISENHARDT und bestand darin, Dimensionen und Kategorien zu identifizieren, bei denen gruppeninterne Ähnlichkeiten und gruppenseparierende Differenzen beobachtet werden konnten (vgl. [44], S. 541). Die gefundenen Dimensionen helfen dem Forscher die ersten Impressionen zu überwinden und die gesammelten Daten durch eine strukturierende und diversifizierende „Brille" zu betrachten. Darüber hinaus steigt die Chance, durch die fallübergreifende Analyse neue Erkenntnisse zu entdecken, die aus den separaten Daten nicht abzuleiten wären (vgl. [44], S. 541).

Als erste Dimension sei der Automatisierungsgrad betrachtet: Während es sich bei der ersten Fallstudie („Drapierung", S. 96) um einen manuellen Prozess handelte, wurde in der zweiten Fallstudie („Handhaben", S. 104) der manuellen Prozessführung eine Automatisierungslösung gegenübergestellt. Fallstudie 3 („Flechten", S. 110) und Fallstudie 4 („Tapelegen", S. 116) behandelten Automatisierungslösungen, deren manuelle Anteile jedoch nicht zu unterschätzen sind (u. a. aufwendige Rüstvorgänge und korrigierende Eingriffe).

Die zweite Dimension betrachtet die Robustheit der Prozesse. Die erste Gemeinsamkeit der untersuchten Fallstudien besteht in den mangelnden Kenntnissen über die Prozessfä-

[1] Die Theoriebildung erfolgt analog zum Vorgehen nach EISENHARDT, das in „*Building Theories from Case Study Research*" dargelegt ist [44].

[2] vgl. Abschn. 1.3 zum allgemeinen Modellbegriff sowie Abschn. 3.3.3 zu Entscheidungsmodellen im Gestaltungszusammenhang

higkeit (A-priori-Wissen). Mit der Machine-Vision-Integration werden Informationen über die Prozessfähigkeit verfügbar.

Die dritte Dimension besteht darin, dass – trotz der unterschiedlichen optischen Materialeigenschaften – für alle Prozesse ein Machine-Vision-System erfolgreich integriert werden konnte. Nicht zuletzt die allgemeine mathematische Formulierung der Anisotropie als Modellgrundlage der Bildverarbeitungsalgorithmik führte hier zum Erfolg. Für alle Fallstudien konnte eine Inline-Messung (d. h. die Messung jeder Schicht nach dem jeweiligen Schichtaufbau) realisiert werden. Für die Fälle 2 bis 4 wurde die Möglichkeit der In-Prozess-Messung erreicht, sodass die Messergebnisse zu einer direkten Prozessverbesserung rückgekoppelt werden können.

Die Möglichkeiten der Messtechnikintegration implizieren auch schon ein weiteres Analyseergebnis: Die 4. Dimension konstatiert, dass es sich bei allen Fallstudien um einen generativen und additiven Materialaufbau handelt, bei dem das Bauteil schichtweise entsteht.

Die 5. Dimension fragt nach der durch die Machine-Vision-Integration erreichten Prozessverbesserung im Sinne eines Nutzens für den Prozess und dessen monetärer Darstellung. Es konnte beobachtet werden, dass nach allen Aktionen zur Machine-Vision-Integration Informationen durch das Messen zur Verfügung stehen, die – eingesetzt als Stellgrößen in Regelkreisen – zu einer direkten Verbesserung der Prozessfähigkeit führen. Jedoch konnte der Nutzen nicht monetär quantifiziert werden. Hier fehlte eine Modellgrundlage, die gegenüber der etablierten Gemeinkostenrechnung für den Messtechnikeinsatz eine Prozesssicht auf Basis einer Prozesskostenrechnung einnimmt, um eine Kostenersparnis durch die Prozessverbesserung angeben zu können.

Die Analyse kommt zu dem Ergebnis bzw. dem theoretischen Verständnis, dass die Machine-Vision-Integration im generativen Materialaufbau in den frühen Phasen der Bauteilfertigung zu einer Prozessverbesserung führt. Diese Prozessverbesserung ist notwendig, um die Robustheit des Prozesses sicherzustellen[3], sodass eine Automatisierung sinnvoll gelingen kann.

Zur Ausdetaillierung der Theorie ist nun der indirekte Schluss auf den Industrialisierungsbeitrag über die Prozessfähigkeitsverbesserung[4] um eine monetäre Nutzenbewertung zu erweitern, die die Kostenersparnis[5] als Präventionsleistung durch die Machine-Vision-Integration quantifiziert.

Da die Kostenstrukturen der Faserverbundproduktion der beteiligten Unternehmen als Datenbasis für die Bewertung des Nutzens der Machine-Vision-Integration aus betrieblichen Gründen nicht veröffentlicht werden (dürfen), können diese bei der folgenden Darlegung der Modellentwicklung zur Industrialisierungstheorie nur als relative Zahlenwerte angegeben werden. Für die Kompetenzentwicklung der Praxis ist das Modell in der betrieblichen Anwendung natürlich mit absoluten Zahlen zu füllen.

[3] im Sinne des dieser Arbeit zugrunde liegenden Industrialisierungsgedanken
[4] vgl. „Instrumentalziel" dieser Arbeit: Abb. 1.4(b), S. 6
[5] vgl. „Fundamentalziel" dieser Arbeit: Abb. 1.4(a), S. 6

6.2 Modellgrundlage zur Industrialisierungstheorie

Die betrachteten Fallstudien, die Literaturrecherchen und nicht zuletzt die durchgeführten Experimente zum Machine-Vision-System zeigen, dass es sich beim Aufbau von Preform-Strukturen und Prepreg-Laminaten um komplexe Fertigungsprozesse handelt, die hohe Anforderungen an die angestrebte Industrialisierung stellen. Durch die durchgeführten Machine-Vision-Integrationen konnten die Prozessfähigkeit quantifiziert und gleichzeitig auf Basis der gewonnenen Erkenntnisse neue Handlungsoptionen abgeleitet werden, wie die Prozessfähigkeit weiter zu verbessern ist. Mit der Verbesserung geht eine Kostensenkung einher, die darauf zurückzuführen ist, dass Ausschuss während des generativen Preformaufbaus nicht mehr weitergegeben wird bzw. im Falle der Prozessregelung gar nicht erst entsteht. Durch die Messgrößen stehen zudem auch Stellgrößen für eine Automatisierung bereit, die eine weitere Kostensenkung bei gleichzeitiger Produktivitätssteigerung in Aussicht stellt, sodass der Industrialisierungsgedanke (besser – billiger – schneller) in allen drei Facetten bedient wird.

Doch was sind nun die Anforderungen an ein Modell, das trotz aller Vereinfachungen eine ausreichende Strukturgleichheit zu realen Produktionen besitzt, um eine wirtschaftlich begründete Entscheidung für oder gegen die Messtechnik-Integration zu ermöglichen sowie eine Prognose darüber zu erlauben, welchen Nutzen die Messtechnik-Integration stiftet? Zur Beantwortung dieser Frage werden die Anforderungen aus den Erkenntnissen der fallübergreifenden Analyse in den folgenden Abschnitten hergeleitet.

In den Fallstudien wurde bestätigt, was schon bei der Untersuchung des Machine-Vision-Systems erkannt wurde: Die komplexen optischen Materialeigenschaften haben einen signifikanten Einfluss auf Messergebnisse und sind daher bei der Messtechnik-Integration und deren Nutzenbewertung zu berücksichtigen. Der Nutzen einer Messung kann nur im Wirkungszusammenhang mit dem Fertigungsprozess gesehen werden. Daher ist im Modell ein Beitrag der Messtechnik vorzusehen, der den Nutzen durch Messen abbildet. Die technischen Randbedingungen, wie z. B. Toleranzanforderungen, sind hier zu berücksichtigen. Die Herstellung der Übereinstimmung von Anforderungen und deren Realisierung in einem gewissen Toleranzbereich werden als zentrale Modellelemente gefordert. Hierzu sind Kenntnisse über die Mess- und Fertigungsprozesse notwendig. Auch die gegenseitigen Abhängigkeiten sind zu modellieren. Die erste zentrale Modellanforderung ist damit die *gleichzeitige Betrachtung von Mess- und Fertigungsprozess* zur Berücksichtung der stochastischen Abhängigkeit.

Aufbauend auf dieser ersten Forderung ist die stochastische Abhängigkeit in geeigneten Zahlen zu erfassen. Zum Zeitpunkt, an dem über den Einsatz von Messtechnik entschieden wird, ist noch nicht bekannt, ob der Fertigungsprozess nicht auch ohne Messungen und Prozesseingriffe, die auf diesen Messungen basieren, erfolgreich verläuft. Ohne Messtechnik liegen keine Kenntnisse vor. Wären diese vorhanden, stünden die notwendigen Prozessinformationen bereit und müssten nicht durch Messen beschafft werden.

Abhängig von der getroffenen Entscheidung „Messtechnik einsetzen“ bzw. „Messtechnik nicht einsetzen“ verändern sich, wie oben beschrieben, die Erwartungen an das Ergebnis des Fertigungsprozesses, wenn davon ausgegangen wird, dass auf Basis der Informationen aus den Messungen korrigierend in den Prozess eingegriffen wird. Die Anforderung besteht somit darin, das Grundmodell der Entscheidungstheorie mit einer *entscheidungsabhängigen*

Bewertung der Umweltsituation auszustatten.

Das Modell kann nur bestehen, wenn die Konsequenzen der vorliegenden Entscheidung unter Risiko hinreichend bekannt sind. Andernfalls kann dem berechneten Wert der Information durch Messen nicht vertraut werden. Aufgrund der komplexen und selten transparenten Kosten- und Erlösverrechnung ist dies eine besondere Herausforderung. Das Modell ist dazu derart zu gestalten, dass die Auswirkungen des messtechnischen Einflusses (Einfluss auf Output) in einem bekannten Verhältnis zum messtechnischen Einsatz (Input) stehen. Durch Variation des messtechnischen Inputs (ceteris paribus) können die fertigungstechnischen Konsequenzen, die im besten Fall eine Prozessverbesserung darstellen, quantifiziert werden. Der Beitrag zur Produktionsverbesserung hängt dabei von den Zielsetzungen des Entscheiders ab, da die Bewertung stets subjektiv ausfällt. Die *Quantifizierung des messtechnischen Beitrages zur Produktionsverbesserung* ist daher als ein zentrales Modellelement zu gestalten.

Ohne Beschränkung der Allgemeinheit fokussiert sich das zu erarbeitende Modell auf Fertigungsprozesse, die über die gemessenen Größen im Sinne einer Prozessregelung beeinflusst werden können. Die Messergebnisse werden dazu an den eigentlichen Fertigungsprozess oder vorausgehende Schritte rückgekoppelt. Dies wird über Regelkreise vollzogen, die einerseits von prozessintegriert bis maschinennah eine schnelle Beeinflussung der Produktion ermöglichen, andererseits aber auch größer ausgelegt werden können, wie z. B. durch Rückführung eines Messergebnisses an die Konstruktion und Fertigungsplanung. Daher ist die *Eignung des Fertigungsprozesses für eine Prozessregelung oder -steuerung* eine wichtige Anforderung an das Modell. Da die meisten industriellen Prozesse über Regelungen stabil gegenüber Störungen und Schwankungen in den Führungsgrößen gehalten werden, ist diese Voraussetzung in der Regel erfüllt. Viele Prozesse können ohne regelnde und steuernde Eingriffe gar nicht betrieben werden. Der Standpunkt, dass das Fasermaterial mit reproduzierbaren Qualitäten („wie ein herkömmliches Stahlblech aus dem Regal“) behandelt werden könnte, wurde im Verlauf der Fallstudien aufgegeben. Hieraus resultiert die Schlussfolgerung, dass Regelkreise notwendig sind. Zur Prozessverbesserung steht dabei die direkte Prozessregelung im Vordergrund. Hierzu ist eine In-Prozess-Integration der Messtechnik vorzunehmen. Ist aufgrund des Fertigungsprozesses selbst nur eine schichtweise Prüfung möglich (Inline-Messung), ist dies lediglich geeignet, um Ausschuss frühzeitig zu erkennen und die Weitergabe zu verhindern. Erfolgversprechender für die Inline-Messung ist die Weitergabe der Information an den Folgeschritt, sodass eine zustandsbasierte Ablageplanung im generativen Aufbau ermöglicht wird.

Die Anforderung, die komplexe Realität für den Modellzweck gedanklich durchdringbar zu gestalten, ist durch den beschreibenden Modellcharakter abzubilden. Dazu ist eine Modellsystemgrenze zu wählen, die die zur Entscheidungsfindung relevanten Elemente enthält. Dabei ist die Relevanz so festzulegen, dass die Entscheidungssituation und deren Einflüsse und Randbedingungen für den Entscheidenden überschaubar und nachvollziehbar gehalten werden. Die Fallstudien haben gezeigt, dass der Aufbau der textilen Verstärkungsstruktur bzw. die Tapeablage von Prepreg als geeignete Systemgrenze tauglich ist. Zur *praxistauglichen Komplexitätsreduktion* sollte das Modell hier eine weitere Einschränkung auf das Grundelement des generativen Aufbaus vornehmen, für welches der Industrialisierungsnutzen der Messtechnik zu quantifizieren ist. Die Anforderung für das Entscheidungsmodell ist es insofern, eine Komplexitätsreduktion derart vorzunehmen, dass die Modellierung mit den für das relevante Realsystem wichtigsten Elementen und Relationen gelingen kann.

Nicht zuletzt ist zu konstatieren, dass das Modell keine reine Kostenumverteilungsfunktion für die interne Betriebsrechnung darstellen soll. Vielmehr sollen einer Messung zurechenbare Kosten und Erlöse erfasst werden, sodass im Sinne eines Prozessmanagements Prozessverbesserungen möglich werden, indem Kostentreiber aufgedeckt und eliminiert werden. Vor dem Hintergrund des Ziels angewandter Forschung, Probleme aus der Praxis aufzugreifen und nach der wissenschaftlichen Theoriebildung die Praxis zu beraten, wird eine Ausarbeitung des Modells bis hin zu einem Entscheidungsmodell gefordert, sodass *Handlungsempfehlungen für die Gestaltung der Praxis* abgeleitet werden können.

6.3 Konstitutive Bestandteile

Das relevante Realsystem ist derart komplex, dass nur eine Reduktion des Problems auf die wichtigsten Elemente und Relationen eine gedankliche Durchdringung zulässt. Auf Basis des in Kapitel 2 beschriebenen Defizits in der heutigen Produktion, den Randbedingungen zum Messtechnikeinsatz (Kap. 4) und der Analyse der Anforderungen an die Messtechnikintegration aus den Fallbeispielen (Abschn. 6.1) wird in den folgenden Abschnitten ein Modell zur Beschreibung des Nutzens fertigungsintegrierter Messungen für die generative Faserverbundproduktion entworfen. Die in Kapitel 3 vorgestellten Ansätze und Methoden bilden die Basis des Modellkonzeptes. Nach der Synthese und Ausdetaillierung des Modells folgen in Kapitel 7 die abgeleiteten Handlungsempfehlungen für die Praxis.

6.3.1 Stochastische Abhängigkeit von Fertigungs- und Messprozess

Um der Forderung nach einer gleichzeitigen Betrachtung von Mess- und Fertigungsprozess gerecht zu werden, wird die für den generativen Preform- und Laminataufbau gefundene stochastische Abhängigkeit zwischen Fertigungs- und Messprozess bei der Modellbildung berücksichtigt.

Dies erfolgt bei der Modellierung durch eine Transformation, bei der das Element „Messprozess“ und das Element „unbekannter Fertigungsprozess“ in ein neues Element „bekannter Fertigungsprozess“[6] transformiert werden. Dieses besitzt dann die Eigenschaft, dass ein Merkmal bzw. ein Prozesszustand nach der Messung bekannt ist. Durch die Unsicherheit, mit der jede Messung behaftet ist und durch die Information über die Verteilung, mit der diese Unsicherheit abzubilden ist, liegt die Information über die Verteilung des Fertigungsprozesses in Form einer breiteren, stärker streuenden Verteilung vor („Betrachtung der Fertigung durch eine unscharfe Brille“). Die Verteilungen sind Grundlage der Bewertung und damit elementarer Modellbestandteil und als solche Eingangsgrößen des Modells.

Ein weiterer wichtiger Modellparameter ist die Toleranz, die angibt, ob eine Merkmalsausprägung spezifikationskonform ist oder nicht. Sie ist bei der Prozessgestaltung zu berücksichtigen, um durch die effiziente Kombination von Mess- und Fertigungsprozess eine bestimmte beobachtete Prozessfähigkeit zu erreichen. Ohne Beschränkung der Allgemeinheit werden im Folgenden normalverteilte Prozesse betrachtet, wie sie auch bei der Faserorientierungsmessung und der optischen Geometriemessung vorliegen. Für Kombinationen

[6] Anmerkung: „bekannt“ hinsichtlich des gemessenen Merkmals

anderer Verteilungen sei auf ZINNER verwiesen [162]. Der für die optische Messung von anisotropen Strukturen mit komplexem Reflexionsverhalten gefundene stochastische Zusammenhang zur Fertigungsstreuung ist auch hier zu berücksichtigen.

Zur Abbildung von Eingangsinformationen des Modells, die mit einer Unsicherheit behaftet sind, werden die Modellparameter „Streuung des Fertigungsprozesses (A-priori-Wahrscheinlichkeiten)", „Unsicherheit des Messprozesses" und, daraus abgeleitet, die „Prozessfähigkeitsindizes" eingeführt.

Mit der Randbedingung der Toleranzvorgabe und der zu erreichenden Prozessfähigkeit sind Sollgrößen für die maximal zulässige Prozessstreuung vorhanden, die die effiziente Kombination von Mess- und Fertigungsprozess vorgeben. Die Eingangsinformationen, die auf die Kombination wirken, sind die Streuung des Fertigungsprozesses, die sich a-priori aus der Wahrscheinlichkeitsdichteverteilung des Prozesses ergibt, sowie die Ergebnisse der Messung als stochastisch abhängige Ereignisse des Fertigungsprozesses (*Likelihoods*, s. Abschn. 3.3.3). Mit der Messung und ihrem Messergebnis steht eine beobachtete Prozessstreuung bereit, die als A-posteriori-Information die Basis für Entscheidungen im Prozess bildet und damit ein konstitutives Modellelement darstellt.

6.3.2 Entscheidungsabhängige Umweltsituationen

Aus der Erkenntnis, dass die Umweltsituationen, die es im Entscheidungsmodell zu berücksichtigen gilt, von der Entscheidung selbst abhängen, wird diese Abhängigkeit als Element in die Modellierung aufgenommen. Ausgehend von dem Grundmodell der Entscheidungstheorie wird dazu ein Entscheidungsmodell formuliert, das den Nutzen fertigungsintegrierter Messungen quantifiziert und dem Verzicht auf die Messtechnikintegration gegenüberstellt.

Die konstituierenden Modellbestandteile sind die Zielsetzung des Entscheiders, die Umweltsituationen s mit ihren Eintrittswahrscheinlichkeiten (Risiken) $p(s)$ sowie die Handlungsalternativen a. Die Umweltsituationen werden über die Produktion bestimmt, die mit einer Streuung σ_F behaftet ist, sodass das Risiko besteht, dass ein Teil der produzierten Menge nicht der Spezifikation entspricht (z. B. durch die Überschreitung einer gewissen Toleranzvorgabe T).

Die Handlungsalternativen bestehen darin, entweder eine Messung durchzuführen und ggf. in den Prozess korrigierend einzugreifen oder die Messung nicht durchzuführen. Der korrigierende Eingriff wird in einem ersten Schritt des Modellentwurfes nicht modelliert, da er in Abhängigkeit von der gewählten Alternative zu einer Änderung der Bewertung der erwarteten Umweltsituation führt. Dies ist im Grundmodell der Entscheidungstheorie nicht vorgesehen (s. Abschn. 3.3.3, S. 43). Diese Rückkoppelung wird separat in einem zweiten Schritt betrachtet, der eine Erweiterung des Grundmodells vornimmt. Tabelle 6.1 zeigt den Einfluss der Wahl der Handlungsalternative auf die zu erwartende Umweltsituation. Die Wahrscheinlichkeit $p(s)$ für einen erfolgreichen Fertigungsschritt hängt von der Prozessstreuung[7] ab, die die vorgegebene Toleranz in Abhängigkeit eines gewissen Vertrauensniveaus nicht überschreiten darf. Für eine 6-Sigma-Forderung beispielsweise darf

[7]Die Prozessstreuung drückt die Zufälligkeit der Fertigung aus, die in der entscheidungstheoretischen Modellierung als „Umwelteinfluss" bzw. „Umweltsituation" beschrieben wird.

die Prozessstreuung σ_F die Toleranz T nicht um mehr als das 6-fache dieser Standardabweichung (bei einem normalverteilten Prozess) überschreiten ($k = 6$). Die beobachtete Streuung σ_F^* ist aufgrund der Messunsicherheit zwar höher als die wahre Streuung, mit dem Verzicht auf die Messung ist sie jedoch unbekannt oder nur unzureichend abschätzbar. Mit der Information durch das Messen wird der Prozesseingriff erst möglich (Schließen eines Regelkreises auf Basis der Messung). Durch den regelnden Eingriff kann die Prozessstreuung σ_F^* deutlich unter die a-priori vorhandene Streuung σ_F gebracht werden. Beide Einflüsse gilt es zu berücksichtigen. Das Ziel ist die Überkompensation des Einflusses der Messunsicherheit durch die erreichte Prozessverbesserung.

Tabelle 6.1: Bewertung der Umweltsituation in Abhängigkeit der Handlungsalternative

Alternativen a_k	**Umweltzustand s, s^* (abhängig von a_k)**	
	Toleranz eingehalten	Toleranz nicht eingehalten
nicht Messen a_1	$s: \ k \cdot \sigma_F < T$	$(1-s): \ k \cdot \sigma_F > T$
Messen/Eingreifen a_2	$s^*: \ k \cdot \sigma_F^* < T$	$(1-s^*): \ k \cdot \sigma_F^* > T$

6.3.3 Quantifizierung des Integrationsnutzens

Zur Quantifizierung des messtechnischen Industrialisierungsbeitrages ist über die bisher eingeführten Bestandteile des Entscheidungsmodells auch die Zielsetzung des Entscheiders als Modellelement zu berücksichtigen. Die Zielsetzung ist abgeleitet durch die Betrachtung eines ökonomisch rationalen Entscheiders. Ihre Subjektivität spiegelt sich in der Auswahl des Produktionsverantwortlichen zur Zieldefinition wider. Das Ziel der Erlösmaximierung leitet sich ab aus den Zielen der Kostenminimierung bei konstanter betrieblicher Wertschöpfung. Die Veränderung der Erlös-Kosten-Relation durch den Einsatz von fertigungsintegrierten Messungen zeigt denjenigen Beitrag der Wertschöpfung, der durch Beseitigung opportuner (Herstell-)Kosten die Erlösseite stärkt. Der Nutzen kann daher, analog zum Grundmodell der Entscheidungstheorie, über die Opportunitätskosten modelliert werden.

Die Herstellkosten sind in der Regel unbekannt, d. h. sie bleiben eine unternehmensinterne Größe, die dem externen Betrachter verborgen bleibt. Die Validierung eines Kostenvorteils durch Einsparungen bei den Herstellkosten kann daher nur indirekt über die betriebliche Wertschöpfung und den damit verbundenen Marktpreisdifferenzen erfolgen. Aufgrund der bekannten Fasermaterialpreise (Vorleistung) und der Marktpreise der finalen Faserverbundbauteile (Leistung) kann eine Einsparung bei den eingesetzten Rohstoffen „Fasermaterial“ als Steigerung der Ressourceneffizienz eingeordnet werden, die den reduzierten Verbrauch der Vorleistung quantifiziert. Der Anteil der Kosteneinsparung wird dazu über die Verbesserung der Prozessfähigkeit abgeschätzt.

6.3.4 Integration von Entscheidungsbaum und Qualitätsregelkreis

Der Entscheidungsbaum als zentrales Element des Grundmodells „Wert einer Information" (s. Abschn. 3.3.3) wird für das zu erarbeitende Entscheidungsmodell um eine Rückkoppelung erweitert. Die Rückkoppelung folgt dem Gedanken des Qualitätsregelkreises (s. Abschn. 3.3). Dies ist für einen Entscheidungsbaum mit den Standardelementen „Wurzel, Zweige, Blätter" per Definition nicht vorgesehen. Der Entscheidungsbaum ist daher derart in einen Regelkreis einzubetten, dass eine Informationsrückführung gelingen kann. Qualitätsregelkreis und Entscheidungsbaum bilden damit die Basis des Entscheidungsmodells.

6.3.5 Systemgrenzen bei generativer Fertigung

Die Systemgrenze des Modells kann ohne Beschränkung der Allgemeinheit auf einen Ausschnitt der Wertschöpfungskette beschränkt werden. Da jedoch jeder Fertigungsschritt für sich eine nicht zu unterschätzende Komplexität bei der Bewertung seines Wertschöpfungsbeitrages aufweist, ist auch eine Betrachtung nur weniger Fertigungsschritte innerhalb des Modells eine große Herausforderung. Zur Reduktion der Komplexität werden im zu erarbeitenden Entscheidungsmodell daher nur die Opportunitätskosten aufgenommen, die im unmittelbar nächsten Fertigungsschritt entstehen würden, falls nicht die bessere Handlungsalternative gewählt wird. Zur Beschreibung des Einflusses auf die Wertschöpfung wird ein Fokus auf die Herstellkosten innerhalb der betrieblichen Wertschöpfung gelegt, da hier die größten Kostentreiber gesehen werden.

Um Handlungsempfehlungen für die Praxis ableiten zu können, stellt das Entscheidungsmodell die Präventionskosten durch den Einsatz von Messtechnik der erbrachten Präventionsleistung gegenüber. Eine solche Modellierung erfordert als Basis eine Beschreibungsmodellierung sowie erklärende Elemente, sodass eine Entscheidung im Gestaltungszusammenhang möglich wird. Nur so kann der produktionsverantwortliche Entscheider in die Lage versetzt werden, über Einsatz und Investitionen in Messtechnik für die Prozessverbesserung zu entscheiden und diese Entscheidungen somit auf eine rationale Grundlage zu stellen. Die konsequente Fortsetzung dieser Entscheidungssituation verlangt die gemeinsame Auswahl von Fertigungs- und Messprozess.

6.3.6 Zwischenfazit

Die durch die Anforderungsanalyse ermittelten Forderungen an das Entscheidungsmodell sind in Tab. 6.2 zusammengestellt. Die rechte Spalte zeigt die abgeleiteten konstitutiven Modellelemente, die als Konzeptelemente der Modellierung gewählt wurden. Mit diesen Elementen stehen die Eingangs- und Ausgangsgrößen des Modells sowie die die Transformation bestimmenden Parameter und Abhängigkeiten zur Verfügung. Die Ausdetaillierung des Modells erfolgt in den nächsten Abschnitten dieses Kapitels.

Tabelle 6.2: Spiegelung der Modellelemente an den Anforderungen

Modellanforderungen	**konstitutive Modellbestandteile**
gleichzeitige Betrachtung von Mess- und Fertigungsprozess	Toleranzvorgabe, A-priori-Wahrscheinlichkeitsverteilungen von Mess- und Fertigungsprozess, stochastische Abhängigkeit von Fertigungs- und Messprozess, Messunsicherheiten
Abbildung der Abhängigkeit der Umweltsituationen von der getroffenen Entscheidung	A-posteriori-Wahrscheinlichkeiten in Abhängigkeit der gewählten Handlungsalternative
Eignung für fertigungsintegrierte Informationsrückführung	Integration von Entscheidungsbaum und Qualitätsregelkreis
Abbildung der generativen Prozesskette	Verkettung der Qualitätsregelkreise mit den eingebetteten Entscheidungsbäumen, *Inline-Messung*: A-posteriori-Information ist A-priori-Information des Folgeschrittes, *In-Prozess-Messung*: A-posteriori-Information verbessert A-priori-Information im Regelkreis zum aktuellen Schritt
Quantifizierung des messtechnischen Beitrages zur Produktionsverbesserung (1. erreichte Prozessfähigkeit, 2. gesparte Kosten)	erweitertes Modell: Wert von Informationen, Erfolgsgröße: Kostenvermeidung in Abhängigkeit der erreichten Prozessfähigkeit, Nutzenfunktion (Subjektivität des Entscheidenden), Kosten- und Erlösrechnung, Opportunitätskosten als Teil der Qualitätskostenrechnung
praxistaugliche Komplexitätsreduktion	Systemgrenze berücksichtigt iterativ den unmittelbar folgenden Fertigungsschritt, Berücksichtigung der opportunen Herstellkosten als wesentliche Kostentreiber
Handlungsempfehlungen für die Gestaltung der Praxis	Entscheidungsalternativen „messen“, „nicht messen“ mit Nutzen bewertet, abgeleitete Normstrategien

6.4 Entscheidungsbasierte Industrialisierungstheorie

6.4.1 Basismodell „Wert von Informationen durch Messen“

Im Folgenden werden die Ergebnisse der Modellerarbeitung[8] dargelegt. Zur Modellbildung erfolgt die Synthese der Konzeptelemente, die sich wiederum aus der Analyse der Anforderungen an eine Gestaltung fertigungsintegrierter Messungen sowie aus der Analyse der Fallstudien ergeben. Dieses Kapitel enthält damit das Hauptforschungsergebnis und die ausdetaillierten Konzeptelemente zur entscheidungsbasierten Gestaltung der Machine-Vision-Integration. Im ersten Abschnitt werden die beschreibenden und erklärenden Modellelemente vorgestellt und die Erweiterung des Modells auf Messungen in Qualitätsregelkreisen erläutert. Für die vorliegende Arbeit wird dabei auf die Entscheidungstheorie zurückgegriffen, um zu modellieren, wie sich die Entscheidungssituation für den rationalen[9] Entscheider darstellt und implizit vorzugeben, wie er sich verhalten sollte. Mithilfe der Entscheidungstheorie gelingt es dabei Kriterien zu finden, die der Entscheider bei seiner Auswahl der für ihn günstigsten Handlungsalternative befolgt bzw. befolgen sollte (vgl. [135], S. 125).

Das entwickelte entscheidungstheoretische Modell zur Quantifizierung des Industrialisierungsbeitrages fertigungsintegrierter Messungen soll im ersten Schritt nicht direkt untersuchen, wie ein Entscheider in unterschiedlichen Entscheidungssituationen handeln soll (hier: „Messung und Prozesseingriff“ oder „keine Messung“). Es wird hingegen vordergründig analysiert, wie der Vorteil der gewählten Handlungsalternative gegenüber der nicht gewählten ausgedrückt werden kann. Ein solches Untersuchungsergebnis löst das Defizit, den Nutzen einer Messung nicht beschreiben zu können, auf. Nur durch diese Quantifizierung des Vorteils kann eine wirtschaftlich optimale Abstimmung einer risikobehafteten Messung mit dem streuungsbehafteten Messobjekt (Produkt, Prozess) gestaltet werden.

Zugrunde liegendes Entscheidungsmodell

Als Basis des Entscheidungsmodells zur Integrationsgestaltung dient das Modell „Wert einer Information“, das die beschreibenden und erklärenden Modellelemente enthält und bereits in Abschnitt 3.3.3 eingeführt wurde. Zur Abbildung des Modells auf die Fragestellung, in wie weit eine Messung zur Industrialisierung beiträgt, wird das Modell derart angepasst, dass eine Beschreibung ermöglicht wird, die aussagt, was die Entscheidungsalternativen „Messung und Prozesseingriff“ und „keine Messung“ bei Erreichen einer hinreichenden Prozessfähigkeit an monetären Konsequenzen nach sich ziehen. Am Anfang steht der zu modellierende Informationsgewinn durch Messtechnik. Ein in Zukunft eintretender Zustand, hier der Zustand eines Bauteils[10] nach einem Fertigungsschritt, kann zum Zeitpunkt der

---

[8] vgl. Abschn. 1.3 zum allgemeinen Modellbegriff sowie Abschn. 3.3.3 zu den Grundlagen von Entscheidungsmodellen

[9] Da jeder Entscheider subjektiv handelt, kann nicht von einer objektiven Rationalität ausgegangen werden. Bezogen auf die in dieser Arbeit behandelte Entscheidungssituation wird ein pragmatischer Mittelweg zwischen subjektiver und objektiver Rationalität gefunden, die hier als ökonomische Rationalität zu verstehen ist. Das Zielsystem ist hier ökonomisch orientiert und umfasst monetär bewertbare Ziele. Zur Herleitung dieses ökonomischen Rationalitätsbegriffs vgl. [103], S. 93.

[10] Korrekterweise müsste von einem Merkmal bzw. einer Merkmalsausprägung eines Bauteils gesprochen werden, da nur jeweils ein Merkmal mit seiner Spezifikation verglichen werden kann. Aus fertigungs-

Entscheidung diesen Fertigungsschritt zu veranlassen noch nicht unmittelbar beobachtet werden. Einen Fertigungsschritt zu starten, ist nur dann sinnvoll, wenn bereits die vorhergehenden Schritte den spezifizierten Bauteilzustand herstellen konnten und die Erwartung an das Gelingen des Fertigungsschrittes aus ökonomischer Sicht ausreichend hoch ist. Ein Bauteil, das bereits nicht mehr der Spezifikation entspricht, sollte auch nicht weiteren Bearbeitungsschritten zugeführt werden. Ein Fertigungsprozess, dessen (wirtschaftliches) Gelingen hinsichtlich des Erreichens der Kundenforderung fraglich ist, sollte nicht gestartet werden. Durch die fertigungsintegrierte Messtechnik soll erreicht werden, dass weder fehlerhafte Bauteile angenommen noch weitergegeben werden und schon gar nicht einem nicht fähigen Prozess zugeführt werden. Vielmehr sollen die Messergebnisse zur Prozessverbesserung herangezogen werden, um die notwendige Prozessfähigkeit sicherzustellen. Dies entspricht den Zielen der Null-Fehler-Produktion.

Der umsichtige Entscheider überprüft daher im Zuge einer Informationsbeschaffung diejenigen Größen, die bereits zu beobachten sind, und zieht hieraus Rückschlüsse hinsichtlich der zukünftig denkbaren Bauteilzustände. Falls dies nicht beachtet wird, befindet sich eine Fertigung im sprichwörtlichen Blindflug. Der Entscheider holt keine Informationen ein und bildet sein Wahrscheinlichkeitsurteil über zukünftige Bauteilzustände auf der Basis seines bisherigen Informationsstandes (a-priori). Für den Fall, dass Informationen beschafft werden, d. h. Messungen durchgeführt werden, korrigiert der Entscheider entsprechend den neuen Erkenntnissen sein bisheriges Wahrscheinlichkeitsurteil und wählt die Alternative, die sich nach Neubestimmung der Wahrscheinlichkeiten (A-posteriori-Wahrscheinlichkeiten) als besser erweist. Die Größen, die überprüft und unmittelbar zur Prognose der Ausprägungen der entscheidungsrelevanten Daten herangezogen werden, werden als Indikatoren bezeichnet. Sie sind Teil der Eingangsgrößen des Modells (z. B. A-priori-Informationen über Prozessgrößen[11]). Der Entscheider muss zudem durch Abwägung von Aufwand und Nutzen einer generierten Information festlegen, welche Indikatoren beobachtet werden sollen, d. h. was soll wo, wie, wann etc. gemessen werden. Bevor das zugrunde liegende Entscheidungsfeld aufgespannt werden kann, sind die Auswirkungen der Abhängigkeit von Messung und Fertigungsprozess darzulegen.

Stochastische Abhängigkeiten

Die stochastische Abhängigkeit von Messung und Fertigungsprozess ist in Abbildung 6.1 dargestellt. Da nur die Information aufgrund einer Messung eine Aussage über den Zustand eines Bauteils oder eines Fertigungsprozesses zulässt, ist diese das Ergebnis gemeinsamer Wahrscheinlichkeiten. Die Wahrscheinlichkeiten $p(s_1)$ und $p(s_2) = 1 - p(s_1)$ stehen hier für einen erfolgreichen Prozess mit dem erreichten Zustand s_1 bzw. nicht erfolgreichen Prozess mit dem erreichten Zustand s_2. Die Information bewertet den Prozesserfolg über die Messung. Die Messung ist mit einer Unsicherheit behaftet und führt daher bei der Informations-

technischer Sicht müssen alle Merkmale eines Bauteils der Spezifikation entsprechen. Somit wird der Einfachheit halber im Folgenden vom Zustand eines Bauteils gesprochen. Das Bauteil selbst steht repräsentativ für jegliche denkbaren Erzeugnisse oder Prozesse, die auf Basis gewisser Vorgaben zu erstellen bzw. durchzuführen sind.

[11] Es können innerhalb des Modells nur Prozessgrößen betrachtet werden, die auch gemessen werden können.

ableitung zu einem Risiko. Im besten Fall wird die Information I_j mit dem tatsächlichen Bauteilzustand y[12] als das zu bewertende Prozessergebnis übereinstimmen. Die Wahrscheinlichkeiten hierzu sind $p(I_1|s_1)$ für einen erfolgreichen Prozess, der auch als solcher bewertet wurde, sowie $p(I_2|s_2)$ für eine Fehlproduktion, die auch als solche erkannt wurde. Darüber hinaus besteht das Risiko, dass es zu einer Fehlbewertung durch das Messsystem kommt. Es besteht zum einen das Risiko, dass die Information I_1 (Bauteil in Ordnung „I.O.") gefällt wird, obwohl der Prozess nicht erfolgreich durchgeführt wurde. Ein solches Bauteil erreicht den Kunden oder den nächsten Prozessschritt (β-Fehler) und tritt mit der Wahrscheinlichkeit $p(I_1|s_2)$ auf. Zum anderen entsteht sogenannter „Pseudo-Ausschuss" (α-Fehler), wenn die Information I_2 ein Schlechtteil meldet (Bauteil nicht in Ordnung „N.I.O."), obwohl der Prozess eigentlich erfolgreich war (Wahrscheinlichkeit $p(I_2|s_1)$). Abbildung 6.1 illustriert den Zusammenhang anhand eines Zahlenbeispiels für die generative Fertigung und Messung von 100 Bauteilen in einem Beispielprozess.

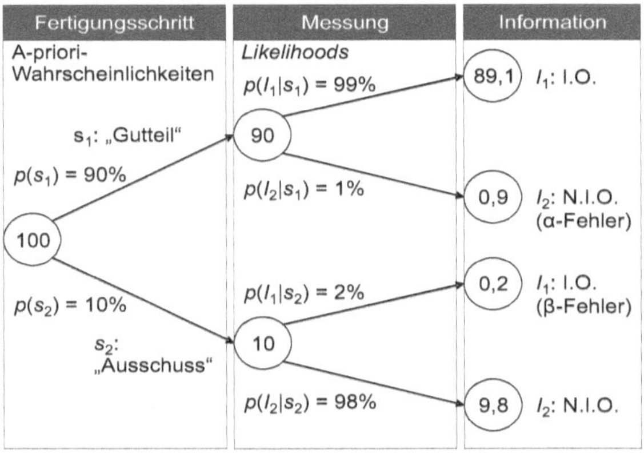

Abbildung 6.1: Stochastische Abhängigkeit des Messergebnisses vom Fertigungsprozess

Die beobachteten Wahrscheinlichkeiten bilden die Eingangsinformationen (Indikatoren). Die Bestimmung der *Likelihoods* ($p(I_j|s_i)$) kann durch eine Bestimmung der Messunsicherheit erfolgen, z. B. mithilfe des GUM [35]. Die A-priori-Wahrscheinlichkeiten $p(s_i)$ sind durch empirische Untersuchungen zu ermitteln (vgl. [162], S. 53). Die Anforderung der gleichzeitigen Berücksichtigung von Fertigungs- und Messprozess ist dabei im Modell abzubilden. Dazu wird die Abweichung der Messung und des Fertigungsprozesses kombiniert und aus der gemeinsamen Betrachtung eine gemeinsame Streuung ermittelt. Dies erfolgt durch die Faltung der Wahrscheinlichkeitsdichteverteilungen bzw. für normalverteilte Prozesse über die jeweiligen Additionen der Erwartungswerte und Varianzen. Gleichung 6.1 zeigt die quadratische Addition der Einzelbeiträge für die Standardabweichung analog zur

[12] y als Bauteilzustand (Realisation aus der Wahrscheinlichkeitsverteilung des Prozesses mit dem Mittelwert μ und der Streuung σ)

erwartungstreuen Addition der Varianzen:

$$\sigma_F^* = \sqrt{{\sigma_F}^2 + u^2} \tag{6.1}$$

Randbedingung ist hier, dass die eigentliche Prozessstreuung mit dem das diese betrachtende Messmittel nicht bewertet werden kann. Lediglich die beobachtete Prozessstreuung kann bewertet werden. Allerdings könnte sich diese der realen Prozessstreuung annähern, wenn der Prozess mit einem sehr genauen Messmittel ($U \approx 0$) beobachtet wird. Auch durch Entfaltung (*Deconvolution*) der bekannten Verteilungsfunktionen der beobachteten Prozessverteilung und der Verteilungsfunktion des Messsystems kann auf die zugrunde liegende unbekannte reale Prozessverteilung zurückgerechnet werden. Als Kennzahl zur Bewertung der Messtechnik-und-Fertigungsprozess-Kombination eignet sich hier die Prozessfähigkeit[13], die ein zulässiges Verhältnis von Toleranz zu Prozessstreuung vorgibt (z. B. $c_p > 1{,}33$). Analoges folgt für den Prozessfähigkeitsindex c_{pk} unter Berücksichtigung der Prozesszentrierung im Toleranzbereich.

$$c_p = \frac{T}{6\sigma_F} \tag{6.2}$$

Es ist zu beachten, dass die beobachtete Prozessfähigkeit analog zur beobachteten Prozessstreuung mit steigendem Verhältnis von Messunsicherheit U und Toleranz T fällt. Empirische Untersuchungen sollten daher die wahre Prozessfähigkeit c_p dadurch feststellen, dass die Prozessstreuungen mit einem Messsystem bewertet werden, dessen Messunsicherheit viel kleiner als die zulässige Toleranz ($U << T$) ist.[14]

$$c_{p,\text{beobachtet}} = \frac{1}{\sqrt{\frac{1}{c_p^2} + 36\left(\frac{U}{T}\right)^2}} \tag{6.3}$$

Umkehrung der Wahrscheinlichkeiten (Bayes-Theorem)

Um den angesprochenen hypothetischen Vergleich durchführen zu können, werden die Abhängigkeiten in die Form eines Entscheidungsmodells überführt. Tabelle 6.3 zeigt das Entscheidungsfeld, das die Grundelemente des Entscheidungsmodells abbildet. Dadurch dass die Informationen I_j durch das Messen eingeholt werden, ändern sich die Erwartungen an die Umweltzustände. Die a-priori erwarteten Wahrscheinlichkeiten $p(s_i)$ werden durch die A-posteriori-Wahrscheinlichkeiten $p(s_i|I_j)$ ersetzt. Die möglichen Kombinationen führen zu einem Nutzenwert u_{ki} bzw. $u_{k(i|j)}$.

Zur Modellbildung sind daher die Modellgleichungen für die Entscheidungssituation aufzustellen, sodass die A-posteriori-Wahrscheinlichkeiten mit Anwendung der Bayes'schen

[13]zur Definition der Prozessfähigkeitsindizes vgl. Pfeifer [111], S. 532

[14]Wenn im Folgenden von der Prozessfähigkeit als gemessene Größe gesprochen wird, ist natürlich stets die beobachtete Prozessfähigkeit gemeint.

Tabelle 6.3: Entscheidungsfeld als Modellgrundlage

Alternativen a_k	**Umweltzustände s_i (abhängig von a_k und I_j)**			
	s_1		s_2	
keine Messung a_1	u_{11}		u_{12}	
	$s_1\|I_1$	$s_1\|I_2$	$s_2\|I_1$	$s_2\|I_2$
Messung und Eingriff a_2	$u_{2(1\|1)}$	$u_{2(1\|2)}$	$u_{2(2\|1)}$	$u_{2(2\|2)}$

Statistik berechnet werden können. Dazu werden die im vorhergehenden Abschnitt eingeführten *Likelihoods* zur Transformation der A-priori-Wahrscheinlichkeiten mittels des Bayes'schen Theorems[15] in die A-posteriori-Wahrscheinlichkeiten herangezogen (Gl. 6.4).

$$p(s_i|I_j) = \frac{p(s_i) \cdot p(I_j|s_i)}{\sum_i (p(s_i) \cdot p(I_j|s_i))} \quad \text{mit} \quad \sum_i (p(s_i) \cdot p(I_j|s_i)) = p(I_j) \tag{6.4}$$

Abbildung 6.2 zeigt die Darstellung der Entscheidungssituation als Entscheidungsbaum, der sich aus den stochastischen Abhängigkeiten (s. Abb. 6.1) analog zur Transformation der Modellgleichungen ergibt.

Die Bewertung des Integrationsnutzens der Messtechnik für die dargestellte „Konformitätsprüfung" ergibt sich als Differenz der Erwartungswerte der im Entscheidungsfeld dargestellten Nutzenwerte (Tab. 6.3). Dazu werden die einzelnen Nutzenwerte mit ihrer Wahrscheinlichkeit für den erwarteten Umweltzustand gewichtet und summiert.

$$\begin{aligned} \Delta U_x = & p(I_1) \cdot (p(s_1|I_1) \cdot u_{2(1|1)} + p(s_2|I_1) \cdot u_{2(2|1)}) + \cdots \\ & \cdots + p(I_2) \cdot (p(s_1|I_2) \cdot u_{2(1|2)} + p(s_2|I_2) \cdot u_{2(2|2)}) + \cdots \\ & \cdots - (p(s_1) \cdot u_{11} + p(s_2) \cdot u_{11}) \end{aligned} \tag{6.5}$$

Es bleibt die Frage, wie geeignete Nutzenfunktionen $u_{k(i|j)}$ zu formulieren sind, um den Vorteil der Messtechnikintegration ($\Delta U_x > 0$) zu quantifizieren. Nach der Erweiterung des Entscheidungsmodells „Konformitätsprüfung" zum Modell „Regelkreis mit Messung und Prozesseingriff" im nächsten Abschnitt erfolgt diese bisher fehlende Nutzenbewertung.

6.4.2 Modelleinbettung von Qualitätsregelkreisen

Die Konformitätsprüfung, d. h. der Vergleich eines Merkmals mit der Spezifikation, ist im Gegensatz zu dem in dieser Arbeit verfolgten Ziel nur ein erster Schritt zur Senkung der

[15] Zu einführenden Rechenbeispielen zur Bayes'schen Statistik bei der Informationsbeschaffung vgl. [103], S. 221-223.

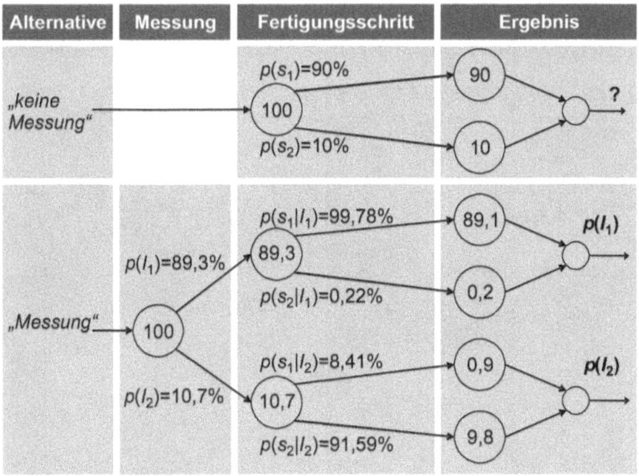

Abbildung 6.2: Entscheidungsbaum zur Modellunterstützung

Fertigungskosten. Durch sie wird Ausschuss prinzipiell nicht vermieden, sondern nur quantifiziert. Dem gegenüber stehen die Ziele des Qualitätsmanagements, das durch gestaltende Methoden und Techniken versucht, Verschwendung wie zum Beispiel Ausschuss gar nicht erst entstehen zu lassen. Die positiven Effekte auf die Kostensituation entsprechen bei diesem Ansatz der vermiedenen Blind- und Fehlleistung sowie weiteren Opportunitäten, die durch Wahl einer besseren Handlungsalternative aufgelöst werden und somit zu geringeren Kosten oder einer Erhöhung der betrieblichen Wertschöpfung führen (s. Abschn. 3.3.2). Ein gutes Beispiel ist der vermiedene Ausschuss: Im Gegensatz zum Modell „Konformitätsprüfung“, das aus dem eingeführten Entscheidungsmodell abgeleitet wird, wird der Nutzen nicht nur dadurch generiert, dass kein Ausschuss an interne Folgeprozesse bzw. externe Kunden weitergegeben wird, sondern vor allem dadurch, dass Ausschuss in einem Prozess möglichst nicht mehr entsteht. Die dazu notwendigen Maßnahmen werden auf Basis einer Messung eingeleitet und zielen auf eine direkte Prozessverbesserung, sodass der „Nutzen einer Messung zur Prozessverbesserung“ durch eine angepasste Modellgleichung quantifiziert werden kann.

Diese Anpassung der ersten Modellgleichung (Gl. 6.5) erfolgt durch die Erweiterung des Modells, indem die Entscheidungssituation in einen Qualitätsregelkreis eingegliedert wird. Das betrachtete System erweitert sich damit vom betrachteten Fertigungsprozess und dem folgenden Messprozess um die Elemente „Regler“ und „Rückkoppelung“ sowie die Parameter „Regelgröße“ und „Stellgröße“. Die erweiterte Systemgrenze schließt die Rückkoppelung mit ein. Abbildung 6.3 zeigt die Integration des Entscheidungsbaums in den Qualitätsregelkreis. Um die Messung zur Prozessverbesserung im Regelkreis mit der Steuerkette ohne Messung vergleichen zu können, wird die stochastische Abhängigkeit im Regelkreis in ein Entscheidungsmodell transformiert, wie es im vorhergehenden Abschnitt eingeführt wurde. Die Handlungsalternativen, die dieses Modell kennzeichnen, sind hier „Steuerkette ohne Messung“ und „Regelkreis mit Messung und Rückkoppelung bzw. Prozesseingriff“.

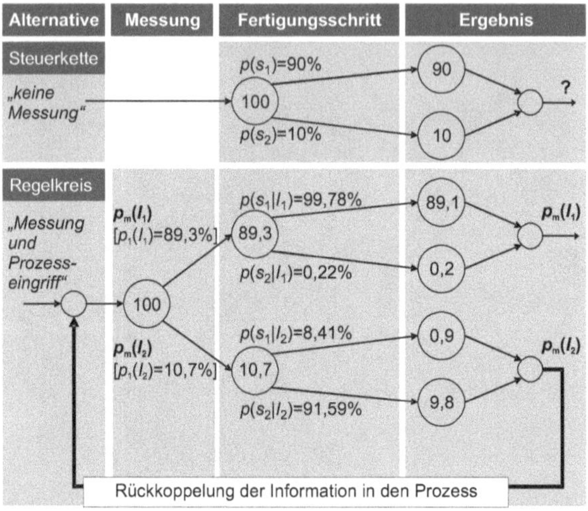

Abbildung 6.3: Einbettung des Entscheidungsbaums in einen Qualitätsregelkreis

Die Prozessstörungen führen dazu, dass das Entstehen eines Gutteils (Umweltzustand s_1) einer gewissen Wahrscheinlichkeit $p(s_1)$ unterliegt. Für den Regelkreis bedeutet dies, dass mit dieser Wahrscheinlichkeit das Merkmal innerhalb der Spezifikationsgrenzen liegt. Eine Aussage darüber liefert wiederum die von Störungen beeinflusste Messung. Die zu regelnde Größe wird damit unter Unsicherheit gemessen. Die vom Messsystem als noch fehlerhaft (nicht in Ordnung, „N.I.O.“) klassifizierten Merkmale bzw. Bauteile werden solange nicht freigegeben und im laufenden Fertigungsprozess gehalten bis sie der Qualitätsanforderung entsprechen. Dazu werden die Informationen über das Merkmal an die Fertigungssteuerung zurückgeführt und mit dem Sollwert verglichen. Die Differenz wird mittels bestimmter Regeln durch einen Prozesseingriff verringert bzw. eliminiert. Diese Aufgabe übernimmt der Regler. Im Qualitätsmanagement entspricht der Regler der Qualitätsmanagementmethode, sodass sich der Prozesseingriff und dessen Dynamik ohne Beschränkung der Allgemeinheit auch für eine den Prozessschritt übergreifende Gestaltung eignen. Die Randbedingung dieser Modellierung ist, dass die Fertigungsprozesse für eine kontinuierliche Regelung geeignet sind. Ist eine Korrektur während oder nach einem Bearbeitungsschritt nicht mehr möglich, stößt dieses Modell an seine Grenzen (Beispiel: „... schon dreimal abgesägt und immer noch zu kurz ...“). Vielmehr sorgt der vorgeschaltete Regler dafür, dass ein schrittweises Annähern an die Spezifikation vollzogen wird, sodass ein Überschwingen der Regelung, die in vielen Fällen zu einem nicht korrigierbaren Schaden beim generativen Faserverbundaufbau führt, nicht auftritt.

Der Kern dieser Beschreibung besteht darin, dass Messungen, die eine Überschreitung der Toleranzgrenze feststellen, an einer Stelle im Prozess derart integriert sind, dass eine Korrektur des Prozesses weiterhin möglich ist. Daher wird hier und im Folgenden von fertigungsintegrierten Messungen gesprochen. Störungen, die auf den Prozess einwirken, führen durch die konstante Rückführung der Information in Form des Messergebnisses also nicht zur reinen Zählung des Ausschusses, sondern zu einer Information des Prozesses über die Möglichkeit der Korrektur während der eigentlichen Fertigung. Wenn keine Möglichkeit zum Eingriff besteht, reduziert sich die Modellierung auf den eingeführten Fall „Konformitätsprüfung". Ein erster Schritt in Richtung einer Prozessregelung ist die sogenannte Nacharbeit. Fehlerhafte Bauteile werden hierzu wie bei einer Regelung in den Bearbeitungsprozess zurückgesteuert. Ein höherer Automatisierungsgrad und eine schnelle Rückkoppelung der Information lassen den Regelkreis sich immer schneller und enger an den eigentlichen Prozess annähern (s. Abb. 6.4).

Hierzu wird die Konformitätsprüfung in der maximalen Geschwindigkeit von Prozess und Messung durchgeführt und damit der quasi-kontinuierliche Eingriff ermöglicht. Die Kosten der Messung steigen im besten Fall jedoch nur relativ gering mit der Anzahl der notwendigen Messungen. Nicht zuletzt dadurch bietet sich die kontinuierliche Messung an, die in den folgenden Abschnitten hergeleitet wird.

Der in den Qualitätsregelkreis eingebettete Entscheidungsbaum transformiert im vorliegenden Modell eine Vorleistung (Input) in eine Leistung (Output). Die vom Messsystem als nicht spezifikationskonform deklarierten Merkmale werden im Transformationsprozess belassen, d. h. so lange als Input betrachtet und bearbeitet, bis auch für sie das Messsystem die Freigabe erteilt. Die Wahrscheinlichkeit, dass nach m Schritten noch Merkmale in Bearbeitung sind, die das Messsystem als „Ausschuss" findet, sinkt exponentiell mit der Anzahl der Iterationen, wenn zwischen jeder Messung ein Fertigungsschritt mit der A-priori-Erfolgswahrscheinlichkeit $p(s_1)$ durchgeführt wird:

$$p_{\mathrm{m}}(I_2) = (p_1(I_2))^m = (p(I_2))^m \quad \text{mit } p(I_2) \in [0;1], m \in \mathbb{N} \tag{6.6}$$

Der ideale Output wird nur zum Teil realisiert. Durch die Messung wird der Anteil mit der Wahrscheinlichkeit $p(I_1)$ als Leistung deklariert, obwohl hier der unentdeckte Fehleranteil $p(s_2|I_1)$ enthalten ist. Durch die Regelung (Messen und Prozesseingriff) wird $p(I_1)$ mit jedem Durchlauf m des Regelkreises erhöht. Die Übertragungsfunktion lautet für diesen Fall:

$$\begin{aligned} p_{\mathrm{m}}(I_1) &= p_{\mathrm{m\text{-}1}}(I_1) + p_{\mathrm{m\text{-}1}}(I_2) \cdot p_1(I_1) = p_{\mathrm{m\text{-}1}}(I_1) + p_{\mathrm{m\text{-}1}}(I_2) \cdot p(I_1) \\ &= 1 - p_{\mathrm{m}}(I_2) = 1 - (p(I_2))^m \end{aligned} \tag{6.7}$$

Abbildung 6.4 zeigt die Verbesserung der Transformation mit jeder Iteration m für einen Beispielprozess[16], bei dem die gemeinsame Wahrscheinlichkeit für ein positives Messergebnis $p(I_1) = 0{,}893$ beträgt (und damit $p(I_2) = 0{,}107$). Durch diese Transformation ist in diesem Beispiel bereits nach zwei Schritten ein 3-Sigma-Niveau ($p > 99\,\%$) erreicht. Nicht

[16]zum Zahlenbeispiel vgl. Abb. 6.3 und 6.4

zu vergessen ist hier die Tatsache, dass trotz Weitergabe nahezu allen Inputs (d. h. kein gefundener Ausschuss) der weitergegebene Output in seinem Erwartungswert der Wahrscheinlichkeit $p(I_1)$ den unentdeckten Fehleranteil $p(s_2|I_1)$ birgt:

$$\begin{aligned} p_{\mathrm{m}}(s_2|I_1) &= \frac{p_1(s_2|I_1)}{p_1(I_1)} \cdot p_{\mathrm{m}}(I_1) \cdot (1 + p_{\text{m-1}}(I_2)) \\ &= \frac{p(s_2|I_1)}{p(I_1)} \cdot p_{\mathrm{m}}(I_1) \cdot (1 + p_{\text{m-1}}(I_2)) \end{aligned} \tag{6.8}$$

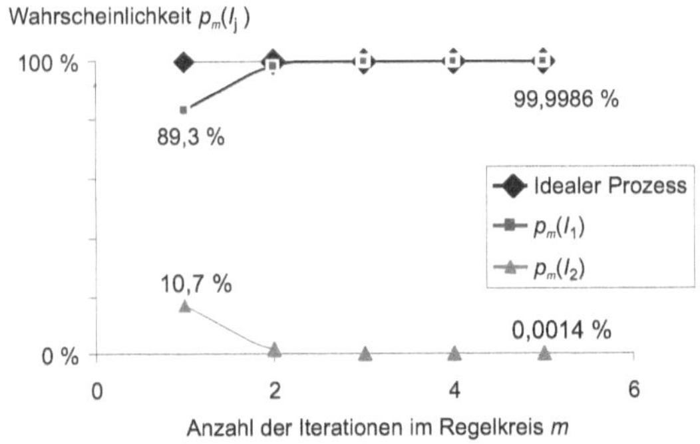

Abbildung 6.4: Erhöhung des Outputs beim iterativen regelungstechnischen Eingriff

Die Iterationen finden innerhalb eines Fertigungsschrittes x statt. Die Frage ist nun, wie sich die Regelung auf die hergeleitete Modellgleichung (Gl. 6.5) auswirkt. In erster Näherung werden dazu lediglich die gemeinsamen Wahrscheinlichkeiten $p(I_{\mathrm{j}})$ durch die gemeinsamen Wahrscheinlichkeiten $p_{\mathrm{m}}(I_{\mathrm{j}})$ ersetzt, die bereits m Iterationen im Regelkreis durchlaufen haben:

$$\begin{aligned} \Delta U_{\mathrm{m,x}} = p_{\mathrm{m}}(I_1) \cdot (p(s_1|I_1) \cdot u_{2(1|1)} + p(s_2|I_1) \cdot u_{2(2|1)}) + \cdots \\ \cdots + p_{\mathrm{m}}(I_2) \cdot (p(s_1|I_2) \cdot u_{2(1|2)} + p(s_2|I_2) \cdot u_{2(2|2)}) + \cdots \\ \cdots - (p(s_1) \cdot u_{11} + p(s_2) \cdot u_{11}) \end{aligned} \tag{6.9}$$

6.4.3 Nutzenbewertung der Fertigungsintegration

Mit sinkender Prozessstreuung σ_{F} und geringerer Abweichung des Erwartungswertes μ vom spezifizierten Wert innerhalb eines Toleranzbereichs T steigt die Prozessfähigkeit c_{pk}[17]. Diese ist somit eine geeignete Kennzahl zur Feststellung, ob die Integration von Messtechnik in

[17] Es bleibt zu berücksichtigen, dass ohne Messung keine Kenntnisse über die Prozessfähigkeit vorliegen. Daher ist die beobachtete Prozessfähigkeit gemeint (s. Gl. 6.3).

Qualitätsregelkreisen den gewünschten Effekt erzielt. Dazu wird gefordert, dass die durch Messen und Prozessregelung erreichte Prozessfähigkeit größer oder gleich der geforderten Prozessfähigkeit (z. B. $c_{\text{pk}} \geq 1{,}33$) ist. Ist diese Forderung erfüllt, kann eine geeignete Nutzenfunktion eingeführt werden. Auf einer Skala von 0 bis 1 würde der Nutzen einer erfüllten Prozessfähigkeitsforderung mit 1 honoriert ($u_{\text{k(i|j)}} = 1$) und eine Nichterfüllung mit 0 ($u_{\text{k(i|j)}} = 0$). Sobald die Messung mit weniger Schwankungen und Abweichungen als der Fertigungsschritt behaftet ist, ist dieses Vorgehen zielführend und resultiert in einem positiven Erwartungsnutzen. Interessant wird die Betrachtung der Verkettung mehrerer Fertigungsschritte, wie sie beim generativen Faserverbundaufbau vorliegt. Die Prozessfähigkeit eines Einzelschrittes ist dabei nicht zu vergleichen mit der Prozessfähigkeit der Fertigungsfolge. Wenn dann auch noch geklärt ist, ob ein Fertigungsschritt für eine Regelung geeignet ist, bleibt am Ende die Frage, wie hoch neben dem technischen Nutzen der wirtschaftliche Nutzen der Investition in fertigungsintegrierte Messtechnik ist.

Zur Beantwortung dieser Frage wird die Übertragung der Nutzenfunktion in monetäre Werte vorgenommen. Der Nutzen als Konsequenz einer Handlungsalternative unter Eintritt eines gewissen Umweltzustandes wird für die vorliegende Arbeit in den Opportunitätskosten gesehen, die innerhalb der betrachteten Fertigungsfolge als Systemgrenze des Modells eingespart werden können. Diese Sichtweise schreibt die aktuellen Prozesskosten als Status quo fest und modelliert damit eine Kostenersparnis als Präventionsleistung, die die betrachtete Wertschöpfungskette bei Erreichen der Systemgrenze aufgrund eines höheren Qualitätsniveaus durch fertigungsintegrierte Messtechnik erzielt. Ebenso wird der reduzierte Einsatz von Vorleistungen der Prävention durch den Einsatz von Messtechnik in Regelkreisen gutgeschrieben.

Der eigentlich subjektive Entscheider wird im Sinne eines objektivierenden Ansatzes als rational handelnder Produktionsverantwortlicher betrachtet, dessen Fundamentalziel das Erreichen einer gewissen Wertschöpfung[18] bei minimalen Kosten im betrachteten und von ihm zu verantwortenden Fertigungssystem ist.

Die Aufschlüsselung der Opportunitätskosten ist nicht nur branchenspezifisch, sondern im Einzelfall auch komplex, sodass zu einer Sensitivitätsanalyse geraten wird, die die möglichen Ergebnisse im betrachteten Entscheidungsmodell mit gewichteten Einflüssen auf die Opportunitätskosten versieht. Die Berechnung der qualitätsbezogenen Kosten, insbesondere der Fehlerverhütungskosten, der Prüfkosten und der Fehlerkosten, auch benannt als Konformitäts- und Nonkonformitätskosten, ist ausführlich in Linss [89] beschrieben.[19] Für den praxistauglichen Einsatz des zu erarbeitenden Entscheidungsmodells ist diese Komplexität zu begrenzen. Das Modell soll daher vereinfachend Kostentreiber berücksichtigen. Innerhalb der Systemgrenze „Produktion über n Fertigungsschritte“ werden daher interne Prüfkosten und Fehlerverhütungskosten (Konformitätskosten als geplanter Einsatz von Messtechnik) und interne Fehlerfolgekosten (als systemrelevanter Teil der Nonkonformitätskosten) betrachtet.[20] Die Vermeidung letzterer sowie die Vermeidung opportuner Fer-

[18] Um den Wertschöpfungsbeitrag der Messtechnik herzuleiten, beschränkt sich die Rechnung in dieser Arbeit auf die Brutto-Wertschöpfung aus gewöhnlicher Geschäftstätigkeit. Zur Herleitung der betrieblichen Wertschöpfung vgl. Schierenbeck [121], S. 64.

[19] zur Berechnung der qualitätsbezogenen Kosten vgl. [89], S. 474-478

[20] Im Sinne des Bildes vom „Eisberg“, vgl. [89], S. 463, sind die internen Fehlerkosten (üblicherweise erfasst durch Ausschuss, Nacharbeit und Reklamation) nur die Spitze eines Eisbergs. Versteckte, zumeist ex-

tigungskosten (Stichwort: Veredelung von Ausschuss) stellt die Leistung der Messtechnik dar.

Die in dieser Arbeit verfolgte vereinfachte Rechnung stellt auf die Kostenseite der Betrachtung die Kosten für die Einholung der Information durch Messen und dessen Verwendung zum Prozesseingriff bzw. zur Prozessregelung. Beide werden unter den Präventionskosten zusammengefasst – in Summe als Kosten pro Leistungseinheit $k_{\mathrm{ME,x}}$ für den Fertigungsschritt x. Dieser Kostenbegriff erhebt keinen Anspruch auf Vollständigkeit und ist beliebig erweiterbar, für die grundsätzliche Modellierung jedoch ausreichend.

Eine Erlöszurechnung im Sinne einer Brutto-Gewinn-Verrechnung fällt schwer, da es sich stets um Gemeinerlöse handelt. Um die Vorteilhaftigkeit der Messtechnik zu zeigen und zur weiteren Komplexitätsreduktion würde die Betrachtung der zurechenbaren Herstellkosten ausreichen, sodass die Brutto-Gewinne im Modell ohne Beschränkung der Allgemeinheit zu Null gesetzt werden können. Dies ergibt sich unter der Annahme, dass $p(s_1|I_1) \cdot p(I_1) \geq p(s_1)^{x_\mathrm{k}}$, d. h. dass ab einem Fertigungsschritt x_k innerhalb der betrachteten Systemgrenze mit dem Messen die Wahrscheinlichkeit, Gutteile zu erhalten, die auch als solche erkannt werden, höher als die Anzahl der Gutteile bei Verzicht auf Messungen ist. Der Nutzen der Messtechnikintegration gegenüber der Alternative „keine Messung" ist nunmehr nur noch von den Herstellkosten und Erlösen des aktuellen Schrittes und den Fehlerfolgekosten abhängig. Letztere werden mit den Herstellkosten des unmittelbar folgenden Schrittes erfasst, sodass die Komplexität der Berechnung deutlich begrenzt ist. Die Präventionskosten durch Messen fallen für die A-posteriori-Wahrscheinlichkeiten unabhängig vom Umweltzustand an.

Nutzen eines Prozesseingriffs nach einer Konformitätsprüfung

Für die folgende Betrachtung werden die Prozesskosten des Fertigungsschrittes x als Herstellkosten pro Leistungseinheit $k_{\mathrm{H,x}}$ modelliert. Die idealen Prozesskosten $k^*_{\mathrm{H,x}}$ lassen weder Blind- noch Fehlleistungen zu. Die realen Prozesskosten erreichen diesen Idealfall nicht, streben ihn jedoch an.

Ohne den Einsatz von Messtechnik erfolgt die Fertigung mit ihren A-priori-Wahrscheinlichkeiten, die gemäß ihrem Anteil zu einem Fertigungserfolg oder zu einem Misserfolg führen. Zu beachten ist hier, dass neben den entstehenden Fehlerfolgekosten auch die für den Misserfolg verwendeten Herstellkosten nicht den Konformitätskosten zugeordnet werden können, da sie nicht mehr erlöswirksam werden können. Vielmehr stellen sie eine Blind- bzw. Fehlleistung dar, die nicht die Wertschöpfung, sondern die Schadschöpfung erhöht. Die realen Prozesskosten als Repräsentant der Herstellkosten ergeben sich demnach zu:

$$k_{\mathrm{H,x,ohne\,ME}} = \underbrace{p(s_1) \cdot k_{\mathrm{H,x}}}_{\text{Wertschöpfungsbeitrag, Leistung}} + \underbrace{p(s_2) \cdot (k_{\mathrm{H,x}} + k_{\mathrm{Fehl,x}})}_{\text{Fehlleistung}} \tag{6.10}$$

Dadurch dass ein Erzeugnis, welches bereits nicht mehr der Spezifikation entspricht, weitergegeben und im nächsten Schritt bearbeitet wird, entstehen Kosten in den jeweiligen Folgeschritten. Zur Komplexitätsreduktion werden für das vorliegende Modell nur die

terne Fehlerkosten, bilden den Großteil der Fehlerkosten (z. B. Falschlieferungen, Mindererlöse aufgrund von Qualitätsmängeln, Nachbesserungen etc.).

Herstellkosten des nächsten Fertigungsschrittes verrechnet. Weitere Kosten aufgrund des weitergegebenen Fehlers sowie externe Fehlerfolgekosten werden ohne Beschränkung der Allgemeinheit dieser Modellierung nicht betrachtet:

$$k_{\text{Fehl,x}} = \sum_{i=1}^{n-1} k_{\text{H,i+1}} \geq k_{\text{H,x+1}} \tag{6.11}$$

Ohne die Messtechnik können die Fehlleistungen nicht als solche erkannt werden. Durch den Messtechnikeinsatz werden die Prozesskosten mit der A-posteriori-Gewichtung bewertet. Hier ist lediglich der erste Summand von den insgesamt vier Summanden ein wertschöpfender Kostenanteil, wobei die Kosten für das Messen und den Prozesseingriff $k_{\text{ME,x}}$ die Wertschöpfung im Sinne der Differenz zwischen Zahlungsbereitschaft des Kunden und den Herstellkosten mindert. Die übrigen Fälle führen zu Blind- und Fehlleistungen:

$$\begin{aligned} k_{\text{H,x,mit ME}} = p(I_1) \cdot \{\, & p(s_1|I_1) \cdot (k_{\text{H,x}} + k_{\text{ME,x}}) + \dots \\ & \dots + p(s_2|I_1) \cdot (k_{\text{H,x}} + k_{\text{ME,x}} + k_{\beta\text{-Fehl,x}}) \,\} + \dots \\ \dots + p(I_2) \cdot \{\, & p(s_1|I_2) \cdot (k_{\text{H,x}} + k_{\text{ME,x}} + k_{\alpha\text{-Fehl,x}}) + \dots \\ & \dots + p(s_2|I_2) \cdot (k_{\text{H,x}} + k_{\text{ME,x}}) \,\} \end{aligned} \tag{6.12}$$

Durch die teilweise Entdeckung der Fehler (darunter auch α-Fehler) in Schritt x werden die als „N.I.O." (nicht in Ordnung) klassifizierten Bauteile nicht an den folgenden Fertigungsschritt $x + 1$ weitergegeben und verursachen dort somit auch keine Herstellkosten. Die auch nach der Messung unentdeckt gebliebenen Fehler (β-Fehler) werden dem Folgeschritt zugeführt und verursachen dort opportune Fehlerkosten. Die Opportunitätskosten stellen die Verschwendung dar, die entsteht, wenn nach einem Fertigungsschritt x die Folgeschritte $x+1$ bis n Herstellkosten erzeugen, unter der Annahme, dass die Fehlleistung bei Erreichen der Systemgrenze entdeckt wird. Wird die Fehlleistung über die Systemgrenze hinaus weitergegeben (z. B. an einen Folgeschritt oder gar an einen externen Kunden), ist der entstehende Schaden weitaus höher.

Die zu beschreibende Kostendifferenz entspricht der Differenz der Erwartungswerte der bereits errechneten Fälle (Gl. 6.10 u. 6.12) und beschreibt die Präventionsleistung als Nutzen des Messtechnikeinsatzes. Dieser wird dabei als Ersparnis in Höhe der opportunen Kosten quantifiziert, die entstehen, wenn auf den Messtechnikeinsatz verzichtet wird.

Um die Quantifizierung der jeweiligen Schadschöpfungsanteile vergleichbar zu gestalten, werden diese pro erfolgreich hergestellter Leistungseinheit (Gutteil) angegeben. Nun kann eine Differenzbildung erfolgen, bei der sich die wertschöpfenden Anteile beider Handlungsalternativen herauskürzen, sodass die Differenz der Schadschöpfung als Präventionsleistung durch Messen und Eingreifen quantifiziert werden kann. Dies ist besonders wichtig, wenn im Folgenden ganze Prozessketten betrachtet werden, bei denen das „Aussortieren" oder das „regelnde Eingreifen" über die Behandlung von Schlechtteilen entscheidet.

Aufbauend auf Gleichung 6.5 wird der Erwartungswert des Nutzens ΔU_{x} – nach dessen Bezug auf die realisierten Gutteile – als Präventionsleistung PL_{x} formuliert:

$$
\begin{aligned}
PL_{\mathrm{x}} &= \frac{k_{\mathrm{H,x,ohne\,ME}}}{p(s_1)} - \frac{k_{\mathrm{H,x,mit\,ME}}}{p(s_1|I_1)\cdot p(I_1)} \\
&= \frac{p(s_1)}{p(s_1)}\cdot k_{\mathrm{H,x}} + \frac{p(s_2)}{p(s_1)}\cdot(\,k_{\mathrm{H,x}} + k_{\mathrm{Fehl,x}}\,) + \dots \\
&\dots - \frac{p(s_1|I_1)\cdot p(I_1)}{p(s_1|I_1)\cdot p(I_1)}\cdot(\,k_{\mathrm{H,x}} + k_{\mathrm{ME,x}}\,) + \dots \\
&\dots - \frac{p(s_2|I_1)\cdot p(I_1)}{p(s_1|I_1)\cdot p(I_1)}\cdot(\,k_{\mathrm{H,x}} + k_{\mathrm{ME,x}} + k_{\beta\text{-Fehl,x}}) + \dots \\
&\dots - \frac{p(s_1|I_2)\cdot p(I_2)}{p(s_1|I_1)\cdot p(I_1)}\cdot(\,k_{\mathrm{H,x}} + k_{\mathrm{ME,x}} + k_{\alpha\text{-Fehl,x}}) + \dots \\
&\dots - \frac{p(s_2|I_2)\cdot p(I_2)}{p(s_1|I_1)\cdot p(I_1)}\cdot(\,k_{\mathrm{H,x}} + k_{\mathrm{ME,x}}\,) \\
&= \frac{p(s_2)}{p(s_1)}\cdot(\,k_{\mathrm{H,x}} + k_{\mathrm{Fehl,x}}\,) + \dots \\
&\dots - \frac{p(s_2|I_1)\cdot p(I_1)}{p(s_1|I_1)\cdot p(I_1)}\cdot(\,k_{\mathrm{H,x}} + k_{\beta\text{-Fehl,x}}) + \dots \\
&\dots - \frac{p(s_1|I_2)\cdot p(I_2)}{p(s_1|I_1)\cdot p(I_1)}\cdot(\,k_{\mathrm{H,x}} + k_{\alpha\text{-Fehl,x}}) + \dots \\
&\dots - \frac{p(s_2|I_2)\cdot p(I_2)}{p(s_1|I_1)\cdot p(I_1)}\cdot k_{\mathrm{H,x}} + \dots \\
&\dots - k_{\mathrm{ME,x}}
\end{aligned}
\tag{6.13}
$$

Mit den Opportunitätskosten für α- und β-Fehler ist eine Orientierung der Fehler- und Fehlerfolgekosten an den Herstellkosten möglich. Werden diese mit den Herstellkosten des nächsten Schrittes angesetzt, beschränken sich die Opportunitätskosten auf die Weitergabe fehlerhafter Bauteile. Über die Herstellkosten des aktuellen Schrittes hinaus entstehen bei dieser Betrachtung auch keine weiteren Kosten durch α-Fehler.

$$
\begin{aligned}
k_{\alpha\text{-Fehl,x}} &= 0 \\
k_{\beta\text{-Fehl,x}} &= k_{\mathrm{Fehl,x}} = k_{\mathrm{H,x+1}}
\end{aligned}
\tag{6.14}
$$

Trotz dieser umfassenden Komplexitätsreduktion zeigt die Modellgleichung den Vorteil des Messtechnikeinsatzes. Nach Abzug der Kosten für das Messen und den Prozesseingriff bleibt eine Kostenreduktion, die aus dem Messtechnikeinsatz resultiert und über die Opportunitätskosten des jeweils nächsten Prozessschrittes quantifizierbar ist:

$$
\begin{aligned}
PL_{\mathrm{x}} = & \frac{p(s_2)}{p(s_1)} \cdot (\, k_{\mathrm{H,x}} + k_{\mathrm{H,x+1}} \,) + \ldots \\
& \ldots - \frac{p(s_2|I_1)}{p(s_1|I_1)} \cdot (\, k_{\mathrm{H,x}} + k_{\mathrm{H,x+1}}) + \ldots \\
& \ldots - \frac{p(I_2)}{p(s_1|I_1) \cdot p(I_1)} \cdot k_{\mathrm{H,x}} + \ldots \\
& \ldots - \frac{k_{\mathrm{ME,x}}}{p(s_1|I_1) \cdot p(I_1)}
\end{aligned}
\tag{6.15}
$$

Bei der reinen „Konformitätsprüfung“ wird die Präventionsleistung durch die als nicht spezifikationskonform aussortierten Anteile $p(I_2)$ geschmälert.

Im folgenden Abschnitt wird gezeigt, wie dies durch eine fertigungsintegrierte Messung mit gleichzeitiger Rückkoppelung an den Fertigungsprozess in einem Qualitätsregelkreis beseitigt wird („Qualitätssichernde Prozessregelung“). Nach n Fertigungsschritten ist ein Marktpreis zu erzielen, der abzüglich der Vorleistungen die realisierte Wertschöpfung darstellt. Das Entscheidungsmodell nutzt die oben eingeführten Kosteneinflüsse, um darzulegen, wie der Einsatz der Messtechnik die Wertschöpfung zum einen erhöht (im Vergleich zur Alternative „keine Messung“) und zum anderen die Fertigungskosten innerhalb dieser Wertschöpfung reduziert. Dies steigert sowohl direkt als auch indirekt die Unternehmenserlöse. Die in das Entscheidungsmodell eingeflossenen Nutzenwerte sind am Ende des Kapitels in Tabelle 6.4 für die zugrunde liegende Entscheidungssituation zusammenfassend dargestellt.

Nutzen einer direkten Prozessregelung

Die Kosten für das Messen und den Prozesseingriff steigen um die Eingriffskosten der benötigten Iterationsschritte m. Diese Steigerung hängt von $p(I_2)$ ab. Da dieser Wert mit steigender Anzahl Iterationen gegen Null strebt, konvergieren auch die Kosten der Messung und steigen nicht ins „Unendliche“:

$$
\begin{aligned}
(k_{\mathrm{ME,x}})_{\mathrm{m}} &= k_{\mathrm{ME,x}} + \sum_{\mathrm{q=1}}^{\mathrm{m}} k_{\mathrm{ME,x}} \cdot p_{\mathrm{q}}(I_2) \\
&= k_{\mathrm{ME,x}} \left(1 + \sum_{\mathrm{q=0}}^{\mathrm{m}} p_{\mathrm{q}}(I_2) \right) \quad \text{mit } p_0(I_2) = 0
\end{aligned}
\tag{6.16}
$$

Mit Gleichung 6.6 folgt als Grenzwert der geometrischen Reihe für $m \to \infty$:

$$
(k_{\mathrm{ME,x}})_{\infty} = k_{\mathrm{ME,x}} \left(1 + \sum_{\mathrm{q=0}}^{\infty} (p(I_2))^q \right) = k_{\mathrm{ME,x}} \cdot \left(1 + \frac{1}{1 - p(I_2)} \right) \tag{6.17}
$$

Nach Abzug der Kosten für das Messen und den Prozesseingriff bleibt eine Präventionsleistung als Nutzen, der auf Messungen zurückzuführen ist und durch die opportunen Kosten des nächsten Schrittes quantifiziert wird. Die Erlösseite wird im Regelkreis direkt gestärkt, da hier das „Aussortieren“ nicht vorkommt. Auch ohne Kenntnis eines zurechenbaren variablen Erlöses kann die Vorteilhaftigkeit einer Steigerung der „Gutteile“ gezeigt werden, wenn wiederum die Reduzierung der Herstellkosten pro Gutteil betrachtet wird. Nach Gl. 6.15 folgt damit für m Iterationsschritte:

$$\begin{aligned}(PL_{\mathrm{x}})_{\mathrm{m}} &= \frac{p(s_2)}{p(s_1)} \cdot (\, k_{\mathrm{H,x}} + k_{\mathrm{H,x+1}}\,) + \ldots \\ &\ldots - \frac{p(s_2|I_1)}{p(s_1|I_1)} \cdot (\, k_{\mathrm{H,x}} + k_{\mathrm{H,x+1}}) + \ldots \\ &\ldots - \frac{p_{\mathrm{m}}(I_2)}{p(s_1|I_1) \cdot p_{\mathrm{m}}(I_1)} \cdot k_{\mathrm{H,x}} + \ldots \\ &\ldots - \frac{(k_{\mathrm{ME,x}})_{\mathrm{m}}}{p(s_1|I_1) \cdot p(I_1)}\end{aligned} \tag{6.18}$$

Eine Abschätzung kann für eine Regelung mit $m \to \infty$ unter Berücksichtigung der weiter existierenden β-Fehler (Gl. 6.8) erfolgen:

$$\begin{aligned}(PL_{\mathrm{x}})_{\infty} &\approx \lim_{m \to \infty} (PL_{\mathrm{x}})_{\mathrm{m}} \\ &= \underbrace{\left(\frac{p(s_2)}{p(s_1)} - \frac{p(s_2|I_1)}{p(s_1|I_1)}\right) \cdot (\, k_{\mathrm{H,x}} + k_{\mathrm{H,x+1}}\,)}_{\text{Präventionsleistung}} + \ldots \\ &\ldots - \underbrace{k_{\mathrm{ME,x}} \cdot \left(1 + \frac{1}{1 - p(I_2)}\right)}_{\text{Präventionskosten}}\end{aligned} \tag{6.19}$$

Die geldmäßig ausgedrückten Opportunitätskosten bilden die Nutzenwerte u des ökonomisch-rationalen Entscheiders ab. Für das vorliegende Entscheidungsmodell sind, wie zuvor beschrieben, sechs Ergebnisse zu bewerten (s. Tab. 6.3: u_{ki} und $u_{\mathrm{k(i|j)}}$), wobei zusätzlich die Ausbaustufen des Modells „Konformitätsprüfung ($m = 0$)“ und „Qualitätssichernde Prozessregelung ($m \to \infty$)“ zu unterscheiden sind. Tabelle 6.4 fasst die hergeleiteten Nutzenwerte im Entscheidungsfeld zusammen.

Eine Beispielrechnung zu diesem umfassenden Theorieteil wird im nächsten Abschnitt präsentiert. Über eine Prozesskette bzw. Fertigungsfolge werden dann auch kumulierte Werte statt der Erwartungswerte isolierter Fertigungsschritte betrachtet. Dadurch erhöht sich der absolute Wertschöpfungsbeitrag Schritt für Schritt und der Informationsvorteil durch Messen (und Regeln), über den der Folgeschritt verfügt, wird besonders deutlich.

Tabelle 6.4: Zusammenfassung der Nutzenwerte u im Entscheidungsfeld

Alternativen a_k	**Entscheidungsabhängige Umweltzustände** s_i **bzw.** $s_i\|I_j$ **als Wahrscheinlichkeiten pro Gutteil** $\frac{p(s_i)}{p(s_1)}$ **bzw.** $\frac{p(s_i\|I_j)}{p(s_1\|I_1)}$			
	$\frac{p(s_1)}{p(s_1)}$		$\frac{p(s_2)}{p(s_1)}$	
nicht Messen a_1	$u_{11} = 0$		$u_{12} = -k_{H,x} - k_{H,x+1}$	
	$\frac{p(s_1\|I_1)}{p(s_1\|I_1)}$	$\frac{p(s_1\|I_2)}{p(s_1\|I_1)}$	$\frac{p(s_2\|I_1)}{p(s_1\|I_1)}$	$\frac{p(s_2\|I_2)}{p(s_1\|I_1)}$
Messen und Eingreifen $a_{2,m=0}$	$u_{2(1\|1)} = -k_{ME,x}$	$u_{2(1\|2)} = -k_{ME,x} -k_{H,x}$	$u_{2(2\|1)} = -k_{ME,x} -k_{H,x} - k_{H,x+1}$	$u_{2(2\|2)} = -k_{ME,x} -k_{H,x}$
	$\frac{p(s_1\|I_1)}{p(s_1\|I_1)}$	$\frac{p(s_1\|I_2)}{p(s_1\|I_1)}$	$\frac{p(s_2\|I_1)}{p(s_1\|I_1)}$	$\frac{p(s_2\|I_2)}{p(s_1\|I_1)}$
Messen und Eingreifen $a_{2,m\to\infty}$	$u_{2(1\|1)} = -k_{ME,x} \cdot \frac{2-p(I_2)}{1-p(I_2)}$	$u_{2(1\|2)} = -k_{ME,x} \cdot \frac{2-p(I_2)}{1-p(I_2)}$	$u_{2(2\|1)} = -k_{ME,x} \cdot \frac{2-p(I_2)}{1-p(I_2)} -k_{H,x} - k_{H,x+1}$	$u_{2(2\|2)} = -k_{ME,x} \cdot \frac{2-p(I_2)}{1-p(I_2)}$

Nutzen verketteter Regelkreise beim generativen Faserverbundaufbau

Bis zu diesem Punkt der Theoriebildung wurde ausschließlich der isolierte Fertigungsschritt in Form eines einzelnen Schichtaufbaus im generativen Fertigungsprozess fokussiert. Der besondere Erfolg der Machine-Vision-Integration greift jedoch weitaus stärker, wenn die Prozessfähigkeit über n Schichten beim Laminataufbau betrachtet wird.

Die Wahrscheinlichkeit, dass eine Bauteilfertigung hinsichtlich eines qualitätsrelevanten Merkmals wie der Faserorientierung erfolgreich verläuft, nimmt exponentiell mit der Anzahl n der abgelegten Schichten während des Preformings oder Tapelegens ab. Abbildung 6.5 zeigt hierzu ein Zahlenbeispiel, das die Werte aus den vorangegangenen Beispielen aufgreift und dadurch die in diesem Kapitel hergeleiteten Gleichungen mit Leben füllt. Es wird ein Laminataufbau mit $n = 10$ Schritten (d. h. 10 Schichten) betrachtet. Bei einer A-priori-Wahrscheinlichkeit $p(s_1) = 90\,\%$ sinkt die Erwartung an einen erfolgreichen Prozess nach 10 Schritten auf $p_{10}(s_1) = 34{,}7\,\%$:

$$p_{n=10}(s_1) = 0{,}9^{n} = 0{,}9^{10} = 0{,}347 \tag{6.20}$$

Die Wahrscheinlichkeiten ergeben sich in diesem Beispiel für einen zentrierten, normalverteilten Prozess, bei dem die Faserorientierung mit einer beobachteten Streuung

$\sigma^*_\mathrm{F} = 1{,}82°$ realisiert wird und eine Toleranzanforderung von $\pm 3°$ einzuhalten ist. Abbildung 6.5(a) illustriert die exponentielle Abnahme der Überdeckungswahrscheinlichkeit des Prozesses mit der Toleranzanforderung.

Abbildung 6.5(b) zeigt, dass für dieses Beispiel eigentlich eine Prozessverbesserung anzustreben wäre, um eine Prozessfähigkeit c_p bzw. c_pk größer 1,33 zu erhalten, die der vorliegende Prozess nicht einmal nach einem Prozessschritt einhalten könnte. Mit dieser Forderung wäre die beobachtete Streuung des Beispielprozesses auf $\sigma^*_\mathrm{F} = 0{,}752°$ zu begrenzen:

$$c_\mathrm{p} = \frac{T}{6 \cdot \sigma^*_\mathrm{F}} \Leftrightarrow \sigma^*_\mathrm{F} = \frac{T}{6 \cdot c_\mathrm{p}} = \frac{6°}{6 \cdot 1{,}33} = 0{,}752° \tag{6.21}$$

Die Machine-Vision-Integration erlaubt in einem ersten Schritt die Bewertung des Bauteilzustandes nach jeder Schichtablage, sodass eine Entscheidung durch das System getroffen wird, ob ein Bauteil weiterbearbeitet wird oder nicht. Durch die Messunsicherheit, mit der das System behaftet ist, besteht das Risiko, dass Fehlentscheidungen getroffen werden. Dieses Risiko wird durch die bedingten Wahrscheinlichkeiten der Modellgleichungen berücksichtigt. Im vorliegenden Fall führte die Entscheidung durch den normalverteilten Messprozess hinsichtlich des Zustandes des normalverteilten Fertigungsprozesses zu einem α-Fehler von 1 % und einem β-Fehler von 2 %. Die Integration dieser „Konformitätsprüfung“ führt dazu, dass die gesamte Prozessstreuung über die Fertigungsfolge nur geringfügig ansteigt. Die Erwartung an einen erfolgreichen Prozess nach 10 Schritten steigt damit von 34,7 % auf 87,35 % (s. Abb. 6.5(c)). Diese Prozessverbesserung wird dadurch realisiert, dass Bauteile, die nicht mehr der Spezifikation entsprechen, erkannt und danach nicht an den Folgeschritt weitergegeben werden. Die Weitergabe fehlerhafter Bauteile in Höhe des β-Fehlers muss weiterhin berücksichtigt werden.

Wird das Machine-Vision-System zur direkten Regelung des Prozesses eingesetzt, sinkt die Streuung der Einzelschritte. Durch die Regelung wird gewährleistet, dass Ausschuss[21] gar nicht erst entsteht. Für das vorliegende Beispiel wird die Prozessfähigkeit von 1,33 zwar immer noch nicht erreicht, jedoch zeigt sich die Prozessverbesserung deutlich: Die Erwartung an einen erfolgreichen Prozess nach 10 Schritten steigt mit der Messung und Regelung von 34,7 % auf 97,82 % (s. Abb. 6.5(d)). Es zeigt sich also, dass eine Prozessverbesserung durch die Machine-Vision-Integration möglich ist. Jedoch zeigt sich auch, dass dazu die Messunsicherheit derart zu minimieren ist, dass der β-Fehler hinreichend gering ausfällt. Dies ist notwendig, damit eine durch das Messsystem nicht erkannte Regelabweichung so gering bleibt, dass die geforderte Prozessfähigkeit garantiert werden kann.

Nachdem für das vorliegende Beispiel geklärt ist, wie die Prozessverbesserung erreicht wird, erfolgt nun die monetäre Quantifizierung des Nutzens über die opportunen Prozesskosten. Zur Komplexitätsreduktion werden für den betrachteten Laminataufbau die Herstellkosten bei einer idealen, fehlerfreien[22] Fertigung betrachtet. Die zugrunde liegende Kostenfunktion modelliert dazu eine ideale Fertigung (100 % der Kosten, Benchmark) mit einem Kostenanteil von 10 % pro Fertigungsschritt (bei $n = 10$ Schritten). Diese ideale Fertigung bildet den Bezugspunkt, zu dem sowohl die realen Fertigungskosten als auch die

[21] wiederum abgesehen vom β-Fehler bei der Entscheidungsfindung durch das Machine-Vision-System
[22] hinsichtlich des Merkmals der Faserorientierung

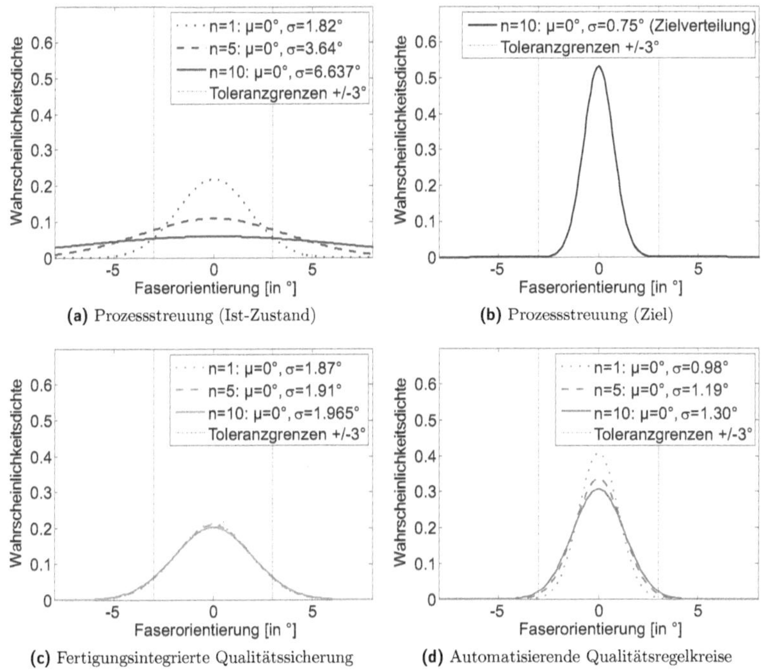

(a) Prozessstreuung (Ist-Zustand) **(b)** Prozessstreuung (Ziel)

(c) Fertigungsintegrierte Qualitätssicherung **(d)** Automatisierende Qualitätsregelkreise

Abbildung 6.5: Beispiele zur Streuung des generativen Fertigungsprozesses

Kostensituation nach Integration des Machine-Vision-Systems in Relation gesetzt wird. Die Prozesskosten der Messung pro Fertigungsschritt bzw. pro Iteration im Regelkreis werden mit 0,1 % der gesamten Herstellkosten modelliert.

Abbildung 6.6 zeigt die auf die Herstellkosten reduzierte Wertschöpfung der idealen Fertigung, die beim generativen Laminataufbau mit den angenommenen schichtweisen Herstellkosten von 10 % über 10 Fertigungsschritte die kumulierten Herstellkosten von 100 % erreicht. Basierend auf der eingeführten Modellgleichung zur Bewertung des Integrationsnutzens (Gl. 6.5) und der darauf aufbauenden Herleitung werden nun die von der idealen Fertigung abweichenden Fälle untersucht. Für die Berechnung der folgenden Werte sei dazu auf die in Tab. 6.4 zusammengefassten Gleichungen verwiesen.

Bei der exponentiellen Abnahme der Wahrscheinlichkeit ohne den Einsatz von Messtechnik führt die Weitergabe von Ausschussbauteilen dazu, dass zum einen Ausschussbauteile im Sinne einer Blindleistung weiter bearbeitet werden, wobei unnötigerweise Ressourcen eingesetzt werden. Die Opportunitätskosten werden hierzu mit den Prozesskosten des nächsten Fertigungsschrittes abgeschätzt[23]. Die kumulierten Herstellkosten steigen aufgrund der Blind- und Fehlleistungen auf 273,59 % relativ zu den idealen Herstellkosten (s. Abb. 6.6).

Die Machine-Vision-Integration als Inline-Messung zur „Konformitätsprüfung“ reduziert die realen Kosten (s. Gl. 6.15) auf 113,58 %. Noch deutlicher fällt die Präventionsleistung aus, wenn das Machine-Vision-System zur In-Prozess-Messung und -Regelung eingesetzt wird und dadurch eine Prozessverbesserung erreicht wird. Für das vorliegende Beispiel können die Herstellkosten durch die Messtechnik-Integration nach Gl. 6.19 von 273,59 % auf 101,45 % reduziert werden.

Bei den in diesem Beispiel getroffenen Annahmen handelt es sich bereits um optimistische Werte. In der Praxis besteht ein generativer Schichtaufbau oftmals aus weit mehr als zehn Laminatschichten. Nicht zuletzt sind weitere Qualitätsmerkmale neben der Faserorientierung zu beachten, sodass schlussendlich die Präventionsleistung und damit die erreichte Kostenreduktion beim Faserverbundaufbau durch die Machine-Vision-Integration weitaus höher ausfällt, als in diesem Beispiel geschildert.

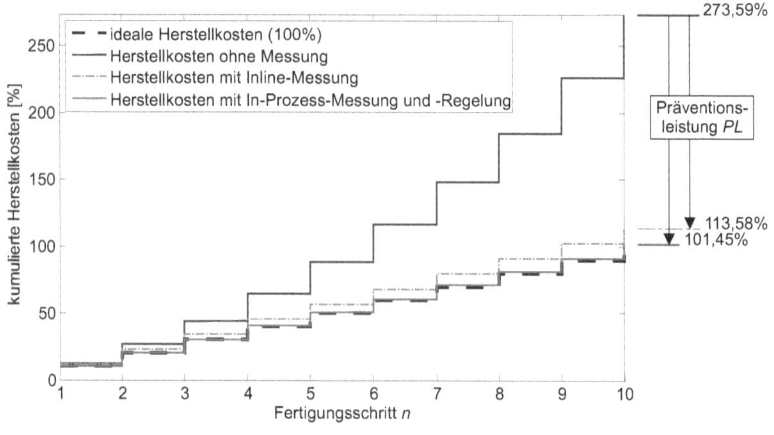

Abbildung 6.6: Präventionsleistung beim generativen Faserverbundaufbau

[23]In diesem Beispiel sind dies jeweils 10 % der Herstellkosten.

7 Industrialisierende Machine-Vision-Integration im Faserverbundleichtbau

Das Kapitel dient mit der Darlegung des Erkenntnisgewinns aus dieser Arbeit der Beantwortung der einleitenden Forschungsfrage (Abschn. 1.2). Mit der Ableitung von Handlungsempfehlungen auf Basis der erarbeiteten Industrialisierungstheorie soll der Erkenntnisstand zum andauernden Lernprozess in diesem letzten Kapitel „eingefroren" werden. Es folgt die kritische Reflexion des Forschungsprozesses und der Ergebnisse. Den Abschluss bildet ein Ausblick, der aufbauend auf den Erkenntnissen dieser Arbeit neue Fragen an die Realität stellt und damit – mit dem Ziel der Erlangung neuen Wissens – die Eröffnung des Forschungsfeldes „Industrialisierende Machine-Vision-Integration" skizziert.

7.1 Erkenntnisgewinn

Die zentrale Erkenntnis dieser Arbeit ist, dass die Integration von Machine-Vision-Systemen in den generativen Fertigungsprozess schichtweise aufgebauter Verstärkungsstrukturen der Industrialisierung dieser Prozesse zum Vorteil gereicht. Die Machine-Vision-Integration in die frühen Phasen des Faserverbundleichtbaus (textiles Preforming von trockenen Fasern und Halbzeugen, Tapelegen von vorimprägnierten Fasern) führt zu einer Kostenersparnis, die auf eine gesteigerte Prozessfähigkeit im Faserverbundaufbau zurückzuführen ist, welche sich wiederum durch eine Rückkoppelung der Messergebnisse in Qualitätsregelkreisen zur Prozessverbesserung ergibt. Diese intuitiv logische Implikation konnte durch eine Industrialisierungstheorie abgebildet werden, die eine erste Quantifizierung dieser Kostenersparnis erlaubt. Die zentrale Forschungsfrage dieser Arbeit („Kann durch Fertigungsintegration eines Machine-Vision-Systems der generative Aufbau endlosfaserverstärkter Bauteile industrialisiert werden?") kann daher mit einem „ja" beantwortet werden. Abbildung 7.1 fasst die dem Erkenntnisgewinn zugrunde liegende Modellbildung zusammen.

Die Erkenntnis konnte auf Basis zweier Erfindungen gewonnen werden, die der iterative Lernprozess dieser Arbeit hervorgebracht hat.

Erstens steht ein Machine-Vision-System zur Verfügung, das Qualitätsparameter während des generativen Materialaufbaus messen und als Stellgrößen sowohl für das Schließen von Qualitätsregelkreisen als auch für eine direkte Automatisierung bereitstellen kann. Die Untersuchungen des Machine-Vision-Systems zeigen, dass es trotz der komplexen optischen Eigenschaften der Fasermaterialien (Kohlenstofffaser, Glasfaser) das Merkmal der „Faserorientierung" als Grundlage aller optischen Prüfungen anisotroper Materialoberflächen sicher messen kann.

Zweitens wurde ein entscheidungstheoretisches Modell im Gestaltungszusammenhang

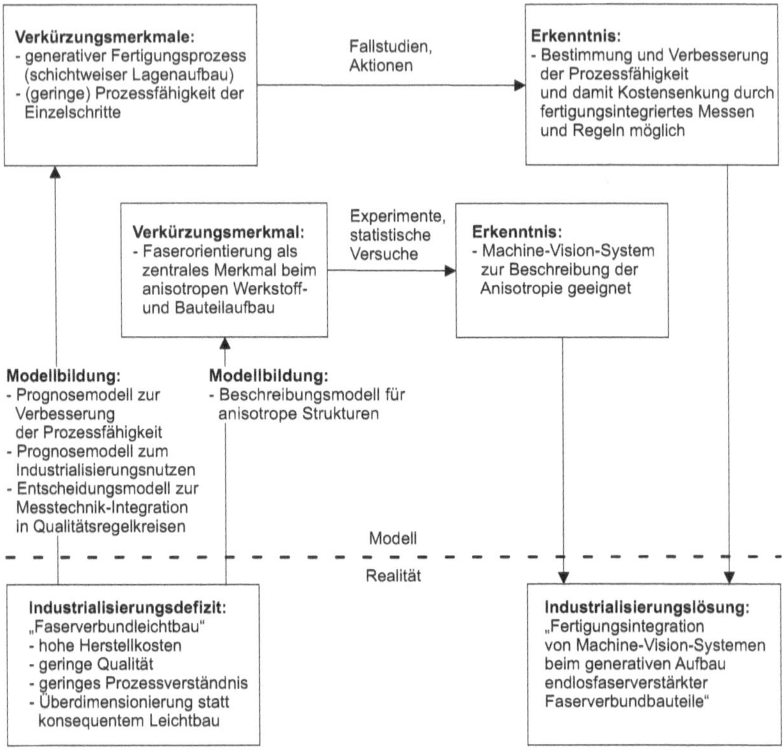

Abbildung 7.1: Modellbildung und Erkenntnisgewinn

zur Machine-Vision-Integration erarbeitet, das den Nutzen der Entscheidung für Messtechnik dem Nutzen der Entscheidung gegen die Messtechnik gegenüberstellt. Die Entscheidungssituation wird in Qualitätsregelkreise eingebettet, sodass die Entscheidung den generativen Materialaufbau derart begleitet, dass der Integrationsnutzen im Sinne eines Wertes der messtechnischen Information für den Materialaufbau quantifiziert werden kann. Da der Nutzen von der Erfolgswahrscheinlichkeit des Prozesses abhängt und diese als Kennzahl über die Prozessfähigkeit nun messbar ist (a-priori) und mit Verwendung der Messung für eine Prozessverbesserung sorgt (a-posteriori), können das Entscheidungsmodell und die Machine-Vision-Integration das Erreichen einer bestimmten Prozessfähigkeit und damit eines bestimmten Industrialisierungsniveaus absichern.

Das Entscheidungsmodell unterstützt die Integrationsgestaltung fertigungsintegrierter Machine-Vision-Systeme, sodass eine Integration erreicht wird, die zum einen die Anforderungen an die Prozessfähigkeit erfüllt und zum anderen die Präventionsleistung (Kostensenkung) maximiert, indem die Präventionsleistung einer weiteren Steigerung der Prozessfähigkeit und den damit verbunden Kosten gegenübergestellt wird.

Durch die Quantifizierung auf Basis des Entscheidungsmodells können Investitionsentscheidungen getroffen werden, die durch den fertigungsintegrierten Einsatz von Messtechnik in Regelkreisen zu einer Prozessverbesserung führen. Die bisher herrschende Unsicherheit hinsichtlich des Tätigens der „kritischen Investition" (s. Abb. 1.3, S. 5) zur Industrialisierung des Faserverbundleichtbaus kann durch die Modellgrundlage in ein kalkulierbares Risiko überführt werden. Über den wissenschaftlichen Beitrag dieser Arbeit (Theorie und Gestaltung) hinaus wirkt natürlich weiterhin die Philosophie im Sinne der Wertvorstellungen derer, die die angesprochenen (Investitions-)Entscheidungen zu treffen haben. Im Forschungsprozess dieser Arbeit zeigte sich deutlich, dass Investitionen in die Industrialisierung in der Faserverbundbranche zögerlich getätigt werden. Entgegen der in dieser Arbeit demonstrierten Präventionsleistung der Messtechnik wird diese weiterhin als Kostenverursacher gesehen. Die „kritische Investition" über die Messtechnik zu tätigen, ist bei dieser Weltanschauung direkt kontra-intuitiv.

Die belegten Erkenntnisse zum Industrialisierungsbeitrag der Messtechnik führen damit zu einem Paradigmenwechsel[1]. Die neue Sichtweise erkennt an, dass eine Industrialisierung im Sinne von fähigen Prozessen zu geringen Kosten nur über eine konsequente Integration von Messtechnik und das Schließen von Qualitätsregelkreisen für jede Schichterstellung im generativen Materialaufbau in den frühen Phasen der Faserverbundproduktion gelingen kann. Die bestehende Sichtweise, dass fähige Prozesse auch über Steuerketten ohne kognitive Elemente zur zustandsbasierten Produktionsbeeinflussung erfolgen und durch eine Bauteilendkontrolle abgesichert werden können, wird verworfen, insbesondere in Verbindung mit der Forderung nach einer signifikanten Senkung der Fertigungskosten.

Dieser Paradigmenwechsel erkennt insbesondere die Komplexität der Faserverbundproduktion an, bei der Bauteil und Werkstoff gleichzeitig entstehen und zu keiner Zeit mit konstanten Materialeigenschaften der verwendeten Halbzeuge (z. B. Geometrie, Form der Faserstruktur in Geweben, Gelegen, Tapes, etc.) vorliegen, die beispielsweise mit denen von Metallen vergleichbar wären.

Die Ergebnisse dieser Arbeit sind damit eine wichtige Grundlage für die weitere Industrialisierung im Faserverbundleichtbau. Durch die Entscheidungsmodellierung wird eine Strategie zur prozessbegleitenden, fertigungsintegrierten Qualitätssicherung aufgezeigt. Die Strategie gewährleistet, dass während und zwischen den Fertigungsschritten Messdaten zur Verfügung stehen, die rückgekoppelt in Qualitätsregelkreisen danach streben die Qualität der Bauteile abzusichern. Die zum Einsatz kommenden Machine-Vision-Systeme messen und prüfen das Einhalten der Toleranzvorgaben. Abweichungen werden erkannt und bewertet. Merkmalsabweichungen, die auf eine fehlerhafte Struktur oder einen fehlerhaften Prozessschritt hinweisen, werden als Stellgröße und Entscheidungsgrundlage herangezogen, sodass fehlerhafte Bauteile entweder durch die Regelung gar nicht erst entstehen oder aus der Prozesskette entfernt werden, bevor sie weitere der kostenintensiven Fertigungsschritte nutzlos durchlaufen.

Mit dem erarbeiteten entscheidungstheoretischen Modell lässt sich der Nutzen eines in

[1]vgl. KUHN zur verwendeten Definition von „Paradigma" [84]

den Prozess integrierten Machine-Vision-Systems zur Qualitätssicherung direkt bewerten, da neben den Kosten für den Messtechnikeinsatz in Qualitätsregelkreisen die enormen Einsparungen durch nicht weiter verarbeitete Ausschussteile betrachtet werden. Durch die Einbettung des Modells in einen Qualitätsregelkreis wird darüber hinaus der Nutzen für den geregelten generativen Materialaufbau quantifiziert. Hierbei wird durch die Regelung vermieden, dass Ausschuss überhaupt erst entstehen kann.

Um den Einsatz in der Serienfertigung der Zukunft vorzubereiten, wurden für diese Arbeit Machine-Vision-Systeme fokussiert, die als integraler Teil von robotergeführten Endeffektoren (in-Prozess bzw. inline) eingesetzt werden können, sodass ein fertigungsintegrierter Einsatz möglich ist, der den Ablauf der Produktionskette nicht wesentlich beeinflusst.

Die Verallgemeinerung auf generative Fertigungsprozesse wird angestrebt. Gleichzeitig ist an dieser Stelle auf die Unsicherheit der induktiven Ableitung hinzuweisen. Eine kritische Überprüfung der Theorie ist unumgänglich. Die Verallgemeinerung der Theorie für Produktionsprozesse im Allgemeinen wird angestrebt, mit dem Ziel, den wertschöpfenden Charakter von Messtechnik abbilden zu können.

7.2 Handlungsempfehlungen für die Praxis

Aus den beschriebenen Erkenntnissen werden drei aufeinander aufbauende Handlungsempfehlungen für die Praxis abgeleitet. Hierzu werden drei Integrationsstufen für den Machine-Vision-Einsatz skizziert, die auf dem Weg zur Industrialisierung der Faserverbundproduktion zu nehmen sind.

7.2.1 Integrationsgestaltung „Lernen über Material und Fertigung"

Die Machine-Vision-Integration erfolgt auf der ersten Integrationsstufe mit dem Ziel, mehr über die Interaktion des Fertigungsprozesses mit dem Werkstoff bei der generativen Bauteilfertigung zu lernen. Das mangelnde Verständnis für die Verbundwerkstoffe und die Tatsache, dass bei der Produktion Werkstoff und Bauteil gleichzeitig entstehen, erfordert ein Umdenken in den produktionstechnischen Ansätzen. Für die betrachteten Fertigungsschritte des Preformings und der Prepregverarbeitung sind somit prototypische und experimentelle Anlagen und Versuchslabore mit Machine-Vision-Systemen auszurüsten. Nur so kann ein Lernen über die Fertigungsprozesse stattfinden und Ursachen-Wirkungs-Zusammenhänge abgeleitet werden. Die Erkenntnisse sind zu nutzen, um Modelle der Prozesse aufzustellen und ihre Umsetzungen zu validieren. Nur durch die Messtechnik, die bisher nicht verfügbar war, kann der generative Aufbau mit Zahlen, Daten und Fakten beschrieben werden und Erkenntnisse über die Prozessparameter und Störeinflüsse gewonnen werden.

7.2.2 Integrationsgestaltung „Fertigungsintegrierte Qualitätssicherung"

Ist ein Fertigungsprozess definiert und umgesetzt, dient die Machine-Vision-Integration der Überwachung und Absicherung der Prozessfähigkeit. Für die Integration kommen sowohl bereits automatisierte als auch handwerklich geprägte Prozesse infrage. In beiden Fällen ist die Frage zum Stand der Industrialisierung zu beantworten, d. h. ob der Prozess robust genug ist, um eine Automatisierungslösung prozessfähig umzusetzen. Dies sollte z. B. über die statistische Prozesslenkung (engl. *statistical process control*, SPC) etabliert werden.

Die messtechnischen Informationen über Lage und Streuung des Prozesses werden zur Bestimmung der Prozessfähigkeit eingesetzt, sodass bewertet werden kann, wie robust der Prozess gegenüber Schwankungen der Einflussgrößen ist. Dieser Ansatz geht bereits über das reine „Zählen von Ausschuss“ hinaus, da die Analyse der SPC-Daten u. a. systematische Veränderungen sichtbar werden lässt. So wird ein Eingreifen zur Prozesslenkung möglich und damit das Schließen von Qualitätsregelkreisen über jeden Einzelschritt im schichtweisen bzw. generativen Faserverbundaufbau.

7.2.3 Integrationsgestaltung „Automatisierende Qualitätsregelkreise“

Wird festgestellt, dass über Steuerketten keine ausreichende Prozessfähigkeit beim Aufbau der komplexen Faserstrukturen erreicht werden kann, sind die Qualitätsregelkreise schon während des Prozesses zu schließen – d. h. es ist eine klassische Prozessregelung vorzunehmen, die mit einer ausreichenden Dynamik die Regelgrößen im Spezifikationsbereich hält. Ohne die Machine-Vision-Integration konnten viele der Prozessgrößen bisher nicht gemessen werden, wodurch auch keine Stellgrößen für eine Prozessregelung bereitstanden. Mit der Machine-Vision-Integration stehen nicht nur Messgrößen bereit: Die abgeleiteten Ursachen-Wirkungs-Zusammenhänge (s. Abschn. 7.2.1) dienen der Formulierung des Übertragungsverhaltens der zu regelnden Prozessschritte. Die für die Fertigungsschritte oft unbekannten Regelstrecken sind damit bekannt und die Regelkreise können geschlossen werden. Durch diese „Automatisierenden Regelkreise“ wird erreicht, dass Abweichungen (z. B. in Form von Ausschuss) gar nicht erst entstehen.

7.3 Kritische Reflexion

Die gewonnenen Erkenntnisse und abgeleiteten Handlungsempfehlungen, aber vor allem der Forschungsprozess, der zu ihnen führte, bedürfen einer kritischen Reflexion. Die Reflexion orientiert sich dabei an dem in der Einleitung skizzierten Modell des Forschungsprozesses (s. Abb. 1.6, S. 11). Die Erkenntnisse aus Fallstudien und Experimenten und die daraus abgeleitete Erweiterung des theoretischen Verständnisses sind danach kritisch zu hinterfragen.

Der Forschungsprozess selbst beruht auf einem explorativen Design. Da es gelungen ist, das theoretische (Vor-)Verständnis zu festigen und weiterzuentwickeln, kann nur von einem Erfolg gesprochen werden. Es ist jedoch zu bemerken, dass das gewählte Design auf die „Entdeckung neuer Welten“ zielte. Die gefundene Theorie steht demnach hier am Ende des Forschungsprozesses.

Der nächste Schritt besteht in der Prüfung der Theorie und damit der empirisch fundierten Theoriebildung, die in dieser Arbeit für die Industrialisierungstheorie nur begrenzt geleistet wurde. Die Beseitigung der mit induktiven Schlüssen verbundenen Unsicherheiten erfordert ein „klassisches“ Forschungsdesign, bei dem die Hypothesenprüfung im Sinne einer „Erklärung der Welt“ im Vordergrund steht. Hierbei wird z. B. durch das ständige Hinterfragen der gefundenen Ergebnisse deren Falsifizierung angestrebt.[2] Solange die Falsifizierung nicht gelingt, wird die Theorie angenommen.

Obwohl der Forschungsprozess dieser Arbeit einem explorativen Design folgte, war es erforderlich, einen Zwischenschritt zur Theorieprüfung einzugliedern, um den weiteren Lernfortschritt abzusichern. Dies betraf die notwendige Bereitstellung einer Messtechnik, ohne die deren Integration und das Schließen von Qualitätsregelkreisen in den frühen Phasen der Faserverbundproduktion nicht möglich gewesen wäre. Die Exploration führte zu einem Machine-Vision-System, das Informationen über die Produktion in Form von Messergebnissen bereitstellt. Für die begründete Industrialisierungstheorie sind Kenntnisse über die Sicherheit der Informationen ein zentraler Faktor. Durch die Bestimmung der Messunsicherheit des Machine-Vision-Systems folgte der qualitativen Exploration eine quantitative Bestimmung von Ursache-Wirkungs-Zusammenhängen der wichtigsten Einflussgrößen auf die Messunsicherheit. Erst danach konnte die Industrialisierungstheorie explorativ weiterverfolgt werden. Die dazu unternommenen Aktionen bestanden in der Integration der Messtechnik in kritische Schritte am Anfang der Wertschöpfungskette der Produktion endlosfaserverstärkter Bauteile. Es ist anzumerken, dass die relativ geringe Zahl der Fallstudien keine empirisch fundierte Theoriebildung zulässt. Jedoch leistete jede Aktion einen Beitrag zur Formulierung der gefundenen Industrialisierungstheorie, die das mangelnde theoretische und empirische Wissen über die Faserverbundproduktion überwindet. Erst mit der gefundenen Theorie wird die Formulierung von Hypothesen sowie die begründete Entscheidung über Erhebungsverfahren möglich.

Die empirische Fundierung der Industrialisierungstheorie erfordert den Einblick in die Kostenstruktur produzierender Unternehmen. Die Publikation der Ergebnisse ist daher von den beteiligten Unternehmen nicht gewünscht. Um die Fundierung der Theorie zu erreichen, sind somit die Studien in den produzierenden Unternehmen um Studien an deutschen Forschungseinrichtungen zu erweitern, bei denen Produktionskapazitäten aufgebaut werden und der Industrialisierungsnutzen der Machine-Vision-Integration über die gesteigerte Prozessfähigkeit hinaus auch auf der Kostenebene nachgewiesen werden kann.

Die Beschränkung der Studien auf Kohlenstoff- und Glasfasern erfolgt ohne Beschränkung der Allgemeinheit des Ansatzes, da die messtechnische Auswertung auf der Anisotropie der textilen Halbzeuge, zu denen die Fasern zusammengefasst sind, basiert. Es ist jedoch zu berücksichtigen, dass die optischen Eigenschaften der Materialien bei der bildanalytischen Auswertung einen starker Störeinfluss darstellen. Hier konnte durch eine robuste Modellgrundlage eine allgemeine Methode zur Bestimmung der Faserorientierung gefunden werden.

Die Beschränkung der Untersuchungen auf das Merkmal der Faserorientierung wird dadurch begründet, dass die Mehrzahl der Prüfungen beim generativen Faserverbundaufbau aus den Ergebnissen der lokalen Faserorientierungsmessung abgeleitet werden können.

[2] Mit dem ständigen Abgleich von Theorie und den zugrunde liegenden Daten aus Fallstudien und Experimenten konnte jedoch – mit dem Ziel eine gewisse empirische Validität zu erreichen – eine Theorie begründet werden, die widerspruchsfrei zu den bisherigen Daten steht.

7.4 Zukünftige Machine-Vision-Integration im Faserverbundleichtbau

Der Ausblick auf die Zukunft der Machine-Vision-Integration im Faserverbundleichtbau fällt positiv aus. Die Prognose stützt sich auf jüngste Rückmeldungen zu den Ergebnissen dieser Arbeit seitens der Industrie und der Wissenschaft während der Präsentation des Machine-Vision-Systems auf der JEC Composites Messe 2011 in Paris.

Um die Forschungsergebnisse in die Praxis zu tragen und damit ihre Wirkung zu entfalten, sind neben den Verbundforschungsprojekten mit Vertretern aus Industrie und Wissenschaft insbesondere Messeauftritte ein geeignetes Mittel. Die verfolgte Normstrategie „Kompetenzentwicklung der Unternehmen" ist so als *Technology Push* in die Industrie zu tragen (s. Abschn. 1.4, S. 11). Die kontinuierlichen Rückmeldungen aus der Praxis sind zu berücksichtigen, um die Relevanz der Forschung zu wahren.

Die Umsetzung der Handlungsempfehlungen für die Praxis wird – nach Meinung des Autors – für die ersten beiden Stufen (s. Abschn. 7.2) innerhalb der nächsten drei Jahre erreicht werden. Der dritten Stufe, d. h. der Integrationsgestaltung „Automatisierende Qualitätsregelkreise" wird von Seiten der Praxis mit Skepsis begegnet. Das Vertrauen in Steuerketten und die damit verbundene Sehnsucht nach deterministisch ablaufenden Prozessen ist weiterhin hoch.

Einen wichtigen Beitrag zur Unterstützung des *Technology Push* leisten hier die Forschungseinrichtungen in Deutschland, die auch jetzt schon die vorgestellte Machine-Vision-Integration in allen drei Stufen annehmen und für ihre aktuellen und künftigen Forschungsprojekte im Themenfeld der industriellen Faserverbundproduktion berücksichtigen.

Zwei Beispiele für zukünftige Vorhaben, bei denen die Ergebnisse dieser Arbeit direkt einfließen, sollen an dieser Stelle genannt werden: Der Industrialisierungsgedanke, der den robusten Prozess als Grundlage jeder Automatisierungslösung sieht, wird durch das geplante Projekt „RoCK[3]" im Rahmen des vierten Aufrufs des vierten zivilen Luftfahrtforschungsprogramms des Bundes (LuFo IV-4) von 2012 bis 2015 adressiert. Die Machine-Vision-Integration sichert hier die Prozessfähigkeit des Faserverbundaufbaus in den frühen Phasen der Produktion mit einem Schwerpunkt auf dem textilen Preforming. Bei dem geplanten und langfristiger angelegten DFG-Sonderforschungsbereich TRR 118 „Pro-Superorganismus[4]" realisiert die Machine-Vision-Integration die „Sehende Produktion" beim Aufbau von CFK-Primärstrukturen und damit die zustandsbasierte Interaktion aller Entitäten eines produzierenden Superorganismus. Beide Projekte folgen dem allgemeinen Trend zu einer roboterbasierten Produktion. Ohne die bisher eingesetzen steifen Portale steigen die Anforderungen an die Messtechnik. Denn nur mit der Messtechnik stehen online Qualitätsdaten und lokale Regelgrößen bereit, um eine hochpräzise, referenzierte Ausrichtung von Endeffektoren zur generativen und adaptiven Fertigung großer Faserverbundstrukturen zu realisieren.

Ausgehend von dem Defizit hoher Fertigungskosten, variierender Bauteilqualitäten und mangelndem Prozessverständnis wird durch die schrittweise Integration der Machine-Vision-Systeme in das textile Preforming und die automatisierte Prepreglaminierung (Tape-

[3] Robuste CFK-Produktionsketten

[4] Produktion großer Faserverbundprimärstrukturen im Superorganismus

legen und Fiber-Placement) das Ziel erreicht, die Fertigungskosten bei gleichzeitiger Erhöhung des Qualitätsniveaus zu senken, indem der schichtweise, generative Werkstoffaufbau ab Anfang der Wertschöpfungskette fertigungsintegriert abgesichtert wird. Mit den zur Qualitätssicherung benötigten Messergebnissen stehen gleichzeitig Stellgrößen für eine Prozesssteuerung und damit Automatisierung bereit. Zudem unterstützen die Messungen allgemein ein Lernen über die Faserverbundproduktion und tragen somit zur Kompetenzentwicklung der produzierenden Unternehmen bei. Im Sinne einer Befähigung wird in den nächsten Jahren die Machine-Vision-Integration als neue Technologie eingeführt werden und dazu beitragen, die Industrialisierung von Prozessen zum Aufbau von Faserverbundstrukturen weiterzuentwickeln. Dies wird zu einer besseren Überdeckung der Unternehmensfähigkeiten mit der getroffenen Unternehmensausrichtung führen (s. Abschn. 1.4).

Gleichzeitig wird mit der Industrialisierung eine Technologieführerschaft für den Hochlohnstandort Deutschland erreicht, sodass die Rationalisierungen bei manuellen, handwerklichen Fertigungsschritten durch neue Arbeitsplätze im industrialisierten Faserverbundleichtbau für Serienanwendungen überkompensiert werden. Durch Fortschritte im Faserverbundleichtbau werden nicht zuletzt Fragen zu einer energieeffizienten Mobilität beantwortet. Als Reaktion auf steigende Energiepreise, gekoppelt mit umweltpolitischen Auflagen, hilft der konsequente Leichtbau trotz aller Herausforderungen die Wünsche der Menschen nach mehr Mobilität zu erfüllen.

8 Zusammenfassung

Die hohen Produktionskosten für Strukturbauteile aus Faserverbundkunststoffen, insbesondere für kohlenstofffaserverstärkte Kunststoffe (CFK), verhindern aktuell, dass diese Werkstoffe in der Serienfertigung eingesetzt werden. Vor allem die Luftfahrt- und Automobilindustrie in Deutschland betrachten CFK nicht nur als Nischenanwendung, sondern als zukunftsweisenden Leichtbauwerkstoff, der mit seinen herausragenden Eigenschaften einen signifikanten Beitrag zu einer energieeffizienten Mobilität leistet.

Die vorliegende Arbeit sieht die mangelnde Industrialisierung der Faserverbundproduktion als Ursache der hohen Produktionskosten. Mit dem Begriff Industrialisierung wird das Streben nach robusten Produktionsprozessen eingeführt – als notwendige Voraussetzung für die erfolgreiche Transformation von einer manuell geprägten hin zu einer automatisierten Produktion.

Die Arbeit widmet sich daher mit einem explorativen Forschungsansatz der Frage, wie die Industrialisierung vorangetrieben werden kann.

Als Ausgangspunkt der Lösungssuche wird das Industrialisierungsdefizit im Anwendungszusammenhang analysiert und die aktuellen Ansätze zu dessen Überwindung diskutiert. Als besonders kritisch werden die manuellen Prozessschritte und erste abgeleitete Automatisierungsansätze in den frühen Phasen der Produktion erkannt, die ohne eine objektive Qualitätssicherung durchlaufen werden und weder die geforderte Prozessfähigkeit[1] erreichen noch aufgrund ihrer hohen Komplexität erfolgreich automatisiert werden konnten.

Aufbauend auf der Analyse des produktionstechnischen Defizits wird im Theoriezusammenhang diskutiert, wie die Industrialisierung hier sinnvoll gelingen kann. Als zentrales Element werden die fehlenden Informationen über den Prozess bei jedem Schritt des generativen Aufbaus der Verstärkungsstruktur gesehen. In diesem Zusammenhang wird die Messtechnik als Lösungswerkzeug eingeführt, das diese fehlenden Informationen bereitstellt. Über die Bereitstellung hinaus kann der Prozess nur profitieren, wenn die Information aus dem Messergebnis über eine Qualitätskontrolle hinaus zur Prozessverbesserung eingesetzt wird. Hierzu wird der Begriff des Qualitätsregelkreises eingeführt und ein entscheidungstheoretischer Ansatz vorgestellt, der der Bewertung des Nutzens fertigungsintegrierter Messungen als Modellgrundlage dient. Aus der Sicht des Qualitätsmanagements und der Fertigungsmesstechnik wird damit unter Einbezug der Entscheidungstheorie der Wert einer Information für eine generative Produktion, wie sie im Faserverbundleichtbau vorliegt, hergeleitet. Ergänzend wird in das Themenfeld Machine-Vision eingeführt. Darauf aufbauend werden theoretische Grundlagen zur Messung anisotroper Strukturparameter vorgestellt.

Den Analysen zum Stand der Technik und der Wissenschaft folgt die Konzeption und

[1]zur Definition der Prozessfähigkeit als zentrale Industrialisierungskennzahl s. Abschn. 2.1.2, S. 15

Ausdetaillierung eines Machine-Vision-Systems, welches geeignet ist, fertigungsintegriert die Qualitätsmerkmale der Faserstrukturen während ihres schichtweisen Aufbaus zu messen. Die Faserorientierung wird dazu als zentrales Qualitätsmerkmal eingeführt. Die optimale Konfiguration des Systems wird durch einen statistischen Versuch ermittelt. Die Messunsicherheit dieser Konfiguration wird bestimmt und durch eine Referenzmessung validiert, die als Leitfaden zur Validierung des Machine-Vision-Systems für beliebige, orientierte Faserstrukturen übertragbar ist.

Nachdem die Messtechnik als Machine-Vision-System bereitsteht, werden Fallstudien zu ihrer Integration entlang der Wertschöpfungskette in der Faserverbundproduktion durchgeführt. Der Fokus liegt dabei auf den frühen Phasen der Fertigung endlosfaserverstärkter Bauteile: Für das Preforming trockener Faserhalbzeuge sowie für das Tapelegen von vorimprägnierten Faserbändern wird für das grundlegende Qualitätsmerkmal „Faserorientierung" die Prozessfähigkeit bestimmt und deren Verbesserung durch die Rückkoppelung der Messergebnisse an den Prozess als Stellgröße in (Qualitäts-)Regelkreisen untersucht. Für den auf Prepreg basierten Laminataufbau wird das Tapelegen untersucht. Die Machine-Vision-Integration erfolgt als Aktion innerhalb der Fallstudien.

Die fallübergreifende Analyse der Machine-Vision-Integrationen führt zu einer Industrialisierungstheorie, die darlegt, wie die Fertigungsintegration von Maschine-Vision-Systemen in Regelkreisen im generativen Faserverbundleichtbau zur notwendigen Verbesserung der Prozessfähigkeit als Kennzahl des Industrialisierungsfortschrittes beiträgt. Die Theorie erlaubt Prognosen, wie eine bestimmte Prozessfähigkeit durch die Integration von Machine-Vision-Systemen zur Produktionssteuerung erreicht werden kann. Auf Basis dieser Theorie wird unter Berücksichtigung des Fundamentalziels der Kostensenkung ein Entscheidungsmodell begründet, das den Nutzen der Machine-Vision-Integration quantifiziert.

Auf Basis der begründeten Industrialisierungstheorie werden drei aufeinander aufbauende Handlungsempfehlungen formuliert, die auf eine Industrialisierung des Faserverbundleichtbaus durch Machine-Vision-Integration zielen. Die erste Empfehlung legt die Nutzung der Messtechnik nahe, um über die komplexen Produktionsschritte im Faserverbundleichtbau zu lernen, die bisher u. a. aufgrund mangelnder Messtechnik nicht verstanden werden (Stichwort: *black metal*). Ein zweiter Schritt etabliert die Messtechnik in Qualitätsregelkreisen als Prüfmittel für jede Faserschicht im schichtweisen Materialaufbau. Dies hilft, Prozesse in einem stabilen Bereich im Sinne der Prozessfähigkeit zu halten, sodass Ausschuss nicht an Folgeprozesse weitergegeben wird. Im dritten Schritt ist der Regelkreis direkt zu schließen: Die Informationen durch das Messen werden der produzierenden Einheit direkt als Stellgröße zurückgespielt, sodass eine fehlerhafte Schichtablage durch geschlossene Regelkreise während der Ablage gar nicht erst entstehen kann. Nach einer ausführlichen Darlegung des Erkenntnisgewinns dieser Arbeit und der kritischen Reflexion des Forschungsprozesses und der Ergebnisse folgt ein Ausblick auf den Faserverbundleichtbau der Zukunft, der explizit die Planung aktueller Forschungsvorhaben auf Basis der Ergebnisse dieser Arbeit mit einschließt und so die konsequente Fortsetzung des Erkenntnisprozesses sichert.

Literaturverzeichnis

[1] AACH, T. ; MOTA, C. ; STUKE, I. ; MUHLICH, M. ; BARTH, E.: Analysis of superimposed oriented patterns. In: *Image Processing, IEEE Transactions on* 15 (2006), Nr. 12, S. 3690–3700

[2] ACM: *World Carbon Fiber Composite Market*. Ratingen : Acmite Market Intelligence, 2010

[3] AIRLINERS.DE: *Airbus erweitert Standort Stade*. Version: 2009. `http://www.airliners.de`. – Online-Ressource, Abruf: 16.07.2009

[4] AVDELIDIS, N.P. ; HAWTIN, B.C. ; ALMOND, D.P.: Transient thermography in the assessment of defects of aircraft composites. In: *Ndt & E International* 36 (2003), Nr. 6, S. 433–439

[5] AVK: *Composites Marktbericht (Firmenschrift)*. Version: 2010. `http://www.avk-tv.de`. – Online-Ressource, Abruf: 27.09.2010

[6] BADER, S.: Carbon zielt auf die Großserie. In: *Produktion* (2010), Nr. 44

[7] BAMBERG, G. ; COENENBERG, A.G. ; KRAPP, M.: *Betriebswirtschaftliche Entscheidungslehre*. 14., überarb. Aufl. München : Vahlen, 2008

[8] BANNISTER, M.: Challenges for composites into the next millennium – a reinforcement perspective. In: *Composites Part a-Applied Science and Manufacturing* 32 (2001), Nr. 7, S. 901–910

[9] BARTSCH, I. ; BOCK, M. ; PERNER, M. ; RÖSTERMUNDT, D.: Advanced Automated Fibre Placement (AFP) Technology. In: WIEDEMANN, M. (Hrsg.) ; SINAPIUS, M. (Hrsg.): *Innovation Report 2010*. Institut für Faserverbundleichtbau und Adaptronik. Deutsches Zentrum für Luft- und Raumfahrt e.V., 2010, S. 25

[10] BEA, F.X. ; DICHTL, E. ; SCHWEITZER, M.: *Allgemeine Betriebswirtschaftslehre*. Stuttgart : Lucius & Lucius, 2000

[11] BIGUN, J. ; BIGUN, T. ; NILSSON, K.: Recognition by symmetry derivatives and the generalized structure tensor. In: *IEEE transactions on pattern analysis and machine intelligence* 26 (2004), Nr. 12, S. 1590–1605

[12] BIGUN, J. ; GRANLUND, G.H.: Optimal orientation detection of linear symmetry. In: *Proceedings of the IEEE First International Conference on Computer Vision*. London, Großbritannien, 1987, S. 433–438

[13] BMW: *CFK – ein Werkstoff für die Zukunft (Firmenschrift).* Version: 2011. http://www.bmw-werk-landshut.de/lowband/com/de/index.html. – Online-Ressource, Abruf: 12.02.2011

[14] BOUGUET, J.-Y.: *Camera Calibration Toolbox for MATLAB.* Version: 2010. http://www.vision.caltech.edu/bouguetj/calib_doc/index.html. – Online-Ressource, Abruf: 23.12.2010

[15] BRETZKE, W.-R.: *Der Problembezug von Entscheidungsmodellen.* Tübingen : Mohr, 1980

[16] BRONSTEIN, I. ; SEMENDJAJEW, K.: *Taschenbuch der Mathematik.* 6., vollst. überarb. und erg. Aufl., Nachdr. Frankfurt am Main : Deutsch, 2006

[17] BROOKS, R.R. ; IYENGAR, S.S.: *Multi-sensor fusion: fundamentals and applications with software.* Prentice Hall PTR, 1998

[18] BRUHN, M. ; GEORGI, D.: *Kosten und Nutzen des Qualitätsmanagements: Grundlagen, Methoden, Fallbeispiele.* München : Hanser, 1999

[19] BULLINGER, O. ; BUSSE, G. ; HARBICH, K.-W.: X-ray refraction topography of impact damage of CFRP laminates. In: GREEN, R.E. J. (Hrsg.) ; DJORDJEVIC, B.B. (Hrsg.) ; HENTSCHEL, M.P. (Hrsg.): *Nondestructive Characterisation of Materials XI.* Berlin : Springer, 2003, S. 177–184

[20] BUNDAY, B. ; LIPSCOMB, P. ; ALLGAIR, J. ; PATEL, D. ; CALDWELL, M. ; SOLECKY, E. ; ARCHIE, C. ; MORNINGSTAR, J. ; RICE, B. J. ; SINGH, B. ; CAIN, J. ; EMAMI, I. ; BANKE, B. ; HERRERA, A. ; UKRAINTSEV, V. ; SCHLESSINGER, J. ; RITCHISON, J.: Realizing 'value-added' metrology. In: *Metrology, Inspection, and Process Control for Microlithography XXI, Pts 1-3* 6518 (2007), S. K5181

[21] BUSSE, G. ; DILLENZ, A. ; ZWESCHPER, T.: Defect-selective imaging of aerospace structures with elastic-wave-activated thermography. In: *Proceedings of SPIE Conference Thermosense XXIII* Bd. 4360. Orlando : SPIE, 2001, S. 580–586

[22] CHAMPY, J.: *Reengineering management: the mandate for new leadership.* London : HarperCollinsPubl., 1995

[23] CORSTEN, H.: *Produktionswirtschaft: Einführung in das industrielle Produktionsmanagement.* 11., vollst. überarb. Aufl. München : Oldenbourg, 2007

[24] CRAMER, E. ; KAMPS, U.: *Grundlagen der Wahrscheinlichkeitsrechnung und Statistik.* Berlin : Springer, 2008

[25] CROSTACK, H.-A. ; HERMES, A. ; HÖFLING, M.: *QUINTE+ Optimierung der Prüfplanung nach Kosten und Durchlaufzeit mit Hilfe der Simulation.* Bd. FQS-DGQ-Band 84-04. Frankfurt : FQS-Forschungsgemeinschaft Qualität e.V., 2004

[26] DEANE, P.: *Europäische Wirtschaftsgeschichte.* Bd. 4: *Die industrielle Revolution in Großbritannien 1700-1880.* Stuttgart, 1985

[27] DICK, M.: *Leichtbau mit CFK - Herausforderungen für die Mobilität der Zukunft.* Version: 2010. `http://www.carbon-composites.eu`. – Online-Ressource, Abruf: 06.11.2010

[28] DIEBOLD, K.: Faserverbund-Kunststoffe: starke Leichtgewichte in Form gebracht. In: *Industrieanzeiger* (2008), Nr. 27, S. 26

[29] DIETRICH, E. ; SCHULZE, A. ; EHRET, W. ; CONRAD, S.: *Eignungsnachweis von Messsystemen.* 3., aktualisierte Aufl. München : Hanser, 2008

[30] DILLENZ, A. ; BUSSE, G.: Ultraschall-Burst-Phasen-Thermografie. In: *Materialprüfung* 43 (2001), Nr. 1/2, S. 30–34

[31] DIN: *Norm DIN 1319, Teil 1: Grundlagen der Messtechnik – Grundbegriffe.* Berlin : Beuth Verlag, 1995

[32] DIN: *Norm DIN 55350, Teil 11: Begriffe zu Qualitätsmangement und Statistik – Begriffe des Qualitätsmanagements.* Berlin : Beuth Verlag, 1995

[33] DIN: *Norm DIN 65673: Luft- und Raumfahrt – Faserverstärkte Kunststoffe – Garn-, Gewebe- und Prepregfehler – Definitionen.* Berlin : Beuth Verlag, 1999

[34] DIN: *Norm DIN EN ISO 9283: Industrieroboter – Leistungskenngrößen und zugehörige Prüfmethoden (ISO 9283:1998).* Berlin : Beuth Verlag, 1999 (Deutsche Fassung EN ISO 9283:1998)

[35] DIN: *Norm DIN V EN 13005, Leitfaden zur Angabe der Unsicherheit beim Messen (GUM).* Berlin : Beuth Verlag, 1999

[36] DIN: *Norm DIN EN 13473-1: Verstärkungen – Spezifikation für Multiaxialgelege – Teil 1: Bezeichnung.* Berlin : Beuth, 2001

[37] DIN: *Norm DIN EN 13417-1: Verstärkungen – Spezifikationen für Gewebe – Teil 1: Bezeichnung.* Berlin : Beuth Verlag, 2002

[38] DIN: *DIN EN ISO 10012-1: Messmanagementsysteme – Anforderungen an Messprozesse und Messmittel.* Berlin : Beuth Verlag, 2004

[39] DIN: *Norm DIN EN ISO 9000: Qualitätsmanagementsysteme – Grundlagen und Begriffe.* Berlin : Beuth Verlag, 2005

[40] DLR: *Luftfahrtforschungsprogramme des Bundes, Programme 2007-2010.* Version: 2007. `http://www.dlr.de`. – Online-Ressource, Abruf: 12.03.2011

[41] DRECHSLER, K.: *CFK-Technologie im Automobilbau: Was man von anderen Märkten lernen kann.* Version: 2010. `http://www.carboncomposites.eu`. – Online-Ressource, Abruf: 06.11.2010

[42] DÜRSCHMID, M. ; LINDNER, T. ; LINSS, G.: *Optimierung der Prüfmittelauswahl unter Berücksichtigung von Messabweichung und Kosten.* Frankfurt : FQS-Forschungsgemeinschaft Qualität e.V., 2003 (FQS-DGQ-Band 84-02)

[43] EHRENSTEIN, G.W.: *Faserverbund-Kunststoffe: Werkstoffe – Verarbeitung – Eigenschaften.* 2., völlig überarb. Aufl.. München : Hanser, 2006

[44] EISENHARDT, K.M.: Building Theories from Case-Study Research. In: *Academy of Management Review* 14 (1989), Nr. 4, S. 532–550

[45] EL-ETRIBY, S. ; AL-HAMADI, A. ; MICHAELIS, B.: Improvement 3-D Reconstruction Accuracy Considering Distortion in Stereovision Using a Set of Linear Spatial Filters. In: *Computational Intelligence for Modelling, Control and Automation* Bd. 2, IEEE, 2005, S. 654–659

[46] ESTEBAN, J. ; STARR, A. ; WILLETTS, R. ; HANNAH, P. ; BRYANSTON-CROSS, P.: A review of data fusion models and architectures: towards engineering guidelines. In: *Neural Computing & Applications* 14 (2005), Nr. 4, S. 273–281

[47] EU: *Entscheidung Nr. 1753/2000/EG des Europäischen Parlaments und des Rates vom 22. Juni 2000 zur Einrichtung eines Systems zur Überwachung der durchschnittlichen spezifischen CO2-Emissionen neuer Personenkraftwagen.* Version: 2000. http://europa.eu/legislation_summaries/index_de.htm. – Online–Ressource, Abruf: 31.05.2011

[48] FELDMANN, K.: *Simulationsbasierte Planungssysteme für Organisation und Produktion: Modellaufbau, Simulationsexperimente, Einsatzbeispiele.* Berlin : Springer, 2000

[49] FERNANDO, G.F.: Fibre optic sensor systems for monitoring composite structures. In: *Reinforced Plastics* 49 (2005), Nr. 11, S. 41–49

[50] FLEMING, R.W. ; BÜLTHOFF, H.H.: Orientation fields in the perception of 3D shape. In: *Journal of Vision* 5 (2005), Nr. 8, S. 525

[51] FLEMMING, M. ; ROTH, S.: *Faserverbundbauweisen: Eigenschaften ; mechanische, konstruktive, thermische, elektrische, ökologische, wirtschaftliche Aspekte.* Berlin : Springer, 2003

[52] FRIEDLI, T.: *Die Architektur von Kooperationen.* Bamberg : Difo Druck, 2000 (St. Gallen. Dissertation)

[53] FRIEDRICH, M.: Perspektiven einer automatisierten RTM-Fertigung. In: *Wissenschaftstag 2009, 30. September 2009.* Braunschweig : Deutsches Zentrum für Luft- und Raumfahrt, Institut für Faserverbundleichtbau und Adaptronik, 2009

[54] GERHARD, H. ; PREDAK, S. ; BUSSE, G.: Zerstörungsfreie Prüfung zur Verfolgung des Schädigungsablaufs in faserverstärkten Polymeren. In: WIELAGE, B. (Hrsg.) ; LEONHARDT, G. (Hrsg.): *Tagungsband zur DGM-Tagung: Verbundwerkstoffe und Werkstoffverbunde.* Weinheim : Wiley-VCH, 2001, S. 23–29

[55] GOMMERS, B. ; VERPOEST, I. ; VAN HOUTTE, P.: Analysis of knitted fabric reinforced composites: Part I. Fibre orientation distribution. In: *Composites Part A: Applied Science and Manufacturing* 29 (1998), Nr. 12, S. 1579–1588

[56] GRIES, T. ; KLOPP, K.: *Füge-und Oberflächentechnologien für Textilien: Verfahren und Anwendungen.* Berlin : Springer, 2007

[57] GRUNDMANN, T.: *Automatisiertes Preforming für schalenförmige komplexe Faserverbundbauteile.* Aachen : Shaker, 2009

[58] HALL, D.L. ; LLINAS, J.: An introduction to multisensor data fusion. In: *Proceedings of the IEEE* 85 (2002), Nr. 1, S. 6–23

[59] HANDELSBLATT: *Startschuss für A350-Produktion in Deutschland.* Version: 2010. `http://www.handelsblatt.com`. – Online–Ressource, Abruf: 31.09.2010

[60] HARTLEY, R. ; ZISSERMAN, A.: *Multiple view geometry.* Cambridge, UK : Cambridge University Press, 2000

[61] HENNING, K. ; GRIES, T. ; FLACHSKAMPF, P.: *Wirtschaftliche Herstellung von Faserverbundbauteilen mit Hilfe automatisiert hergestellter textiler Preforms – Auto-Preforms (igf-nr. 14420 n).* Version: 2007. `http://www.autopreforms.de`. – Online–Ressource, Abruf: 05.11.2010

[62] HERING, E. ; MARTIN, R. ; STOHRER, M.: *Physik für Ingenieure.* 10., vollständig neu bearbeitete Auflage. Berlin : Springer, 2007

[63] HERRMANN, A.: Produktionstechnik für große CFK-Strukturen. In: *Industrie Management* (2004), Nr. 6

[64] HERRMANN, A. ; BOOK, M. ; DRESSLER, G. ; PIEPENBROCK, J.: Verbundprojekt PRO-CFK. In: *Tagungsband zur Tagung der Deutschen Gesellschaft für Luft- und Raumfahrt DGLR*, DGLR, 2004

[65] HERRMANN, A. ; EBERTH, U.: Technische Textilien für Luftfahrt-und Fahrzeuganwendungen. In: KNECHT, P. (Hrsg.): *Technische Textilien, Edition Textiltechnik.* Frankfurt : Deutscher Fachverlag, 2006, S. 337–352

[66] HERRMANN, A. ; KLEIN-LASSEK, M.: Hochautomatisierte RTM-Fertigung mit CFK. In: *Tagungsband zur 10. Internationalen AVK-Tagung.* Frankfurt : AVK e.V., 2007, S. (A7)83–89

[67] HOUNSHELL, D.A.: *From the American system to mass production, 1800-1932: the development of manufacturing technology in the United States.* 3. Aufl. Baltimore : Johns Hopkins University, 1987

[68] HUFENBACH, W.: *Textile Verbundbauweisen und Fertigungstechnologien.* Dresden : SDV, 2007

[69] IKV: *Spaltimprägnierverfahren zur Fertigung von FVK-Bauteilen in der Großserie.* Version: 2010. `http://www.ikv-aachen.de`. – Online–Ressource, Abruf: 13.02.2011

[70] INGERSOLL: *Fiber Placement Machine Mongoose V1 (Firmenschrift).* Version: 2010. `http://www.ingersoll.com/news/Mongoose/index.html`. – Online–Ressource, Abruf: 22.02.2011

[71] ISO: *Norm ISO 8159: Textilien – Morphologie von Fasern und Fäden – Begriffe.* Genf, Schweiz : International Organization for Standardization (ISO), 1987

[72] ISO: *Norm ISO/TS 16949:2009: Quality management systems – Particular requirements for the application of ISO 9001:2008 for automotive production and relevant service part organizations.* Genf, Schweiz : International Organization for Standardization (ISO), 2008

[73] JEC: Carbon fibre: investing cautiously. In: *JEC Composites Magazine* 51 (2009)

[74] JEC: *Global Market Scenario: Dynamics of the composites industry.* Paris : JEC Publications, 2009 (JEC Composites Strategic Studies)

[75] JEC: Positive forecast for the carbon-fibre market. In: *JEC Composites Magazine* 56 (2010)

[76] JÄHNE, B.: *Digitale Bildverarbeitung.* Berlin : Springer, 2005

[77] K-ZEITUNG: *Leichtbau für Elektromobilität.* Version: 2010. `http://www.k-zeitung.de`. – Online-Ressource, Abruf: 06.11.2010

[78] KLEPPMANN, W.: *Taschenbuch Versuchsplanung. Produkte und Prozesse optimieren.* 3., überarbeitete Auflage. München : Hanser, 2003

[79] KLINGAUF, U. ; AZZAM, M.: Luftverkehr 2030 - Herausforderungen und Trends. In: *thema forschung* 1 (2008), S. 40–44

[80] KOCH, A.W.: *Optische Meßtechnik an technischen Oberflächen : praxisorientierte lasergestützte Verfahren zur Untersuchung technischer Objekte hinsichtlich Form, Oberflächenstruktur und Beschichtung ; mit 4 Tabellen und 418 Literaturstellen.* Renningen-Malmsheim : expert-Verl., 1998

[81] KRAUS, J.: Direktprozesse im Fokus der Automobilfertigung. In: *Maschinenmarkt* (2010), Nr. 48, S. 76

[82] KRUSCHWITZ, L.: *Investitionsrechnung.* 12., aktualisierte Aufl. München : Oldenbourg, 2009

[83] KUBICEK, H.: Heuristische Bezugsrahmen und heuristisch angelegte Forschungsdesigns als Elemente einer Konstruktionsstrategie empirischer Forschung. In: KÖHLER, R. (Hrsg.): *Empirische und handlungstheoretische Forschungskonzeptionen in der Betriebswirtschaftslehre.* Stuttgart : Poeschel, 1977, S. 3–36

[84] KUHN, T.: *Die Struktur wissenschaftlicher Revolutionen.* Frankfurt/Main : Suhrkamp, 2009

[85] KUNZMANN, H. ; PFEIFER, T. ; SCHMITT, R. ; SCHWENKE, H. ; WECKENMANN, A.: Productive metrology – Adding value to manufacture. In: *Cirp Annals-Manufacturing Technology* 54 (2005), Nr. 2, S. 691–704

[86] LAUX, H.: *Entscheidungstheorie*. 7., überarb. und erw. Aufl. Berlin : Springer, 1998

[87] LEE, Y. ; LEE, S. ; YOUN, J. ; CHUNG, K. ; KANG, T.: Characterization of fiber orientation in short fiber reinforced composites with an image processing technique. In: *Materials Research Innovations* 6 (2002), Nr. 2, S. 65–72

[88] LINSS, G.: Kostenorientierte Auswahl von Prüfmitteln. In: *QZ Qualität und Zuverlässigkeit* 46 (2001), Nr. 6, S. 754–755

[89] LINSS, G.: *Qualitätsmanagement für Ingenieure*. München : Fachbuchverl. Leipzig im Carl-Hanser-Verl., 2002

[90] LÜTZE, S.: *Experimentelle Untersuchungen des mikromechanischen Schädigungsverfahren polymerer Faserverbundwertstoffe*. Diss. Universität Stuttgart, 2002

[91] LUO, R.C. ; YIH, C.C. ; SU, K.L.: Multisensor fusion and integration: approaches, applications, and future research directions. In: *IEEE Sensors Journal* 2 (2002), Nr. 2, S. 107–119

[92] MAG: *MAG technology boosts lightweight production (Firmenschrift)*. Version: 2010. `http://www.mag-ias.com`. – Online–Ressource, Abruf: 22.10.2010

[93] MASCHINENMARKT: Nachhaltiger Automobilbau bedeutet mehr als das Reduzieren des Gewichts. In: *Maschinenmarkt* (2010), Nr. 46, S. 10

[94] MENGES, G. ; HABERSTROH, E. ; MICHAELI, W. ; SCHMACHTENBERG, E.: *Werkstoffkunde Kunststoffe*. 5., völlig überarb. Aufl. München : Hanser, 2005

[95] MERSMANN, C.: Industrializing metrology – Machine vision integration in composites production. In: *CIRP Annals - Manufacturing Technology* 60 (2011), Nr. 1, S. 511–514

[96] MÜHLMANN, K.: *Design und Implementierung eines Systems zur schnellen Rekonstruktion dreidimensionaler Modelle aus Stereobildern*. Aachen : Shaker, 2002 (Diss.)

[97] MICHAELI, W.: *Kunststoffe: Verarbeitung und Eigenschaften*. Aachen : Institut für Kunststoffverarbeitung (IKV) an der RWTH Aachen, 2005 (Vorlesungsumdruck)

[98] MICHAELI, W. ; BEGEMANN, M.: *Einführung in die Technologie der Faserverbundwerkstoffe*. München : Hanser, 1990

[99] MIENE, A. ; HERRMANN, A. ; GÖTTINGER, M.: Quality assurance by digital image analysis for the preforming and draping process of dry carbon fiber material. In: *Proceedings of 27th International SAMPE Europe Conference*. Paris, Frankreich : SAMPE Europe, 2008

[100] MITSCHANG, P.: *Prozessentwicklung und ganzheitliches Leichtbaukonzept zur durchgängigen, abfallfreien Preform-RTM Fertigung : Pro-Preform RTM - Abschlussbericht ; BMBF-Projekt Förderkennzeichen: 02PP2460*. Kaiserslautern : Inst. für Verbundwerkstoffe, 2004

[101] MORTHORST, P.-E. ; AWERBUCH, S.: *The Economics of Wind Energy.* Brüssel, Belgien : European Wind Engergy Association – EWEA, 2009

[102] MSA: *Richtlinie MSA-4: Measurement Systems Analysis.* 4. Edition. Southfield, MI, USA : AIAG Automotive Industry Action Group, 2010

[103] NITZSCH, R.v.: *Entscheidungslehre – Wie Menschen entscheiden und wie sie entscheiden sollten.* 5. Aufl., Neuaufl. Aachen : Wiss.-Verl. Mainz, 2008

[104] NORMAN, R. ; RAMÍREZ, R.: *Designing interactive strategy: from value chain to value constellation.* Wiley, 1998

[105] NÜRNBERG, M.: *Ein Beitrag zur Entwicklung der Toleranzplanung auf der Basis von Risikobetrachtungen.* Als Ms. gedr. Düsseldorf : VDI-Verl., 1999

[106] ORTH, A.: *Entwicklung eines Bildverarbeitungssystems zur automatisierten Herstellung faserverstärkter Kunststoffstrukturen.* Aachen : Shaker, 2008 (Berichte aus der Produktionstechnik. Dissertation)

[107] PEARCE, N.R.L. ; GUILD, F.J. ; SUMMERSCALES, J.: The use of automated image analysis for the investigation of fabric architecture on the processing and properties of fibre-reinforced composites produced by RTM. In: *Composites Part A* 29 (1998), Nr. 7, S. 829–837

[108] PFEIFER, T.: *Fertigungsmesstechnik.* 2., überarb. Aufl. München : Oldenbourg, 2001

[109] PFEIFER, T. ; BENZ, M.: Qualitätssicherung für Verbundkunststoffe durch Ultraschallrückstreuung. In: *Gummi, Fasern, Kunststoffe* 53 (2000), Nr. 11, S. 764–768

[110] PFEIFER, T. ; SCHMITT, R. ; MASING, W.: *Handbuch Qualitätsmanagement.* 5., vollst. neu bearb. Aufl. München : Hanser, 2007

[111] PFEIFER, Tilo: *Qualitätsmanagement : Strategien, Methoden, Techniken.* 3., völlig überarb. und erw. Aufl. München : Hanser, 2001

[112] PORTER, M.E.: *Wettbewerbsvorteile: Spitzenleistungen erreichen und behaupten.* 6. Aufl. Frankfurt/Main : Campus-Verl., 2000

[113] PREDAK, S. ; LÜTZE, S. ; ZWESCHPER, T. ; STÖSSEL, R. ; BUSSE, G.: Vergleichende zerstörungsfreie Charakterisierung. In: *Materialprüfung* 44 (2002), Nr. 1-2, S. 14–18

[114] PUENTE LEÓN, F. ; RUSER, H.: Informationsfusion – Eine Übersicht. In: *Technisches Messen* 74 (2007), Nr. 3, S. 93–102

[115] QIN, N.K.: Infrared Thermography and its Application in the NDT of Sandwich Structures. In: *Optics and Lasers in Engineering* 25 (1996), Nr. 2-3, S. 205–211

[116] RAMIREZ, R.: Value co-production: Intellectual origins and implications for practice and research. In: *Strategic Management Journal* 20 (1999), Nr. 1, S. 49–65

[117] RELF, C.G.: *Image acquisition and processing with LabVIEW.* Boca Raton : CRC Press, 2004

[118] ROYE, A. ; STÜVE, J. ; GRIES, T.: Definition zur Unterscheidung von 2D-und 3D-Textilien Teil 1: Herstellungsbeispiele einstufige Prozesse. In: *Technische Textilien* 48 (2005), Nr. 4, S. 278

[119] SAVARESE, S.: *Shape Reconstruction from Shadows and Reflections.* Pasadena, Californien : California Institute of Technology, 2005 (Diss.)

[120] SCHARR, H.: *Optimal filters for extended optical flow.* Bremen : Zentrum für Technomathematik, Univ. Bremen, 2004

[121] SCHIERENBECK, H.: *Grundzüge der Betriebswirtschaftslehre.* 16., vollst. überarb. und erw. Aufl. München : Oldenbourg, 2003

[122] SCHLOSKE, A. ; THIEME, P. ; WESTKÄMPER, E.: Was Nacharbeit kostet: Verschwendungskosten in administrativen Prozessen. In: *QZ. Qualität und Zuverlässigkeit* 54 (2009), Nr. 10, S. 64–65

[123] SCHMITT, R.: *Qualität und Wirtschaftlichkeit.* RWTH Aachen, 2009 (Vorlesung Qualitätsmanagement)

[124] SCHMITT, R. ; MERSMANN, C.: Herstellung faserverstärkter Kunststoffe: Inline-Messtechnik statt Blindflug. In: *Quality Engineering QE* (2008), Nr. 11, S. 28–29

[125] SCHMITT, R. ; MERSMANN, C.: Machine vision enables the automated production of composite preform structures. In: LEYENS, Christoph (Hrsg.): *Proceedings of the 3rd International Conference Supply on the wings: 11. - 13. November 2008, Frankfurt, Germany.* Frankfurt, M. : AIRTEC, 2008, S. 1,1–5

[126] SCHMITT, R. ; MERSMANN, C.: Kamera prüft Faserorientierung großer CFK-Strukturen. In: *VDI-Z Integrierte Produktion* (2010), Nr. 10, S. 53–55

[127] SCHMITT, R. ; MERSMANN, C. ; DAMM, B.: In-process 3D laser measurement to control the fiber tape-laying for composite production. In: *Optics, Photonics, and Digital Technologies for Multimedia Applications. Proceedings of SPIE* Bd. 7722/23. SPIE Bellingham : Schelkens, P.; Ebrahimi, T.; Cristóbal, G.; Truchetet, F.; Saarikko, P., 2011, S. 7723S1–7723S12

[128] SCHMITT, R. ; MERSMANN, C. ; SCHÖNBERG, A.: Machine vision industrialising the textile-based FRP production. In: ZINTERHOF, Peter (Hrsg.): *6th International Symposium on Image and Signal Processing and Analysis (ISPA 2009); Salzburg, Austria, 16 - 18 September 2009.* Salzburg, Austria : Piscataway, NJ: IEEE, 2009, S. 260–264

[129] SCHMITT, R. ; MERSMANN, C. ; SCHÖNBERG, A.: Machine-Vision zur Messung der Faserorientierung bei der textilbasierten FVK-Herstellung. In: *Technisches Messen tm* 77 (2010), Nr. 4, S. 237–242

[130] SCHMITT, R. ; NIGGEMANN, C. ; MERSMANN, C.: Contour scanning of textile preforms using a light-section sensor for the automated manufacturing of fibre-reinforced plastics. In: *Optical sensors 2008: 7 - 10 April 2008, Strasbourg, France / sponsored by SPIE Europe.* Bellingham, Wash. : SPIE, 2008, S. 70031I, 1–12

[131] SCHMITT, R. ; NIGGEMANN, C. ; MERSMANN, C.: Laser light-section sensor automating the production of textile-reinforced composites. In: BALDINI, F. (Hrsg.) ; HOMOLA, J. (Hrsg.) ; LIEBERMAN, R.A. (Hrsg.): *Optical Sensors 2009. Proceedings of SPIE* Bd. 7356. Bellingham, Wash. : SPIE, 2009, S. 73560

[132] SCHMITT, R. ; PFEIFER, T.: *Qualitätsmanagement. Strategien, Methoden, Techniken.* 4., vollst. überarb. Aufl. München : Hanser, 2010

[133] SCHMITT, R. ; PFEIFER, T. ; MERSMANN, C. ; ORTH, A.: A method for the automated positioning and alignment of fibre-reinforced plastic structures based on machine vision. In: *Cirp Annals-Manufacturing Technology* 57 (2008), Nr. 1, S. 501–504

[134] SCHMITT, R. ; SCHÖNBERG, A. ; MERSMANN, C. ; DAMM, B.: Messtechnik in der automatisierten FVK-Fertigung: fähige Prozesse als Voraussetzung für eine wirtschaftliche FVK-Herstellung. In: *wt Werkstattstechnik online* 99 (2009), Nr. 3, S. 157–162

[135] SCHNEEWEISS, H.: Das Grundmodell der Entscheidungstheorie. In: *Statistical Papers* 7 (1966), Nr. 3, S. 125–137

[136] SCHNEIDER, M. ; EDELMANN, K. ; TILTMANN, U.: Quality Analysis of Reinforcement Structures for Composites by Digital Image Processing. In: *Proceedings of 25th International SAMPE Europe Conference.* Paris : SAMPE Europe, 2004, S. 1–6

[137] SCHNEIDER, M. ; WEIMER, C. ; HÄGLE, F. ; BÖTTCHER, H.-H.: Automatisierte Preform-RTM-Fertigung. In: *Kunststoffe* (2003), Nr. 6, S. 40–43

[138] STRÖHLEIN, T.: Prozessbeschleunigung durch Induktion. In: *4. DLR-FA Wissenschaftstag.* Braunschweig : Deutsches Zentrum für Luft- und Raumfahrt e.V., Institut für Funktionsleichtbau und Adaptronik, 2007

[139] TAGUCHI, G.: *Taguchi Methods: On-Line Production.* Dearborn (Michigan, USA) : American Supplier Institute (ASI), 1994 (Quality Engineering Series: Volume 2)

[140] TAGUCHI, G. ; CHOWDHURY, S. ; TAGUCHI, S.: *Robust Engineering.* New York : McGraw-Hill, 2000

[141] TIMM, H.: *Wo liegt der Bedarf für CFK im Automobilbau?* Version: 2010. `http://www.carboncomposites.eu/tempdats/files_content/1003.pdf`. – Online-Ressource, Abruf: 06.11.2010

[142] TOYOTA: *Toyota-Deuschland informiert über die Gaspedal-Rückrufaktion (Firmenschrift).* Version: 2010. `http://www.toyota.de`. – Online-Ressource, Abruf: 01.03.2010

[143] TÖPFER, A.: *Erfolgreich forschen : ein Leitfaden für Bachelor-, Master-Studierende und Doktoranden.* Berlin : Springer, 2009

[144] TÖPKER, J.: *Einsatz von CFK im Fahrzeugbau als Befähiger der Elektromobilität.* Aachen, 2011 (17. Nationales Symposium SAMPE Deutschland e.V.)

[145] TRECHOW, P.: EU zieht Daumenschrauben für Pkw-Hersteller fest an. In: *VDI Nachrichten* (2009), Nr. 3

[146] TRECHOW, P.: Kohlenstofffasern sollen Akkumasse kompensieren. In: *VDI nachrichten* (2010), Nr. 32/33

[147] ULLMANN, T. ; SCHMIDT, T.: Qualitätssicherung im Flugzeugbau: Nichts wird dem Zufall überlassen. In: *DLR Magazin* 126 (2010), S. 27–29

[148] ULRICH, H.: Die Betriebswirtschaftslehre als anwendungsorientierte Sozialwissenschaft. In: GEIST/KÖHLER (Hrsg.): *Die Führung des Betriebes.* Stuttgart : Schäffer-Poeschel, 1981, S. 1–25

[149] VAN VLIET, L.J. ; VERBEEK, P.W.: Estimators for orientation and anisotropy in digitized images. In: *Proceedings of the first Conference of the Advanced School for Computing and Imaging ASCI95* Bd. 95. Heijen, Niederlande : Citeseer, 1995, S. 442–450

[150] VDA: *Richtlinie VDA 5.2: Band 5 Prüfprozesseignung, Eignung von Messsystemen, Mess- und Prüfprozessen, Erweiterte Messunsicherheit, Konformitätsbewertung.* 2. vollständige überarbeitete Auflage. Frankfurt : Verband der Automobilindustrie (VDA), 2010 (Qualitätsmanagement in der Automobilindustrie)

[151] VDI/VDE-IT: *Fiber Automatic Live Control: Aufbau eines Inline-Prüfsystems zur automatisierten Konfektion faserverstärkter Kunststoffstrukturen (FALCON).* Version: 2007. http://www.vdivde-it.de/innonet/projekte/in_pp140_falcon.pdf. – Online-Ressource, Abruf: 10.03.2010

[152] WAGNER, D. ; SCHMALSTIEG, D.: ARToolKitPlus for Pose Tracking on Mobile Devices. In: *Computer Vision Winter Workshop.* St. Lambrecht, Österreich : Technische Universität Graz, 2007

[153] WARNECKE, H.J. ; BULLINGER, H.-J. ; HICHERT, R. ; VOEGELE, A.: *Kostenrechnung für Ingenieure.* 5., überarb. und erw. Aufl. München : Hanser, 1996

[154] WECKENMANN, A. ; WALZ, M.: Wirtschaftlichkeit von Fertigungsmesstechnik. In: *MQ Management und Qualität* (2007), Nr. 5, S. 11–13

[155] WECKENMANN, A. ; WALZ, M. ; WESTKÄMPER, E.: Welchen Wert haben Messergebnisse? In: *QZ. Qualität und Zuverlässigkeit* 51 (2006), Nr. 6, S. 64–65

[156] Weckenmann, A. ; Westkämper, E. ; A., Dietlmaier. ; Haag, H.: Wert der Messung – Kosten-Nutzen-Analyse bei Messergebnissen. In: *QZ. Qualität und Zuverlässigkeit* 54 (2009), Nr. 1, S. 54–55

[157] Wiedemann, M.: CFK Entwicklungskette für den Flugzeugbau. In: *Bauweisen Kolloquium 2009 - Automatisierbare Fertigungstechnik für Composite-Bauweisen Anwendungen, Neuentwicklungen und Zukunftsperspektiven.* DLR Institut für Bauweisen- und Konstruktionsforschung, Stuttgart : DLR, 2009

[158] Wiedemann, M.: CFK-Status der Anwendung und Produktionstechnik im Flugzeugbau. In: *Faszination Karosserie.* Braunschweig : GZVB-Gesamtzentrum für Verkehr Braunschweig, 2009

[159] Wildemann, H.: Qualitätskosten- und Leistungsmanagement. In: *Controlling. Zeitschrift für erfolgsorientierte Unternehmenssteuerung* 7 (1995), Nr. 5, S. 268–276

[160] Williams, G.: *The assessment of the economic role of measurements and testing in modern society.* Oxford : Pembroke College, University of Oxford, 2002

[161] Wüst, C.: Wundergarn aus Wackersdorf. In: *Der Spiegel* (2010), Nr. 51, S. 130–132

[162] Zinner, C. ; Linss, G.: *Ein Beitrag zu Verteilungsmodellen und deren Einfluss auf die Auswahl von technisch und wirtschaftlich geeigneten Prüfmitteln zur Sicherung der Qualität.* Marburg : Tectum-Verl., 2006

A Musterkatalog CFK-Gelege

A.1 Erläuterungen zum Musterkatalog

Der Musterkatalog (s. Abschn. A.2) wurde im Rahmen des Forschungsprojektes „FALCON - Fiber Automatic Life Control“ [151] definiert, wobei durch die Projektbeteiligung von Forschungsinstituten und Industrieunternehmen sichergestellt wurde, dass der Katalog das Spektrum der wesentlichen Eigenschaften von CFK-Gelegen für Primärstrukturbauteile abbildet.

Für das vorliegende Vorhaben wurden neue Proben der spezifizierten Materialien erstellt und nach dem Vorbild von ORTH katalogisiert [106].

A.2 Musterkatalog

Kohlenstofffaserproben Kodierung und Abbildung			Breite eines Rovings	Raum zw. zwei Rovings	Naht-breite	Naht-abstand
C-L-S-01	Vorderseite V	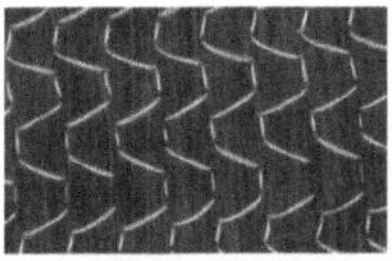	4,5 mm	0,2-0,5 mm	0,8 mm	5 mm
	Rückseite R	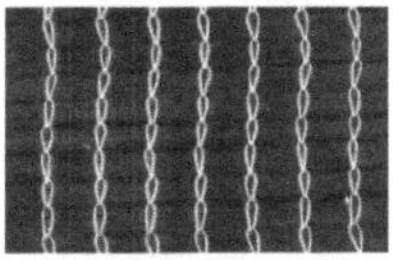	2 mm	0,5 mm	0,8 mm	5 mm
C-L-S-02	Vorderseite V		2 mm	0-0,2 mm	0,5-1 mm	5 mm
	Rückseite R		2 mm	0-0,2 mm	0,5-1 mm	5,5 mm
C-L-S-03	Vorderseite V		-*	-**	2,5-3 mm	5 mm
	Rückseite R	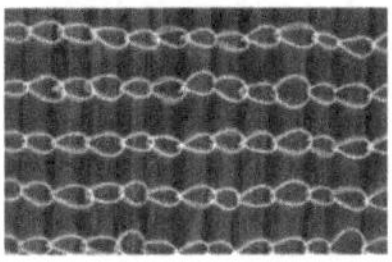	2,5-3 mm	0,5-1 mm	2,5-3 mm	5 mm
C-L-I-01	Vorderseite V	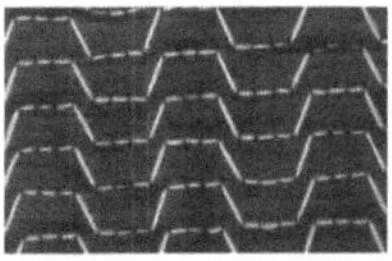	3,5-4 mm	1-2 mm	5 mm	1 mm
	Rückseite R		1,5 mm	0-1 mm	0,7 mm	5 mm

* keine definierte Rovingteilung
** keine Zwischenräume

10mm

Kolibri 360 GmbH
Ferdinand-Jühlke-Straße 7
99095 Erfurt, Deutschland
produktsicherheit@kolibri360.de